AF250041

P. LEDOUX   &   Mme L. LEDOUX
Professeur au Collège Chaptal
Docteur ès sciences.

Ancienne Institutrice
publique.

LES SCIENCES

A

L'ÉCOLE DES FILLES

Avec des applications
à l'Économie domestique et à l'Hygiène

RÉDIGÉES CONFORMÉMENT

AUX PROGRAMMES DE L'ENSEIGNEMENT PRIMAIRE

102 Expériences, 308 Figures, 84 Devoirs du Certificat d'Études

COURS MOYEN
Certificat d'Études

LIBRAIRIE HACHETTE
79, BOUL. SAINT-GERMAIN, PARIS

1920

AVERTISSEMENT

Le présent volume est l'adaptation de nos **Cinquante leçons de Sciences physiques et naturelles** à l'enseignement des jeunes filles. Il a pour but d'appliquer à l'économie domestique, dans la plus large mesure possible, les principes des sciences usuelles inscrites au programme du *Cours moyen* des Écoles primaires. Ainsi remanié dans le sens que nous venons d'indiquer, notre volume comporte toute une partie nouvelle consacrée à l'économie domestique ou à l'hygiène familiale.

De plus, dans l'exposé de nos leçons, nous avons suivi exclusivement *la méthode expérimentale*, si instamment recommandée pour l'enseignement des éléments des sciences à l'École, méthode qui permet de passer aisément du connu à l'inconnu, du simple au composé. On ne trouvera donc pas, dans cet ouvrage, des formules toutes faites qu'on apprend sans les comprendre; la loi à retenir découle toujours d'une expérience facile à exécuter et ne nécessitant qu'un matériel fort simple à la portée de tous, ou d'un fait concret emprunté à l'observation de la vie journalière.

Les Sciences à l'école des filles comprennent cinq groupes de leçons: *Les trois états des corps. — Les corps bruts. — L'homme. — Les animaux. — Le sol et les plantes.* Ces cinq groupes répondent dans un ordre logique au programme du Cours moyen. De plus, les leçons sont classées de telle sorte que l'institutrice puisse faire porter son enseignement sur les sujets qui se rapportent aux saisons qu'on traverse.

Toutes ces leçons, illustrées de nombreuses gravures et éclairées de dessins schématiques qui aident à la compréhension et que les élèves pourront reproduire, sont suivies: 1° de *questions de contrôle;* 2° de *questions d'intelligence* qui donnent satisfaction au besoin de spontanéité des enfants; 3° de *courts résumés* destinés à être appris par cœur; 4° de *devoirs écrits,* sujets des plus judicieusement choisis parmi les épreuves données aux examens du Certificat d'études primaires et constituant d'excellents exercices de revision.

CINQUANTE LEÇONS
DE
SCIENCES PHYSIQUES ET NATURELLES

I. NOTIONS ÉLÉMENTAIRES
SUR LES ÉTATS DES CORPS

1ʳᵉ LEÇON
LES TROIS ÉTATS DES CORPS

ÉTUDE DES CORPS

1. Êtres vivants. Corps bruts. — Les sciences physiques et naturelles ont pour but l'étude des corps, c'est-à-dire des choses qui nous entourent dans la nature.

FIG. 1. — CHIEN.

Le chien est un être vivant. Il se déplace, il mange, il sent, il meurt.

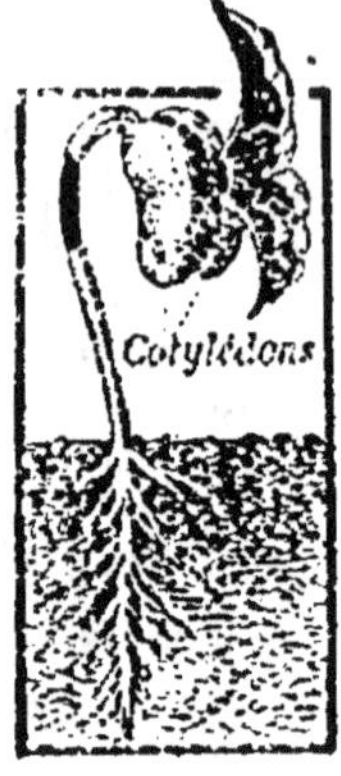

FIG. 2.
HARICOT.

Le haricot est un être vivant. Il naît d'une graine, se nourrit, grandit et meurt.

Un examen rapide nous montre qu'il existe deux grands groupes de corps. Les uns sont organisés, c'est-à-dire qu'ils ont des *organes* pour se nourrir, se déplacer (*fig. 1 et 2*). Tous ces corps vivent : on les appelle donc des *êtres vivants*. L'homme, l'animal, la plante sont des êtres vivants.

Matériel à préparer pour la leçon. — Un livre. — Un tube d'essai. — Un bâton de craie. — Deux verres. — Une assiette. — Une terrine. — Des allumettes. — Balance et poids. — Un flacon de 10 centimètres cubes environ rempli d'eau et un flacon semblable rempli de mercure.

Les autres corps ne vivent pas, parce qu'ils n'ont pas d'organes pour se nourrir ou se déplacer : ce sont les *corps bruts* comme les pierres ou les métaux (*fig. 3*).

Parmi les corps bruts, il en est un grand nombre (l'air, l'eau, les pierres, les métaux), qui jouent un rôle important dans la vie de l'homme, des animaux ou des végétaux.

Nous commencerons donc par l'étude des corps bruts pour arriver ensuite à l'examen des êtres vivants : animaux ou végétaux.

Les corps bruts eux-mêmes peuvent être *solides, liquides* ou *gazeux.*

FIG. 3. — ROCHERS ET PIERRES.

La pierre est un corps brut. Elle ne vit pas, ne se nourrit pas, ne se déplace pas d'elle-même.

CORPS SOLIDES

2. Les corps solides ont chacun une forme particulière (*Exp. 1*). — Voici divers objets : un livre, un tube d'essai, un bâton de craie, une assiette (*fig. 4 et 5*). Chacun de

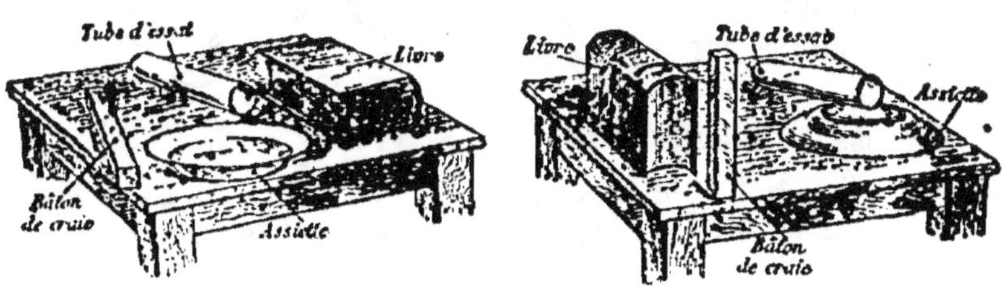

FIG. 4, 5. — LES CORPS SOLIDES ONT CHACUN UNE FORME PARTICULIÈRE.

Le bâton de craie, le tube d'essai en verre, l'assiette, le livre conservent toujours la même forme, même si on les place d'une façon différente, à moins qu'on ne les brise.

ces objets a une forme qui le distingue des autres. Au point de vue de la forme extérieure, l'assiette ne ressemble ni au livre, ni au tube de verre, ni au bâton de craie (*fig. 4*). Quelle que soit la position dans laquelle nous les plaçons l'un ou l'autre, soit à plat, soit sur le côté, ces objets conservent toujours la même forme (*fig. 5*). A l'endroit où sont placés le livre ou la craie, on ne peut mettre aucun autre objet. Ces divers objets s'appellent encore des corps solides.

3. *Tous les corps solides sont pesants* (*Exp. 2*). — Prenons un morceau de craie et un morceau de fer de même volume. En les soupesant l'un et l'autre, nous constatons que le morceau de fer est plus lourd que le morceau de craie. Ce tube de verre a lui-même un poids différent de celui du fer ou de la craie.

Ainsi, les corps solides *ont une forme qui leur est propre et ils sont tous pesants*.

CORPS LIQUIDES

4. *Les liquides prennent la forme du vase qui les contient* (*Exp. 3*). — Voici un verre rempli d'eau (*fig. 6*).

Inclinons le verre de plusieurs façons : l'eau prend dans chaque cas une forme différente. Il en est de même si nous versons l'eau de ce verre dans un tube d'essai ou dans une assiette. Cette eau prendra la forme du tube d'essai ou de l'assiette.

Fig. 6.
L'eau prend une forme différente suivant la position du vase qui la contient.

Avec un autre liquide comme le mercure, le vin ou l'huile, on obtiendrait les mêmes résultats.

5. *Tous les liquides sont pesants* (*Exp. 4*). — Si l'on pèse successivement un flacon rempli d'eau et un même flacon rempli de mercure, on constate que l'eau et le mercure sont pesants tous les deux, mais un certain volume de mercure pèse plus lourd qu'un même volume d'eau.

Ainsi, un décilitre d'eau pèse 100 grammes tandis qu'un décilitre de mercure pèse 1360 grammes (*fig. 7 et 8*).

L'eau, le vin, l'alcool, le mercure sont des corps liquides.

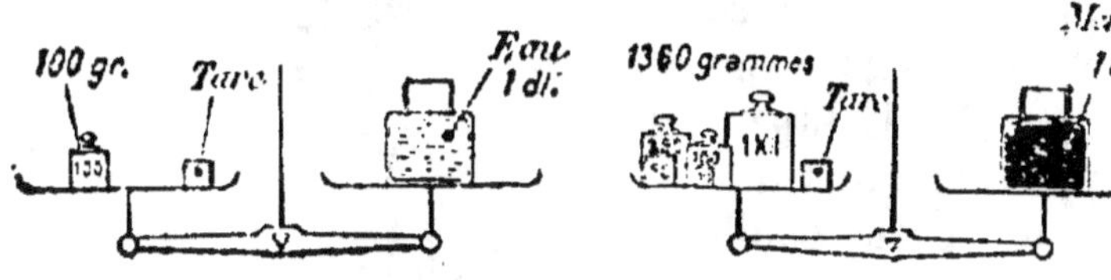

FIG. 7. — 1 DÉCILITRE D'EAU PÈSE 100 GRAMMES.

FIG. 8. — 1 DÉCILITRE DE MERCURE PÈSE 1360 GRAMMES.

On dit qu'*un corps est liquide* quand *il n'a pas de forme particulière* et qu'il prend au contraire la forme du vase qui le renferme. De plus, *tout liquide est pesant.*

CORPS GAZEUX

6. L'air est un gaz incolore qui nous environne de toutes parts (*Exp. 5*). — Retournons obliquement sur l'eau un verre *vide en apparence* (*fig. 9*) : l'eau remplit le verre

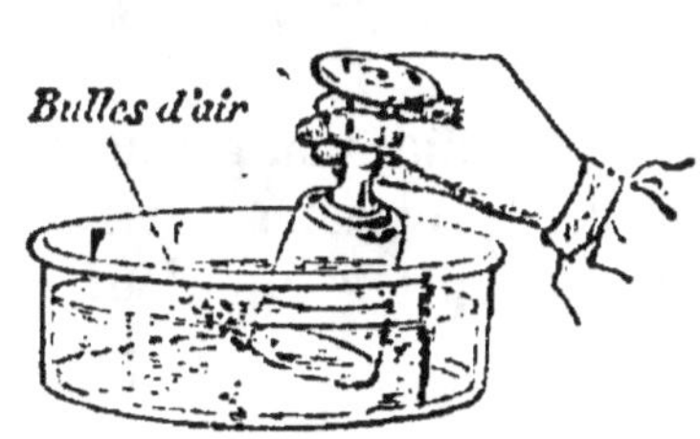

FIG. 9.
Un verre, vide en apparence, renferme de l'air.

et nous en voyons sortir des bulles brillantes. Ces bulles sont formées d'un gaz qu'on appelle l'*air*. Le verre, vide en apparence, renfermait donc de l'air.

L'air est un gaz incolore, mais tous les gaz ne sont pas incolores. La fumée, par exemple, est un gaz coloré (*fig. 10*). L'azote, le gaz carbonique, dont nous parlerons plus tard, sont aussi des gaz.

7. Les gaz tendent toujours à se disperser dans l'air (*Exp. 6*). — Si l'on examine un gaz coloré comme la fumée produite par une allumette ou par un papier enflammé (*fig. 10*), on voit que ce gaz se répand dans l'air à mesure qu'il se produit. Ce phénomène est encore plus visible quand on observe la fumée sortant de la cheminée d'une locomotive ou encore quand on considère la vapeur qui s'échappe d'une marmite renfermant de l'eau bouillante.

8. *Tous les gaz sont pesants*. — L'air, par exemple, peut être pesé aussi bien qu'un corps solide ou liquide. *Un litre d'air pèse un peu plus d'un gramme.*

Comme les liquides, *les gaz n'ont pas de forme particulière*. Ils tendent toujours à occuper le plus grand volume possible. De plus, *tous les gaz sont pesants*.

Fig. 10.

La fumée (gaz coloré) produite par une allumette se disperse dans l'air.

9. *Tous les corps sont pesants*. — Les différents corps solides, liquides ou gazeux se distinguent les uns des autres par des propriétés particulières. Ils présentent néanmoins une propriété qui leur appartient à tous: *ils sont pesants*.

QUESTIONNAIRE.

1. Quelle différence y a-t-il entre un être vivant et un corps brut? — 2. Citez un caractère important des corps solides. Citez des corps solides. — 3. Citez une propriété générale des corps solides. — 4. Quand dit-on qu'un corps est liquide? — 5. Les liquides sont-ils pesants? — 6. Citez un gaz incolore. — 7. Quelle forme les gaz prennent-ils dans l'air? — 8. Quel est le poids d'un litre d'air? — 9. Combien y a-t-il d'espèces de corps? — Citez une propriété importante de tous les corps.

Si on vide une bouteille remplie d'eau, que trouve-t-on ensuite dans la bouteille?

Quelle différence y a-t-il entre un corps liquide et un corps solide réduit en morceaux ou en poudre?

RÉSUMÉ.

1. Les êtres vivants, comme le chien ou le haricot, naissent, grandissent et meurent.

Les corps bruts, comme les pierres, ne grandissent pas et ne meurent pas.

2. On peut distinguer dans la nature des corps solides, des corps liquides et des corps gazeux.

3. Les corps solides conservent toujours la même forme dans toutes les positions tant qu'on ne les brise pas. La pierre est un corps solide.

4. Les corps liquides prennent la forme du vase qui les contient. L'eau est un corps liquide.

5. Les gaz prennent aussi la forme du vase qui les contient. Mais quand ils ne sont pas renfermés, ils tendent toujours à occuper le plus d'espace possible. L'air est un gaz.

6. Tous les corps solides, liquides ou gazeux sont pesants.

DEVOIR ÉCRIT.

Quelles sont les différences et les ressemblances existant entre les corps solides, les corps liquides et les corps gazeux? (C. E. P. *Seine.*)

L'AIR — IDÉE DU BAROMÈTRE

10. *État naturel*. — La terre est enveloppée par une couche d'air de plusieurs kilomètres d'épaisseur. Sous une faible épaisseur, l'air paraît incolore, mais quand le temps est clair et sans nuage, il paraît bleu d'azur.

11. *L'air exerce sur tous les corps qu'il environne une pression appelée pression atmosphérique (Exp. 7 et 8).* — Nous avons remarqué, dans la première leçon, qu'un litre d'air pèse un peu plus d'un gramme. L'immense couche d'air qui environne la terre presse donc, par son propre poids, sur tous les corps. Cette pression, qui s'appelle la *pression atmosphérique*, s'exerce dans tous les sens, c'est-à-dire au-dessus et au-dessous des objets, aussi bien que sur leurs côtés. Nous pouvons le vérifier par les expériences suivantes.

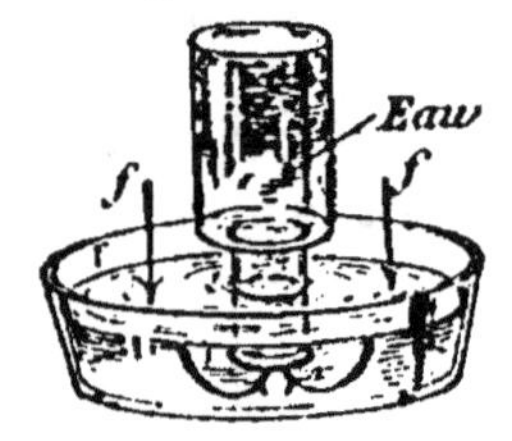

FIG. 11.

L'air presse sur la feuille de papier et empêche l'eau de tomber.

FIG. 12.

L'air est pesant. Il empêche l'eau renfermée dans cette bouteille de se répandre dans la cuvette.

Remplissons complètement un verre avec de l'eau. Appliquons, en guise de couvercle, une feuille de papier sur l'ouverture du verre. Retournons le verre avec précaution en tenant l'ouverture en bas (*fig. 11*). L'eau ne tombe pas parce que l'air presse de *bas en haut* sur le papier avec une grande force. Cette force est d'ailleurs plus grande que le poids de l'eau contenue dans le verre.

Une bouteille (*fig. 12*) étant *complètement* remplie

Matériel à préparer. — Un verre. — Terrine remplie d'eau. — Un flacon à large col de 500 centimètres cubes.

d'eau, retournons-la sur un vase rempli d'eau en fermant l'ouverture de la bouteille avec la main.

L'eau de la bouteille ne tombe pas dans le vase parce que *l'air qui est pesant* exerce, suivant la direction des flèches *f*, une certaine pression à la surface de l'eau du vase.

12. *Idée du baromètre.* — Pour mesurer la pression atmosphérique, on se sert du mercure qui est un métal liquide très lourd. Pour faire un baromètre, on remplit *complètement* de mercure un tube d'un mètre de longueur environ et fermé à une extrémité (*fig. 13*). On bouche l'ouverture avec le doigt et on retourne le tube sur un vase plein de mercure en plongeant l'ouverture dans le liquide. On voit immédiatement le mercure descendre dans le tube jusqu'à une hauteur de 76 *centimètres environ* au-dessus du niveau du liquide dans le vase. Si on recommence plusieurs fois l'expérience avec des tubes de diamètre différent, on obtient le même résultat.

La pression de l'air ne peut donc retenir dans le tube qu'une colonne de mercure de 76 centimètres de hauteur environ. C'est ce qu'on exprime quelquefois d'une autre manière, en disant que *la pression atmosphérique fait équilibre à une colonne de mercure de 76 centimètres de hauteur.*

On pourrait faire la même expérience avec de l'eau. Or, un litre d'eau pèse 1 kilogramme tandis qu'un litre de mercure pèse 13 kg. 6. Pour faire équilibre à la pression atmosphérique, il faudrait que la colonne d'eau eût une hauteur 13,6 fois plus grande que la colonne de mercure, c'est-à-dire 0 m. 76 × 13,6 = 10 m. 33. Le tube employé devrait donc

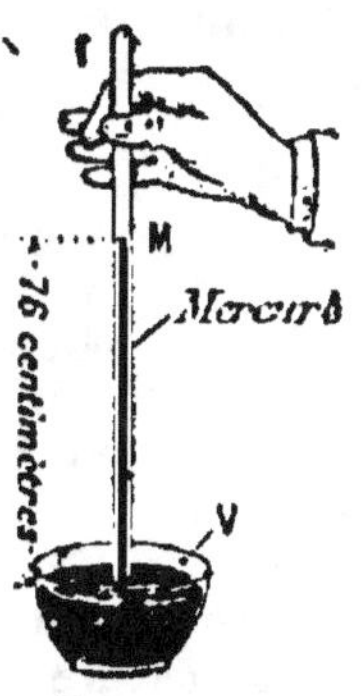

Fɪɢ. 13.

Le mercure, contenu dans le tube T, descend dans le tube jusqu'à une hauteur de 76 centimètres environ au-dessus du niveau du mercure renfermé dans le vase V.

avoir au moins 10 m. 33 de hauteur. Il serait trop difficile à manier. C'est pourquoi l'on prend toujours du mercure.

Le baromètre ordinaire se compose d'un tube de verre de 80 centimètres de longueur environ, gradué en centimètres, retourné sur une petite cuve à mercure et fixé le long d'une planchette (*fig. 14*).

13. *Utilité du baromètre*. — Quand l'air est chargé de vapeur d'eau, il est moins lourd que l'air pur, parce que la vapeur d'eau pèse moins que l'air sous un volume égal. Alors le mercure s'abaisse dans le tube (*fig. 14*). Au contraire, quand le temps est sec, le mercure s'élève. Le baromètre peut donc servir à prévoir le temps. Ainsi quand le baromètre marque 74 centimètres ou 740 millimètres, c'est l'indice d'une grande pluie. A 780, le temps est très sec. Mais comme le baromètre ne tient compte ni du climat, ni de la saison, ni de la direction du vent par exemple, ses indications ne sont pas toujours suffisantes pour prévoir le temps.

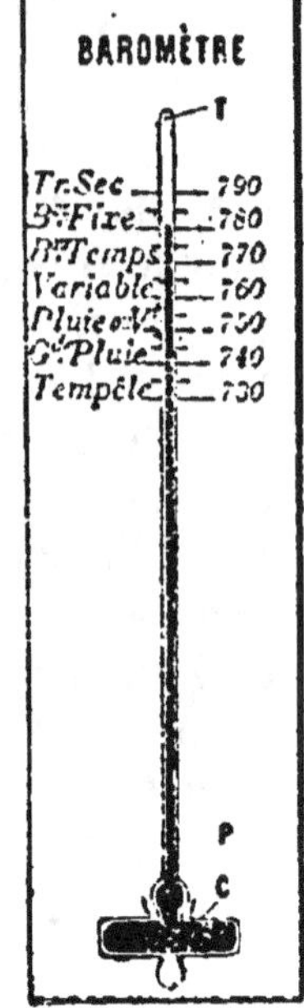

FIG. 14.
BAROMÈTRE
A MERCURE

Il indique la pression de l'air et permet de prévoir le temps.

QUESTIONNAIRE.

10. Par quel corps la terre est-elle entourée? — 11. Quel est le poids d'un litre d'air? — A quelle cause est due la pression atmosphérique? — Quelles expériences peut-on faire pour prouver l'existence de la pression atmosphérique? — 12. Comment construit-on un baromètre à mercure? — Pourquoi emploie-t-on du mercure et non de l'eau dans la construction du baromètre? — 13. Quelle est l'utilité du baromètre?

Pourquoi la cannelle adaptée à un tonneau complètement rempli ne fonctionne-t-elle pas tant que le fausset n'est pas enlevé?

Pourquoi un sou usé frotté contre une vitre peut-il s'y maintenir?

RÉSUMÉ.

1. La terre est entourée par une épaisse couche d'air.

2. L'air est pesant. Il exerce sur tous les corps une certaine pression appelée pression atmosphérique.

3. Le baromètre est un instrument qui sert à mesurer la pression atmosphérique. Il est formé d'un tube de verre de 80 centimètres de longueur environ, gradué en centimètres et fixé sur une planchette de manière que son extrémité inférieure ouverte plonge dans un petit réservoir à mercure. Ordinairement, le niveau du mercure s'élève dans le tube barométrique quand le temps est beau. Il s'abaisse dans le cas contraire. Mais cette seule indication ne suffit pas toujours pour prévoir le temps.

LECTURE.

Pourquoi ne sommes-nous pas écrasés par le poids de l'air?

Qui est-ce qui s'imaginerait que nous vivons continuellement chargés d'un poids de 8 à 10 000 kilogrammes qui nous pres e dans tous les sens?

En effet, on a démontré que le poids de l'air, sur une surface donnée, équivaut à une colonne d'eau de 10 m. 33 de hauteur; conséquemment, chaque mètre carré, à la surface de la terre, est chargé d'une colonne d'air équivalente à une colonne de 10 mètres cubes 330 décimètres cubes d'eau, c'est-à-dire de 10 330 litres.

On évalue du reste la surface du corps humain, dans un homme de hauteur moyenne à 1 mq. 48; or, un litre d'eau pesant 1 kilogramme, 10 330 litres pèsent 10 330 kilogrammes. Le poids appliqué sur toute la surface du corps d'un homme est donc de 10 330 kg $\times$ 1,48 = 15 228 kg, 4.

Mais comment peut-on résister à une charge semblable? La réponse est facile. Toute notre machine est imprégnée d'air et cet air contenu dans l'intérieur de notre corps contre-balance les effets de l'air extérieur.

D'après OZANAM, *Récréations mathématiques et physiques.*

DEVOIR ÉCRIT.

L'air exerce une pression sur les corps. Comment le prouvez-vous simplement? Comment appelle-t-on l'instrument servant à mesurer cette pression et décrivez-le. (C. E. P. *Gard.*)

L'AIR — SA COMPOSITION ET SON RÔLE

COMPOSITION DE L'AIR

14. *L'air renferme un cinquième de son volume d'oxygène et quatre cinquièmes d'azote (Exp. 9).* — Voici une bougie allumée, fixée à l'aide d'une petite goutte de bougie, au fond d'une terrine renfermant de l'eau. Coiffons la bougie avec un bocal B (*fig. 15*) ou un flacon à large ouverture. La flamme, d'abord vive, s'éteint progressivement. En même temps l'eau monte dans le bocal jusqu'à un certain niveau MN que nous pouvons marquer à l'aide d'une étiquette.

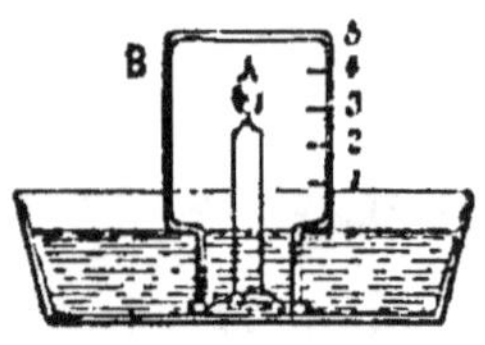

L'eau a monté en M sous l'action de la pression atmosphérique parce que la bougie, pour brûler, *a utilisé* une partie de l'air ou mieux un des éléments de l'air emprisonné. Cet élément est l'*oxygène*. Ce qui reste dans le bocal est un autre gaz appelé *azote*, qui n'entretient plus la combustion, mélangé avec du gaz carbonique, qui s'est formé pendant la combustion (7ᵉ *leçon*):

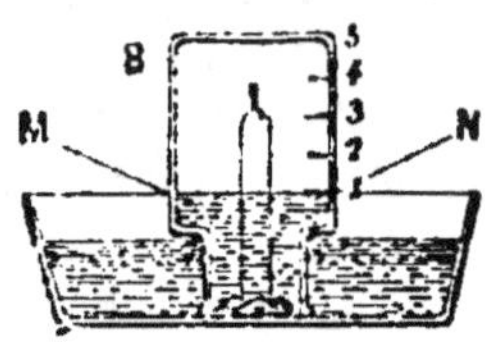

Fɪɢ. 15.

La bougie allumée s'éteint quand elle a consumé tout l'oxygène du flacon.

voilà pourquoi la bougie s'éteint. Les savants ont montré que l'air renferme un cinquième de son volume d'oxygène et quatre cinquièmes d'azote.

15. *L'air renferme un peu de gaz carbonique.* — L'air renferme encore un autre gaz invisible : le *gaz carbonique*. Ce gaz est dangereux à respirer, mais l'air pur n'en renferme qu'une quantité très faible, qui ne nous est pas nuisible. Un mètre cube d'air en renferme environ 3 décilitres.

Matériel à préparer. — Terrine remplie d'eau. — Bougie. — Mesures en fer-blanc (litre, décilitre). — Bocal de un ou deux litres

16. *L'air renferme de la vapeur d'eau.* — L'air est toujours plus ou moins humide. La vapeur d'eau qu'il ren-

ferme forme les nuages qui peuvent se convertir en pluie (*fig. 16*).

En été, quand on monte de la cave une bouteille bien fraîche, la vapeur d'eau de l'air, se refroidissant le long des parois de la bouteille, forme de la buée.

Fig. 16.— *Les nuages sont de la vapeur d'eau.*

17. *L'air renferme des poussières et des microbes.* — L'air contient encore des débris divers et des poussières qu'on voit flotter dans le rayon de soleil pénétrant dans la chambre (*fig. 18*). Aux poussières sont souvent mélangés de petits êtres vivants appelés *microbes* qu'on ne peut voir qu'au microscope. Le microscope est un appareil qui, à l'aide de verres grossissants, permet de voir les objets 10, 100, 1000 fois plus gros qu'ils ne sont réellement. Ces microbes sont la cause d'un grand nombre de maladies (tuberculose, variole) (*fig. 17*).

Fig. 17.
MICROBES
DE LA TUBERCULOSE
(*grossis 1500 fois*).

RÔLE DE L'AIR

18. *L'oxygène de l'air entretient la respiration des animaux et des végétaux.* — L'oxygène pur, *seul*, ne pourrait être utilisé pour la respiration. Il serait trop actif. L'azote *modère les propriétés* de l'oxygène. Nous ne pourrions donc pas mieux respirer avec de l'oxygène pur qu'avec de l'azote pur.

19. *Rôle de l'azote et du gaz carbonique.* — L'azote de l'air est utilisé directement par certaines *plantes* de la famille des *légumineuses* (pois, luzerne) qui s'en nourrissent (*36ᵉ leçon*).

Le gaz carbonique sert à la nourriture de tous les *végétaux verts* (*40ᵉ leçon*).

APPLICATIONS A L'HYGIÈNE

20. *Il faut faire pénétrer abondamment l'air dans les appartements.* — Puisque, par la respiration, nous utilisons constamment l'oxygène de l'air, il est urgent de renouveler fréquemment l'air des appartements et surtout l'air des locaux habités par un grand nombre de personnes (classes, salles de réunion, etc.).

Fig. 18.
Le rayon de soleil pénétrant dans la chambre rend plus visibles les poussières contenues dans l'air.

L'air des chambres à coucher doit être assez abondant. Il en faut environ 12 à 14 mètres cubes par personne et par jour. Il est donc malsain de coucher dans des alcôves ou bien d'entourer le lit de rideaux, qui ne permettent pas le renouvellement de l'air.

21. *On ne doit pas balayer un appartement à sec.* — On ne doit jamais balayer un appartement sans l'arroser soit avec un peu d'eau, soit avec de la sciure de bois humide. Si on balaie à sec, tous les microbes (*il y en a partout*) sont mis en suspension dans l'air et introduits par la bouche dans notre corps où ils peuvent causer de graves maladies. La tuberculose est la plus grave et la plus fréquente de ces maladies.

21². — *La ménagère doit éviter toute cause de viciation de l'air des appartements.* — Il importe que l'air des appartements soit aussi pur que possible. Pour cela, la ménagère ouvrira très souvent les fenêtres, particulièrement en faisant le ménage.

Il ne faut jamais laisser séjourner dans les pièces habitées ni déchets de cuisine, ni linge sale.

La cuisine sera propre et la pierre d'évier lavée et brossée chaque jour à grande eau.

QUESTIONNAIRE.

14. Quels sont les deux gaz principaux contenus dans l'air? — Combien l'air renferme-t-il d'oxygène? — Combien renferme-t-il d'azote? — **15-16.** Citez encore un gaz contenu dans l'air. — **17.** Comment peut-on voir que l'air renferme des poussières? — **18.** Quel est le rôle de l'oxygène de l'air? — **19.** A quoi sert l'azote de l'air pour les animaux et l'homme? — Quelles sont les plantes qui utilisent l'azote et le gaz carbonique de l'air? — **20.** Pourquoi faut-il renouveler l'air des appartements? — **21.** Comment doit-on balayer les appartements? — **21ª.** Quelles précautions doit prendre la ménagère pour éviter la viciation de l'air des appartements?

Pourquoi n'ouvre-t-on pas volontiers les fenêtres d'une salle en hiver? A-t-on raison?

Pourquoi doit-on essuyer les meubles à l'aide d'un chiffon au lieu de l'épousseter au plumeau? — Comment nettoie-t-on la pierre d'évier?

RÉSUMÉ.

1. L'air est un mélange de plusieurs gaz. Il renferme environ un cinquième de son volume d'oxygène et quatre cinquièmes d'azote. De plus, il contient un peu de gaz carbonique et de la vapeur d'eau. L'air contient enfin des poussières auxquelles sont parfois mélangés des microbes.

2. L'oxygène entretient la respiration des animaux et des végétaux.

3. L'azote n'entretient pas la respiration, mais il modère les effets trop vifs de l'oxygène. Il sert de plus à la nourriture des plantes légumineuses.

Le gaz carbonique n'entretient pas la combustion ni la respiration. Il sert à la nourriture des plantes vertes.

4. Il faut toujours renouveler l'air des appartements.

5. On ne doit pas balayer à sec pour éviter la dissémination des microbes.

6. La propreté absolue est la condition indispensable de la pureté de l'air des appartements.

4ᵉ LEÇON

LA POMPE ASPIRANTE

22. *Pression d'un gaz*. — Nous avons vu (2ᵉ *leçon*) que l'air exerce sur tous les corps une certaine pression due à son propre poids, et que nous avons appelée *pression atmosphérique*.

De même, nous avons fait observer qu'un gaz tend toujours à occuper le plus grand volume possible (1ʳᵉ *leçon*). C'est pour cette raison que l'air, *comme un ressort toujours tendu*, exerce une certaine pression à l'intérieur du vase qui le renferme.

23. *Quand on aspire un peu de l'air contenu dans un tube ouvert aux deux extrémités et plongeant dans l'eau, l'eau s'élève dans le tube* (*Exp. 10*). — Aspirons un peu d'air du tube T (*fig. 19*) : la quantité d'air restant dans le tube diminue, et, par suite, elle ne peut plus exercer, dans l'intérieur du tube, une pression aussi grande qu'avant l'aspiration. Cette pression devient donc, pendant l'aspiration, plus petite que la pression atmosphérique qui s'exerce à la surface de l'eau. Alors l'eau monte dans le tube jusqu'à un certain niveau N.

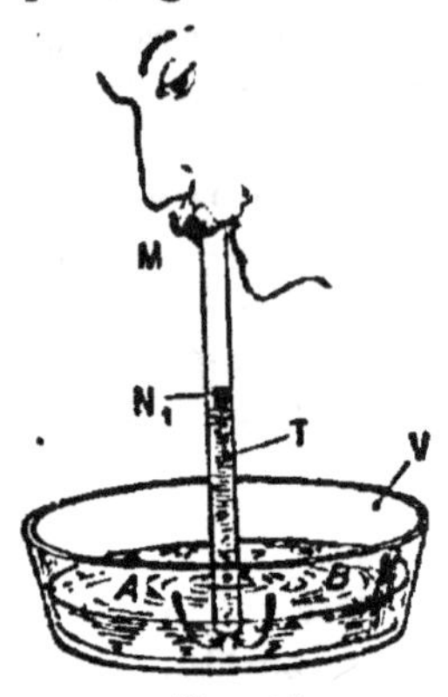

Fᴵɢ. 19.

En aspirant l'air contenu dans le tube T l'eau s'y élève à un certain niveau.

Si nous aspirons toute la masse d'air contenu dans le tube, l'eau monte dans la bouche jusqu'en M. Nous pourrions même, en aspirant, vider complètement le vase V.

Cette expérience nous fait comprendre comment on peut, par aspiration, faire monter l'eau dans un tuyau.

Matériel à préparer. — Une terrine remplie d'eau rouge. — Un verre ordinaire. — Un tube de verre droit de 20 centimètres de longueur

24. *Pompe aspirante.* — Une pompe aspirante (*fig. 20*) se compose d'un tuyau de fonte assez gros appelé le *corps de pompe*. Le corps de pompe porte à sa base un tuyau d'aspiration plongeant dans l'eau du puits. Dans le corps de pompe, un *piston*, percé d'un trou recouvert d'une soupape,

FIG. 21. — COMMENT ON POMPE.

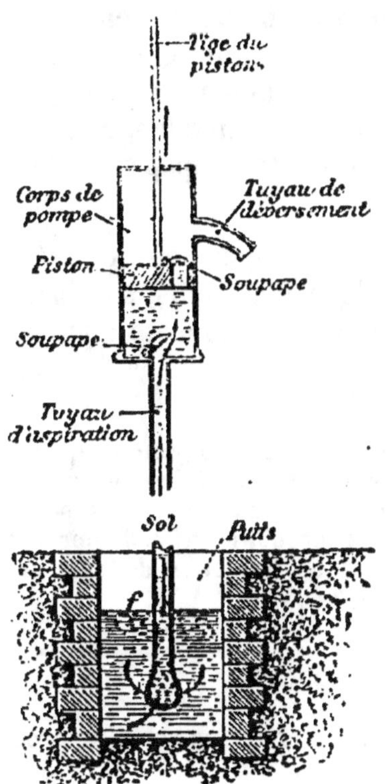

FIG. 20. — POMPE ASPIRANTE.

peut monter et descendre à l'aide d'une tige que l'on met en mouvement par un balancier ou une manivelle.

Supposons le piston en bas du corps de pompe. Dans ce cas, il n'y a pas d'air en dessous du piston. Soulevons le piston à l'aide du balancier. L'air, d'abord contenu uniquement dans le tuyau d'aspiration, se répand par la soupape dans le corps de pompe. Il *prend donc un volume plus grand.* Par suite, il ne peut plus exercer dans l'appareil une pression aussi grande qu'avant le soulèvement du piston. C'est pourquoi l'eau, poussée par la pression atmosphérique qui s'exerce en *f* à la surface de l'eau (*fig. 20*) monte d'abord dans le tuyau d'aspiration. Ensuite, en soulevant la soupape, elle s'élève dans le corps de pompe lui-même. Après quelques coups de piston, l'eau du puits atteint le tuyau de déversement et s'écoule au dehors.

25. ***Les pompes ne peuvent fonctionner si le tuyau d'aspiration a plus de 10 mètres de long.*** — C'est la pression atmosphérique qui fait monter l'eau dans la pompe quand on soulève le piston. Or, nous avons vu (2ᵉ *leçon*), que la pression de l'air ne peut faire équilibre qu'à une colonne d'eau de 10 m. 33. C'est pour cette raison que les pompes ne peuvent être utilisées si le puits, dans lequel elles puisent l'eau, est trop profond. En réalité, la pompe ne peut plus fonctionner dès que le tuyau d'aspiration a une longueur supérieure à 8 ou 9 mètres, parce que les soupapes ne ferment pas toujours bien.

26. ***Usages des pompes.*** — Les pompes sont utilisées journellement soit pour tirer de l'eau d'un puits, soit pour arroser le fumier avec le liquide puisé dans la fosse à purin.

QUESTIONNAIRE.

22. Qu'appelle-t-on pression d'un gaz ? — 23. Que se passe-t-il quand, à l'aide d'un tube, on aspire l'air contenu dans un tube plongé dans l'eau ? — 24. Comment est faite la pompe aspirante ? — Que se passe-t-il quand on soulève le piston ? — 25. Pourquoi le tuyau d'aspiration d'une pompe ne doit-il pas avoir plus de 9 ou 10 mètres de hauteur ? — 26. Quels sont les usages des pompes ?

RÉSUMÉ.

1. Un gaz renfermé dans un vase exerce une certaine pression dans l'intérieur du vase.

2. Quand on aspire l'air contenu dans un tube plongé dans l'eau, le liquide s'élève dans le tube.

3. La pompe aspirante sert à amener à un niveau supérieur l'eau d'un puits ou d'un réservoir situé plus bas. C'est la pression de l'air extérieur qui, par aspiration, fait monter l'eau du puits dans un tuyau plongé dans l'eau, puis dans le tuyau de déversement par où s'écoule l'eau.

DEVOIR ÉCRIT.

Il y a une pompe dans la cour de l'école. Comment fonctionne-t-elle ? (C. E. P. *Manche*.)

LA COMBUSTION — LES COMBUSTIBLES NATURELS

COMBUSTION

27. La combustion s'effectue à l'aide de deux corps : l'un qui brûle : c'est le combustible, et l'autre qui entretient la combustion : c'est l'oxygène de l'air. — Quand du bois brûle, on dit que le bois est en combustion. Le bois est un *combustible* ainsi que la houille, le coke et le charbon de bois. Tout combustible renferme du charbon. Le charbon est appelé aussi *carbone*.

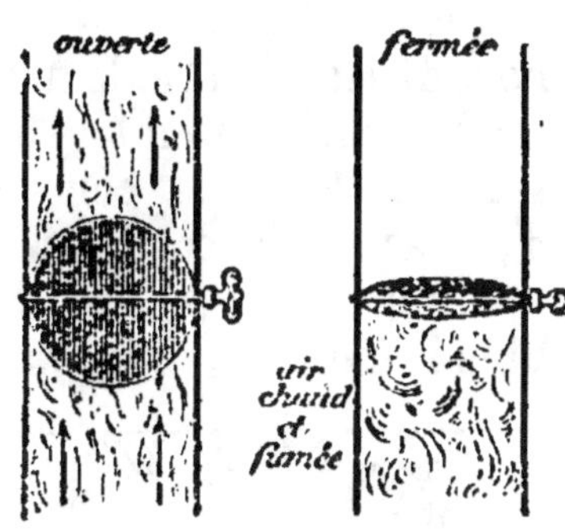

Fig. 22.

Quand on ferme la clé du tuyau, le poêle ne tire plus.

Pour que le combustible brûle bien, pour que la combustion se fasse convenablement, il faut de l'air en quantité suffisante.

Dans ces conditions, le charbon s'unit à l'oxygène de l'air pour former un gaz appelé *gaz carbonique*.

28. Quand on ferme la clé du tuyau d'un poêle, le bois ne brûle pas bien (*Exp. 11*). — Si la clé du poêle est fermée (*fig. 22*), le charbon ou le bois contenu dans le foyer brûle difficilement et le poêle donne moins de chaleur parce que le courant d'air partant du foyer à travers le tuyau ne peut pas s'établir. On dit dans ce cas qu'il n'y a *pas de tirage*.

Quand une cheminée est construite convenablement, elle tire bien et le feu est ardent (*fig. 23*).

Matériel à préparer. — Un morceau de bois pourri. — Un soufflet de cuisine. — Un morceau de houille. · · Un morceau de tourbe.

29. *Le poêle tire mieux quand la petite porte du bas est ouverte (Exp. 12).* — Le poêle tire mieux quand la petite porte du bas est ouverte parce que l'air entre facilement dans le foyer et active la combustion du bois.

Fig. 23.
Quand la cheminée tire bien, le feu est ardent.

30. *Quand on souffle le feu, il devient plus ardent (Exp. 13).* — Si nous dirigeons à l'aide d'un soufflet un courant d'air sur le feu, ce courant d'air active la combustion (*fig. 24*).

En résumé pour qu'un combustible brûle bien, il lui faut de l'air. C'est l'*oxygène de l'air* qui entretient la combustion.

31. *Il ne faut jamais fermer la clé d'un poêle.* — Quand on ferme la clé d'un poêle (*fig.22*), le charbon ou le bois, en brûlant en présence d'une quantité d'air insuffisante, produit un gaz très dangereux à respirer qu'on appelle *oxyde de carbone.* Cet oxyde de carbone se dégage dans la chambre. Il peut alors incommoder fortement, causer des maux de tête, et même asphyxier les personnes présentes.

Fig. 24.
On active la combustion en soufflant sur le feu.

32. *La combustion vive se fait avec dégagement de chaleur et de lumière* (*Exp. 14*). — Si l'on approche un morceau de papier de la flamme d'une allumette, le papier s'enflamme vivement en produisant *de la lumière et de la chaleur*.

Le même phénomène se produit quand on allume le feu dans le foyer. On commence par allumer, sous le combustible, de la paille, des copeaux ou du papier, qui enflamment le bois placé au-dessus. A partir de ce moment la combustion se propage avec plus ou moins de rapidité et le combustible brûle en produisant *de la lumière* et *de la chaleur* dans le foyer.

De même, lorsque nous allumons une bougie ou un bec de gaz, la lumière produite est due à la *combustion vive du charbon* qui, sans que nous le voyions, existe dans la bougie ou dans le gaz d'éclairage.

33. *La combustion lente s'effectue sans dégagement apparent de lumière et de chaleur.* — Si des bûches restent dehors au grand air et sont soumises, par suite, à l'action de l'oxygène de l'air, et surtout si elles sont placées dans un endroit humide, elles pourrissent au bout d'un temps plus ou moins long. Cette transformation du bois dur et résistant en une substance friable, c'est-à-dire qui s'émiette facilement, est due surtout, elle aussi, à l'action de l'oxygène de l'air. C'est donc également une combustion, mais une combustion *extrêmement lente* qui s'effectue en quelque sorte à la longue, sans que nous nous en apercevions, parce qu'il n'y a pas de dégagement apparent de chaleur et encore moins de lumière.

Il y a donc deux sortes de combustion :

La *combustion vive*, qui est rapide et s'effectue avec dégagement de chaleur et de lumière ;

La *combustion lente*, qui s'effectue à la longue sans dégagement de lumière mais avec un dégagement *extrêmement faible* de chaleur.

34. *Principaux combustibles.* — On distingue deux grands groupes de charbons :

1° Les combustibles naturels (qu'on trouve dans la nature) dont les principaux sont : le bois, la houille, la tourbe et le pétrole;

2° Les combustibles artificiels (qu'on fabrique) : charbon de bois, coke.

35. *Utilité des combustibles*. — Les combustibles sont pour nous de première nécessité. Ce sont eux qui alimentent nos foyers, et toutes les machines à vapeur employées dans l'industrie. Sans la chaleur et la lumière qui nous sont fournies par les divers combustibles, la vie humaine serait impossible ou rendue très difficile.

CHARBONS NATURELS

36. *La houille*. — La houille est due à la décomposition incomplète, à l'abri de l'air, de forêts entières des premiers âges de la terre, qui ont été enfouies dans le sol, il y a un nombre considérable de siècles. On en a la preuve en considérant certains fragments de houille, qui portent encore la trace des feuilles, des rameaux ou des tiges de végétaux qui leur ont donné naissance (*fig. 25*).

Le plus souvent, les gisements de houille sont souterrains. On doit donc, pour les exploiter, creuser des puits et des galeries d'où l'on tire le charbon.

37. *Usages de la houille*. — La houille est le combustible industriel par excellence. Quand on la chauffe

Fig 25

FRAGMENT DE HOUILLE AVEC EMPREINTE DE PLANTE.

à une très haute température dans des vases fermés appelés *cornues*, on obtient :

1º *le gaz d'éclairage* qu'on dirige dans les tuyaux et qu'or utilise pour le chauffage et l'éclairage ;

2º *le goudron* qui se dépose dans des tuyaux ;

3º *le coke* qui reste dans les cornues.

38. Pétrole. — On trouve dans le sein de la terre d'immenses nappes d'un liquide très inflammable appelé pétrole, qui est utilisé également dans les appareils de chauffage ou d'éclairage et dans les moteurs.

39. Hygiène du chauffage. — Il faut éviter de chauffer trop fort les poêles de fonte alimentés au charbon de terre. En effet, la fonte chauffée au rouge laisse aisément filtrer un gaz toxique, *l'oxyde de carbone*.

Les tuyaux de caoutchouc des poêles à gaz doivent être surveillés avec soin. S'ils sont en mauvais état, ils peuvent laisser échapper du gaz d'éclairage qui est un poison violent. De plus, le gaz qui s'échappe peut s'enflammer au voisinage d'une flamme. Il faut fermer tous les soirs le compteur à gaz. C'est le meilleur moyen d'éviter pendant la nuit une fuite de gaz possible.

Les poêles mobiles et les poêles à combustion lente dégagent de l'oxyde de carbone. Ils sont toujours dangereux.

39ᵇ. Soins à donner en cas de brûlure simple. — On applique sur la partie brûlée des compresses d'eau bouillie froide ou mieux des compresses d'acide picrique (*poison*), dissous dans l'eau bouillie.

Une solution d'aloès dans l'eau-de-vie, à raison de 125 grammes par litre, est également très efficace, même pour des *brûlures graves*. On l'étend sur la blessure à l'aide d'une plume d'oiseau ou d'un pinceau fin. On laisse la plaie à *l'air libre*. Les brûlures ainsi traitées ne laissent généralement pas de cicatrices.

QUESTIONNAIRE.

27. Quand dit-on que le bois est en combustion? — 28. Que se passe-t-il quand on ferme la clé du poêle? — 29. Pourquoi le poêle tire-t-il bien quand la petite porte du bas est ouverte? — 30. Quel

usage fait-on du soufflet de cuisine? — 31. Pourquoi ne faut-il pas fermer la clé d'un poêle? — 32. Quelle est la condition indispensable pour qu'un corps brûle? — 33. Comment le bois pourrit-il à l'air? — Qu'est-ce que la combustion vive? — Qu'est-ce que la combustion lente? — 34. Quels sont les principaux combustibles? — 35. Quelle est l'utilité des combustibles? — 36. D'où vient la houille? — Comment extrait-on la houille? — 37. Quels sont les principaux produits tirés de la houille? — 38. D'où vient le pétrole? — 39. Quels sont les inconvénients d'un poêle de fonte chauffé au charbon de terre?— Pourquoi faut-il surveiller les conduites de gaz? — 39². Comment soigne-t-on une brûlure simple?

Pourquoi le charbon couve-t-il sous la cendre?

RÉSUMÉ.

1. On appelle combustible un corps qui peut brûler. Le bois, le charbon, le coke sont des combustibles. C'est l'oxygène qui entretient la combustion.

2. Il est toujours imprudent de fermer la clé d'un poêle, car le charbon, dans ces conditions, donne naissance à un gaz dangereux : l'oxyde de carbone.

3. Il y a deux sortes de combustion : 1° la combustion vive, qui s'effectue rapidement avec dégagement de chaleur et de lumière; 2° la combustion lente, qui s'effectue à la longue sans dégager de chaleur apparente ni de lumière.

4. Il existe des combustibles naturels, comme le bois, la houille, ou le pétrole, et des combustibles artificiels, comme le charbon de bois et le coke.

5. La houille que l'on trouve dans la terre peut servir soit au chauffage, soit à la fabrication du gaz d'éclairage, du goudron et de coke.

6. Il faut éviter de chauffer trop fort les poêles de fonte alimentés au charbon de terre. On doit veiller constamment au bon entretien des tuyaux de conduite de gaz.

7. On soigne une brûlure simple par l'application de compresses d'eau bouillie froide ou bien additionnée d'acide picrique ou d'aloès dissous dans l'eau-de-vie.

DEVOIRS ÉCRITS.

Quels sont les principaux combustibles? (C. E. P. *Seine*).

Parlez de la houille, de son origine, de son extraction et de ses principaux usages (C. E. P. *Seine*).

6ᵉ LEÇON

LES CHARBONS ARTIFICIELS

CHARBON DE BOIS

40. *Principe de la préparation du charbon de bois.* — Si l'on brûle du bois *à l'air libre*, il ne reste que des cendres. Si le bois est brûlé en présence *d'une quantité d'air insuffisante*, il donne un résidu qui est le *charbon de bois*.

41. *Préparation du charbon de bois en forêt.* — Sur un sol bien aplani, le charbonnier plante quelques piquets de bois sec disposés suivant un petit cercle P (*fig.* 26), et formant cheminée.

Autour des piquets, il entasse obliquement les fragments de branchages, ayant environ 0 m. 60 de longueur, appelés charbonnettes. Il obtient ainsi une sorte de meule.

Il recouvre le tout de mousse et de terre tassée en ayant soin de laisser quelques ouvertures appelées évents (A, B) (*fig.* 26).

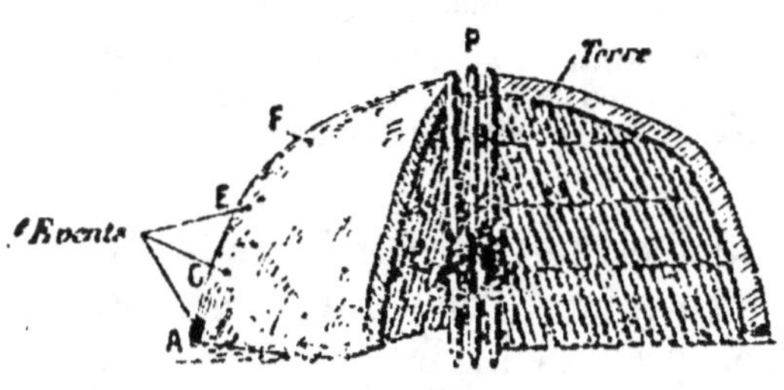

Fig. 26.

Préparation d'une meule de charbon de bois en forêt.

Puis il jette dans la cheminée des morceaux de bois enflammés. Le feu se communique à la masse. Comme l'air arrive par les évents A et B, pour sortir par la cheminée, la charbonnette commence à brûler.

Matériel à préparer. — Un bocal. — Noir animal en poudre ou charbon de bois en poudre. — Un entonnoir. — Vin — Un filtre.

Il se dégage en P une fumée qui, d'abord très noire, devient de moins en moins épaisse. Quand cette fumée devient claire, ce qui indique que la combustion est assez avancée, le charbonnier ferme les évents A et B avec de la mousse et de la terre. Puis il en ouvre d'autres un peu plus haut, en C et en E (*fig.* 26).

Le bois placé au voisinage de ces évents brûle à son tour au contact de l'air ainsi introduit. Il se dégage à nouveau en P une fumée qui devient de moins en moins épaisse. Quand cette fumée est devenue assez claire, le charbonnier · ferme les évents C et E pour ouvrir ceux qui sont un peu plus haut en F, et ainsi de suite.

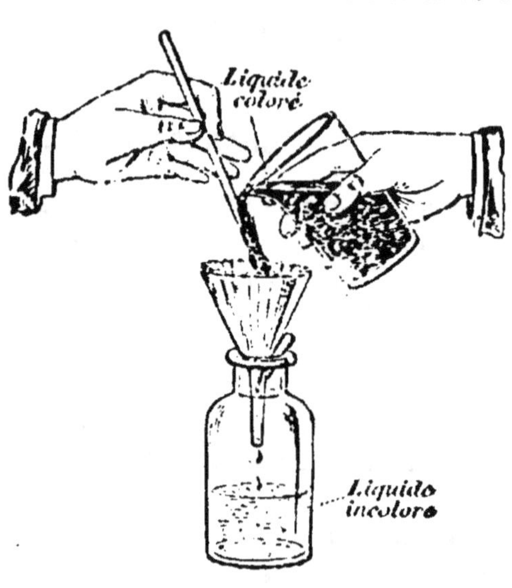

Fig. 27.

Une bouteille de vin et de charbon de bois en poudre ou de noir animal versée sur le filtre F, passe tout à fait incolore.

Quand il juge que l'opération est terminée, il ferme tous les évents et l'ouverture de la cheminée. Comme il n'entre plus d'air dans la meule, le bois cesse de brûler et tout s'éteint. Il reste alors uniquement du charbon de bois. Quand le charbon est refroidi, on démolit la meule et on met le charbon ainsi obtenu dans des sacs.

PROPRIÉTÉS DU CHARBON DE BOIS

42. *Le charbon de bois bien préparé est léger et sonore* (*Exp.* 15). — Le charbon de bois est léger et sonore. Il brûle à l'air sans fumée. Le charbon mal préparé brûle avec flamme et fumée ; il constitue ce qu'on appelle des *fumerons.*

43. *Le charbon de bois est un décolorant (Exp. 16).* — Jetons sur le filtre de papier **F** (*fig.* 27) une bouillie formée de vin et de poussière de charbon. Le vin passe dans le bocal entièrement incolore.

L'opération réussit encore mieux avec du charbon provenant des os calcinés et qu'on appelle pour cette raison *charbon animal* ou *noir animal*.

44. *Le charbon de bois est un désinfectant (Exp. 17).* — Si l'on jette une quantité suffisante de poudre de charbon de bois dans un liquide dégageant une mauvaise odeur, cette odeur disparaît parce que le charbon de bois *très poreux* absorbe les gaz.

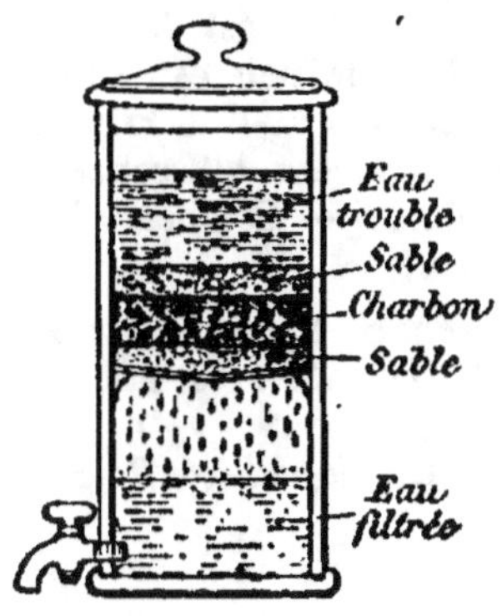

FIG. 28. — FILTRE À CHARBON.
L'eau troublée se clarifie en traversant la couche de charbon de bois en poudre.

Aussi, à la campagne, pour clarifier l'eau impure d'une citerne, on la fait passer lentement dans un vase de pierre renfermant une couche de sable fin et de charbon de bois en poudre. Cet appareil s'appelle un filtre (*fig.* 28). Mais si l'eau est chargée de microbes, il faut, pour consommer l'eau en toute sécurité, employer un filtre analogue à celui de la figure 57, ou bien la faire bouillir pendant 20 minutes (*11ᵉ leçon*).

45. *Coke.* — Le coke est obtenu dans les usines à gaz d'éclairage, en brûlant incomplètement *en vase fermé* du charbon de terre. Le coke brûle sans fumée. C'est un combustible très souvent employé dans les appartements.

45². *La braise.* — La braise est du charbon obtenu par la combustion incomplète du bois tendre. Elle est plus légère, moins compacte que le charbon et s'allume plus vite, mais elle dure moins longtemps.

La combustion des charbons et du gaz d'éclairage dégage des gaz toxiques : le gaz carbonique et l'oxyde de carbone. Il est donc indispensable que le fourneau à charbon ou à gaz soit toujours placé sous la hotte de la cheminée.

La ménagère peut préparer elle-même sa braise pour le lendemain en éteignant dans son étouffoir, ou simplement dans un vase de fer ou de terre hermétiquement clos, les tisons du foyer ou même le charbon de bois incomplètement consumé.

QUESTIONNAIRE.

40. Que se passe-t-il si l'on brûle du bois à l'air libre? — 41. Comment prépare-t-on une meule de charbon de bois? — Pourquoi le bois de la meule ne se transforme-t-il pas en cendres comme dans la cheminée? — 42. Quelles sont les propriétés du charbon de bois? — 43. Comment prouve-t-on que le charbon de bois est décolorant? — 44. Comment prouve-t-on que le charbon de bois est-il un désinfectant? — 45. Comment le charbon de bois peut-il servir à filtrer l'eau? — Qu'est-ce que le coke? — 45². Quelles différences faites-vous entre la braise et le charbon de bois? — Comment la ménagère peut-elle préparer elle-même sa braise?

Pourquoi un tison allumé caché sous la cendre s'éteint-il très lentement? — Pourquoi emploie-t-on du charbon de bois plutôt que du bois pour faire la cuisine sur un fourneau?

Pourquoi la braise ne continue-t-elle pas à brûler dans l'étouffoir?

RÉSUMÉ.

1. Le charbon de bois est obtenu en brûlant du bois en présence d'une quantité d'air insuffisante.

2. Le charbon de bois bien préparé est léger et sonore. Il brûle sans flamme et sans fumée.

3. Le charbon de bois est un décolorant et un désinfectant.

4. Le coke s'obtient en brûlant incomplètement du charbon de terre en vase fermé.

5. La braise est du charbon de bois tendre. Elle s'allume et brûle aisément. Il faut toujours placer le fourneau à charbon ou à braise sous la hotte de la cheminée.

DEVOIR ÉCRIT.

Qu'est-ce que le charbon de bois? Où et comment le fabrique-t-on? Quels sont ses usages? (C. E. P. Yonne.)

GAZ CARBONIQUE — OXYDE DE CARBONE

GAZ CARBONIQUE

46. Une bougie allumée enfermée dans un flacon s'éteint rapidement (*Exp. 18*). — Introduisons une bougie allumée dans un grand flacon dont l'ouverture est ensuite fermée par un bouchon : elle s'éteint assez rapidement (*fig. 29*).

Rallumons la bougie après l'avoir retirée du flacon ; nous voyons qu'elle s'éteint *aussitôt* que nous l'y avons introduite à nouveau. Le gaz resté dans le flacon après l'extinction de la bougie ne peut plus servir à la combustion.

FIG 29.

La bougie, en brûlant, utilise l'oxygène de l'air, puis elle s'éteint.

47. Le gaz carbonique n'entretient pas la combustion (*Exp. 19*). — Nous avons vu (*5ᵉ leçon*) que c'est l'oxygène qui entretient la combustion. La bougie a donc en brûlant consommé tout l'oxygène du flacon. Pendant la combustion, l'oxygène a été remplacé par un autre gaz très différent de l'oxygène : c'est du

---

Matériel à préparer. — Un bocal d'un demi-litre fermé d'un bouchon. — Fil de fer. — Bougie. — Acide chlorhydrique ou fort vinaigre. — Craie. — Deux flacons à large col.

(Pour faire de l'eau de chaux, on délaie un peu de chaux vive dans de l'eau. On filtre. L'eau passe claire et limpide. Elle contient pourtant un peu de chaux, en suspension. C'est de l'eau de chaux. Quand on n'a pas de chaux on place plusieurs bâtons de craie dans le foyer du poêle et on les porte au rouge blanc pendant un quart d'heure. La craie s'est transformée en chaux vive.) (*16ᵉ Leçon.*)

gaz carbonique, appelé aussi parfois *acide carbonique*. Le gaz carbonique n'entretient pas la combustion.

48. *Le gaz carbonique trouble l'eau de chaux* (*Exp.* 20). — Recommençons l'expérience précédente en enlevant la bougie après son extinction; puis débouchant le flacon le plus rapidement possible, pour éviter la rentrée de l'air, introduisons-y aussitôt un peu d'eau de chaux. Agitons dans tous les sens le flacon, fermé avec la paume de la main. L'eau de chaux se trouble et prend une teinte laiteuse (*fig. 30*).

Fig. 30.

Le gaz carbonique trouble l'eau de chaux.

Ce trouble est dû à la présence du gaz carbonique (5ᵉ *leçon*), qui en s'unissant à la chaux donne de la craie ou carbonate de chaux. Ce sont ces particules fines de craie qui rendent l'eau de chaux laiteuse.

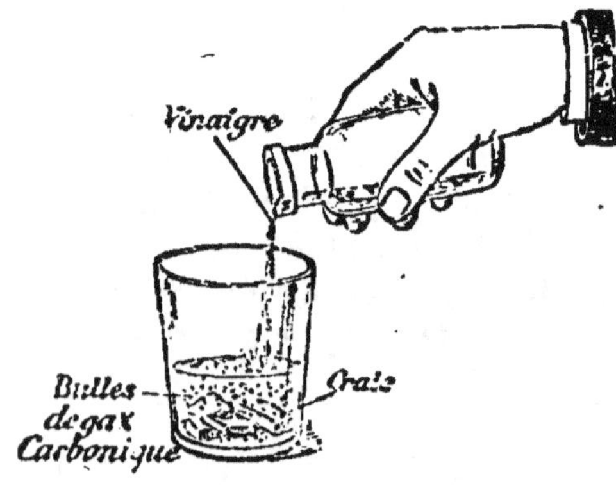

Fig. 31.

La craie est décomposable par les acides.

49. *La craie en présence des acides se décompose et produit du gaz carbonique* (*Exp.* 21). — Le carbonate de chaux, formé par l'union du gaz carbonique et de la chaux, renferme donc nécessairement du gaz carbonique. On peut le vérifier en versant de fort vinaigre dans un verre renfermant de l'eau avec quelques fragments de craie. La craie est décomposée et l'on voit les bulles de gaz carbonique qui s'élèvent à la surface de l'eau (*fig. 31*).

50. *Le gaz carbonique n'entretient pas la respiration.* — Le gaz carbonique est très dangereux à respirer; il cause l'*asphyxie*, c'est-à-dire la mort par privation d'air.

C'est pourquoi il faut se garder de rester au voisinage des cuves de vin en fermentation qui produisent toujours une grande quantité de gaz carbonique (*21ᵉ leçon*).

51. *Remarque.* — Il se produit du gaz carbonique dans tous les endroits où du charbon brûle à l'air libre (poêles, fourneaux, lampes). L'air vicié sortant de nos poumons renferme aussi du gaz carbonique (*23ᵉ leçon*). Il faut donc aérer les salles où beaucoup de personnes sont rassemblées. Il se forme également du gaz carbonique dans les endroits où des matières organiques (plantes et débris d'animaux) sont en fermentation, comme dans les vieux puits abandonnés.

OXYDE DE CARBONE

52. *Quand le charbon brûle en présence d'une quantité d'air insuffisante il se forme de l'oxyde de carbone.*

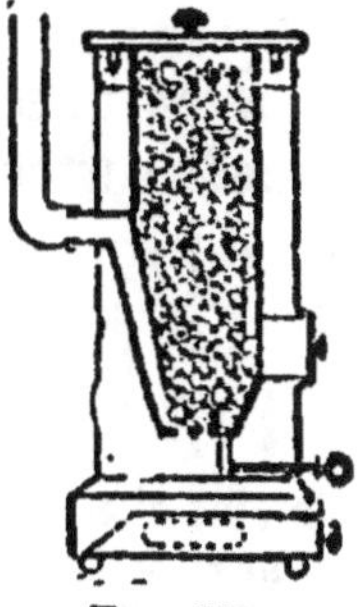

Fig. 32.
COUPE D'UN
POÊLE MOBILE.

— Dans les expériences précédentes, on a brûlé du charbon ou une substance qui en renferme (bougie), à l'air libre, c'est-à-dire en présence d'une grande quantité d'air.

Si l'on brûle de même du charbon en présence d'une *quantité d'air insuffisante*, il se dégage un autre gaz appelé *oxyde de carbone*.

Ainsi il se forme de l'oxyde de carbone dans un poêle qui tire mal, ou dans un poêle dont on a fermé la clé, ou enfin dans un *poêle mobile* (*fig. 32*), renfermant beaucoup de charbon en présence d'un *courant d'air très faible*.

53. *L'oxyde de carbone est un poison violent.* — L'oxyde de carbone est encore *plus dangereux que le gaz carbonique*. C'est un poison extrêmement violent qui tue brusquement les personnes ou les animaux qui en respirent une quantité même très faible.

54. *Les fourneaux et les poêles mobiles dégagent de l'oxyde de carbone* (*fig. 33*). — Quand un fourneau ordinaire à charbon de bois, placé dans la pièce et non sous la cheminée, fonctionne pendant un certain temps, c'est l'oxyde de carbone qui est la cause des *maux de tête* des personnes qui sont dans la pièce. Ces maux de tête sont l'indice d'un commencement d'*empoisonnement par l'oxyde de carbone*. Les poêles mobiles produisent toujours de l'oxyde de carbone. Leur emploi est très dangereux surtout dans les chambres à coucher.

Fig. 33.

Un fourneau placé dans une pièce dégage de l'oxyde de carbone qui est un poison.

55. *Application pratique.* — Il faut aérer largement les pièces dans lesquelles existe un poêle ou un fourneau surtout si ce fourneau n'est pas placé sous la cheminée.

QUESTIONNAIRE.

46. Pourquoi la bougie enfermée dans un flacon s'éteint-elle rapidement? — **47.** Quel est le gaz qui a remplacé l'oxygène? — **48.** Si l'on verse de l'eau de chaux dans le bocal dans lequel a brûlé la bougie, que devient l'eau de chaux? — Quelle est la propriété du gaz carbonique? — **49.** Si l'on verse du vinaigre sur de la craie, que se produit-il? — **51.** Où se produit constamment le gaz carbonique? — **52.** Quand l'oxyde de carbone se forme-t-il dans la combustion? — Pourquoi se forme-t-il de l'oxyde de carbone quand on a fermé la clé du poêle. — **53.** Peut-on respirer de l'oxyde de carbone? — **54.** Quels sont, dans la maison, les appareils qui peuvent produire de l'oxyde de carbone? — **55.** Quelles sont les précautions à prendre pour éviter les inconvénients de l'oxyde de carbone?

Comment peut-on savoir s'il est dangereux de descendre dans un puits abandonné ou dans une cave où l'on fait le vin?

RÉSUMÉ.

1. Quand un combustible brûle à l'air libre, il forme avec l'oxygène de l'air du gaz carbonique.

2. Le gaz carbonique n'entretient pas la combustion et trouble l'eau de chaux en formant avec elle de la craie (ou carbonate de chaux).

3. La craie traitée par un acide est décomposée et donne naissance à du gaz carbonique.

4. Le gaz carbonique n'entretient pas la respiration.

5. Il se forme du gaz carbonique dans toutes les combustions et dans beaucoup de fermentations comme celle du vin.

6. Si le charbon brûle en présence d'une quantité d'air insuffisante, il donne naissance à de l'oxyde de carbone qui est un poison.

7. Il faut aérer largement les pièces dans lesquelles se trouve un poêle mobile ou un fourneau non placé sous la cheminée, car ces appareils produisent de l'oxyde de carbone.

LECTURE.

La grotte du chien.

Le gaz carbonique se dégage naturellement de quelques terrains volcaniques. Lorsque le gaz, en sortant de la terre, se trouve accumulé dans des cavités souterraines, il faut prendre les plus grandes précautions pour y pénétrer. Il existe néanmoins de ces cavités souterraines où l'on peut pénétrer impunément, parce que le gaz carbonique, plus dense que l'air, demeure à la surface du sol jusqu'au niveau de l'entrée extérieure. Il forme, de la sorte, une couche que dépasse la tête d'un homme. Un homme peut donc s'y promener sans danger puisqu'il respire au-dessus de la couche mortelle, mais un animal de petite taille, un chien, par exemple, se trouvant plongé dans l'atmosphère d'acide carbonique, serait à l'instant asphyxié. De là le nom de *grotte du Chien* donné à une caverne de ce genre qui se trouve à Pouzzoles, aux environs de Naples.

DEVOIR ÉCRIT.

Que savez-vous sur la production, les propriétés et les inconvénients du gaz carbonique? (C. E. P. Seine-et-Marne).

DILATATION DES CORPS — THERMOMÈTRE

DILATATION DES CORPS

56. *La chaleur dilate les corps solides et le refroidissement les contracte* (*Exp.* 22). — Chauffons à l'aide de la lampe à alcool la tringle de l'appareil ci-joint (*fig. 34*). Nous voyons la flèche F se déplacer vers la droite. Cela tient à ce que, sous l'action de la chaleur, la tringle se dilate, c'est-à-dire s'allonge et pousse la flèche F.

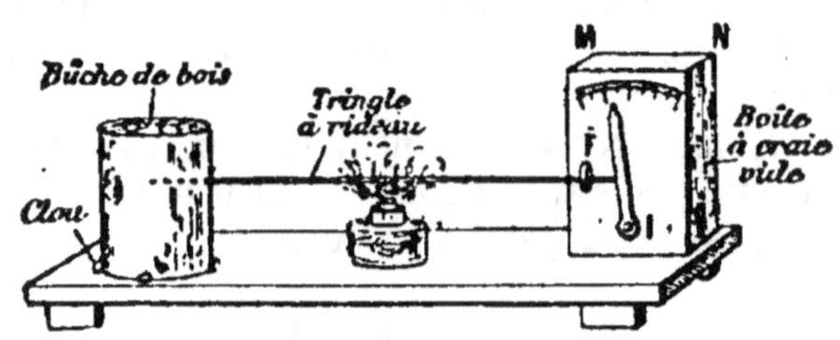

Fic. 34.

Sous l'action de la chaleur, la tringle s'allonge et pousse la flèche F qui tourne autour du clou I.

Cet allongement d'un corps sous l'action de la chaleur s'appelle *dilatation*.

En laissant refroidir la tringle, on voit la flèche revenir lentement à sa première position. En refroidissant elle a diminué de longueur. Elle s'est *contractée*.

Il en est de même pour beaucoup de corps solides. La chaleur les *dilate* et le refroidissement les *contracte*.

Matériel à préparer. — La figure 34 indique comment on peut construire l'appareil indiqué. Une tringle de rideau est fixée horizontalement dans un appui fixe (un fragment de bûche par exemple), et vient buter sur une petite aiguille de fil de fer mobile autour d'un clou fixé sur une boîte à craie.

Ballon portant un tube de verre de 20 centimètres de longueur et rempli de liquide coloré. — Le même ballon vide, mais portant un tube deux fois recourbé. — Un thermomètre. — Lampe à alcool.

57. La chaleur dilate les corps liquides et le refroidissement les contracte (Exp. 23). — Prenons un petit ballon de verre B (*fig. 35*) complétement rempli d'eau colorée et fermé d'un bouchon qui laisse passer un tube de verre T plongeant dans le liquide.

Chauffons le ballon B au bain-marie. Nous voyons le niveau du liquide s'élever progressivement en *a*, *b*, *c*, parce que ce liquide se dilate, c'est-à-dire augmente de volume.

Enlevons la lampe et laissons refroidir l'appareil : le liquide se

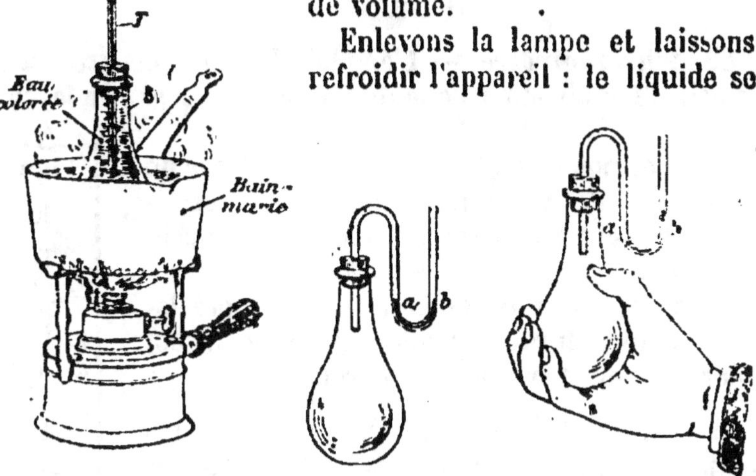

FIG. 35.

En chauffant le ballon B, le niveau du liquide dans le tube s'élève successivement en a, b, c.

FIG. 36.

En tenant le ballon de verre à la main, l'air qu'il contient se dilate et pousse la petite masse de liquide a b.

contracte et redescend lentement dans le tube en reprenant la position qu'il occupait d'abord.

On obtiendrait les mêmes résultats avec tous les liquides.

58. La chaleur dilate les gaz et le refroidissement les contracte (Exp. 24). — Soit un ballon rempli d'air et fermé par un bouchon livrant passage à un tube de verre recourbé *ab* (*fig. 36*).

Dans la courbe *a b*, on introduit un peu d'eau colorée.

Dès qu'on tient le ballon à la main, on voit le liquide coloré se déplacer du côté de la branche droite *b* du tube.

L'air contenu dans le ballon tend donc, sous l'action de la chaleur de la main, à occuper un plus grand volume, en repoussant la colonne de liquide coloré, c'est-à-dire qu'*il se dilate*.

Quand on cesse de tenir le ballon, l'air se contracte et le liquide revient à sa position primitive.

En résumé, *la chaleur dilate tous les corps et le refroidissement les contracte*.

THERMOMÈTRE

59. *Thermomètre*. — L'emploi du thermomètre est la principale application de la dilatation des corps par la chaleur.

Un thermomètre (*fig. 37*) est constitué par un petit tube de verre fermé à ses deux extrémités, portant à sa base un renflement appelé réservoir.

Dans le réservoir et la tige on a préalablement introduit un liquide qui est de l'alcool coloré en rouge ou bien du mercure.

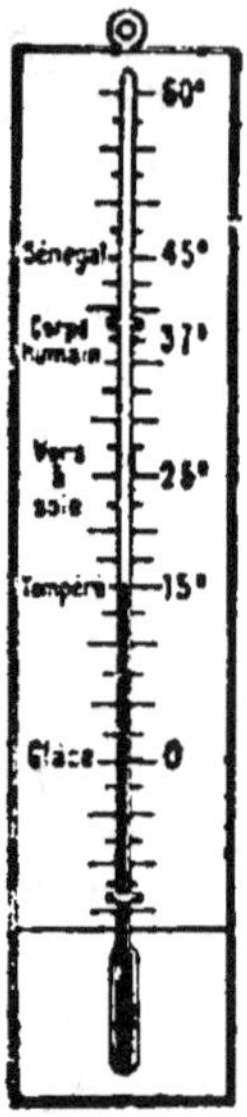

60. *Quand la température s'élève, le niveau du liquide monte dans le tube du thermomètre. Il s'abaisse dans le cas contraire* (*Exp. 25*). — Posons la main sur le réservoir, le liquide s'élève immédiatement dans le tube. Retirons la main, le liquide s'abaisse. De même dans une salle bien chauffée, le liquide du thermomètre s'élève plus haut que dans une pièce froide.

FIG. 37.
THERMOMÈTRE

Dans les thermomètres usuels, le tube de verre est fixé le long d'une planchette divisée. Chacune des divisions de la planchette s'appelle un *degré*.

On dit, par exemple, que l'eau bout à 100 degrés (ou 100°).
Dans la glace fondante, le thermomètre marque 0 degré (ou 0°).

61. *Cerclage des roues de voitures.* — Pour cercler une roue de voiture (*fig. 38*), le maréchal fait un cercle dont le

FIG. 38. — CERCLAGE DES ROUES,

diamètre intérieur est un peu plus petit que le diamètre extérieur de la roue de bois. En chauffant ce cercle dans toute sa longueur, celui-ci s'allonge assez pour pouvoir être adapté sur la roue. On le refroidit rapidement, en jetant de l'eau dessus. Alors le cercle de fer se contracte et maintient énergiquement les jantes de la roue.

CONSEILS A LA MÉNAGÈRE

61². *La température de notre corps est en rapport avec notre état de santé.* — Chez une personne bien portante et au repos, la température du corps est voisine de 37°5. Dans le cas de maladie, elle est le plus souvent supérieure et parfois inférieure à cette moyenne. C'est pourquoi le médecin prend, de temps à autre, la température d'un malade. On se sert, à cet effet, d'un petit thermomètre médical gradué en degrés et fractions de degrés de 33° à 43°, qu'on maintient pendant dix minutes sous l'aisselle ou mieux dans le rectum du malade.

61³. *Température de la chambre à coucher.* — Pour des personnes adultes et en bonne santé, il suffit que la température des chambres habitées soit de 14° à 15°. Quand il ne fait pas trop froid, on peut très bien coucher dans une chambre dont les fenêtres restent ouvertes. Les chambres des enfants et des malades doivent généralement être maintenues à une température de 17° à 18°.

QUESTIONNAIRE.

56. Comment peut-on montrer que les corps solides se dilatent sous l'action de la chaleur? — 57. Comment peut-on montrer que les corps liquides se dilatent? — Que se passe-t-il quand on laisse refroidir le liquide du ballon? — 58. Comment peut-on montrer que la chaleur dilate les gaz? — 59. Quelle est la principale application de la dilatation des corps sous l'action de la chaleur? — Décrivez le thermomètre de la classe. — 60. A quelle température l'eau bout-elle? — A quelle température l'eau se solidifie-t-elle? — 61. Comment fait-on pour cercler des roues de voitures? — 61². Comment prend-on la température d'un malade? — Dites pourquoi? — 61³. Quelle doit-être la température de la chambre d'une personne en bonne santé? — Celle de la chambre d'un malade?

Pourquoi ne remplit-on pas complètement un vase dans lequel on fait chauffer de l'eau? — Pourquoi le thermomètre médical n'est-il gradué que de 33° à 43°?

RÉSUMÉ.

1. Sous l'action de la chaleur, tous les corps solides, liquides ou gazeux se dilatent, c'est-à-dire augmentent de volume; sous l'action du refroidissement, ils se contractent, c'est-à-dire diminuent de volume.

2. Le thermomètre est un instrument dont le fonctionnement repose sur la dilatation d'un liquide par la chaleur. Il sert à évaluer les changements de température.

3. Le cerclage des roues de voiture est une autre application usuelle de la dilatation des corps par la chaleur.

DEVOIR ÉCRIT.

Un de vos amis qui n'a pas appris la physique vous demande ce que c'est qu'un thermomètre. Renseignez-le et dites-lui ce que vous savez de ce petit instrument scientifique (C. E. P. *Loir-et-Cher*).

LA LUMIÈRE — L'ÉCLAIRAGE

LA LUMIÈRE

62. *La lumière se propage en ligne droite (Exp. 26)*. — Pendant le jour, on est éclairé par la lumière du soleil.

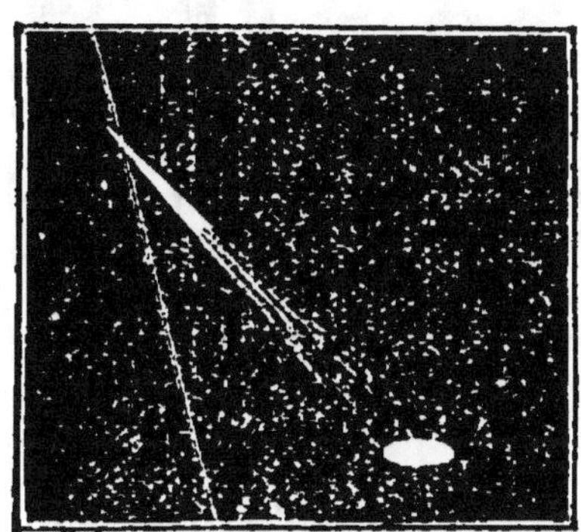

Fig. 39.
La lumière se propage en ligne droite.

Quand on se trouve dans une chambre exposée au soleil, on distingue bien les rayons solaires pénétrer au travers des vitres. En ayant soin de fermer les volets, on voit encore mieux les rayons lumineux qui pénètrent dans la chambre en passant par les fentes des volets. On peut alors remarquer que *ces rayons solaires se propagent toujours en ligne droite* (*fig. 39*).

63. *Les rayons lumineux en tombant sur une glace sont renvoyés en avant (Exp. 27)*. — Si nous plaçons une petite glace sur le trajet de la lumière, les rayons lumineux ne peuvent traverser la glace, car elle n'est pas transparente. Ils ne continuent donc pas leur chemin en ligne droite. Mais en tombant sur la surface polie de la glace, ils changent de direction. Ils sont renvoyés en avant de la glace, *ils se réfléchissent* exactement de la même manière qu'une balle de caoutchouc qui rebondit quand on la lance

---

Matériel à préparer. — Une petite glace. — Une lampe à pétrole. — Une bougie. — Une lampe à alcool. — Un fragment de verre à vitre.

sur un mur (*fig. 40*). Ce phénomène s'appelle pour cette raison *réflexion* de la lumière.

64. *Lumière artificielle.* — Pendant la nuit, nous nous éclairons à la lumière artificielle.

Les principales sources de lumière artificielle sont : les bougies et l'huile végétale, les huiles minérales

Fig. 40.

Les rayons lumineux en tombant sur une glace sont renvoyés en avant du miroir.

(pétrole, essence), le gaz d'éclairage et l'électricité.

65. *Une source de lumière renferme généralement du charbon* (*Exp. 28*). — Allumons une bougie (*fig. 41*). Nous constatons qu'elle fond au voisinage de l'extrémité de la mèche. De plus la bougie rendue liquide monte dans la mèche. Le charbon contenu dans la bougie brûle en dégageant de la chaleur et de la lumière exactement comme la flamme du foyer (*5e leçon*). C'est aussi une combustion qui se produit dans ce cas et, comme dans toutes les combustions, la présence de *l'oxygène de l'air* est indispensable.

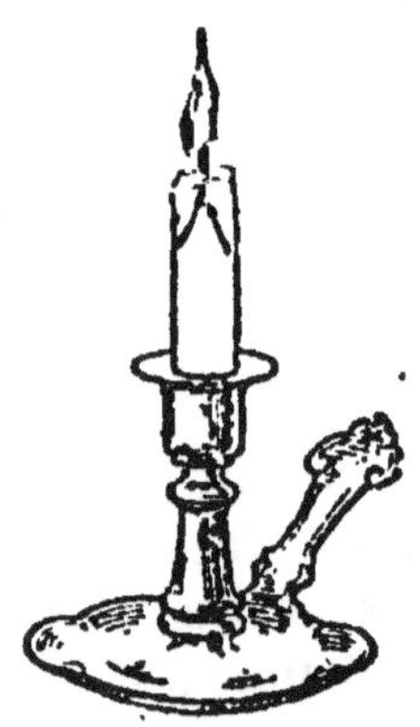

Fig. 41.

La bougie fond puis elle monte dans la mèche où elle brûle.

Plaçons une lame de verre ou un corps quelconque sur la flamme. Nous rendons l'arrivée de l'air sur la flamme plus difficile. Il en résulte que tout le charbon contenu dans la bougie ne peut plus brûler : ce charbon se dépose alors sur le verre pour former un dépôt de *noir de fumée* qui est du charbon (*fig. 42*).

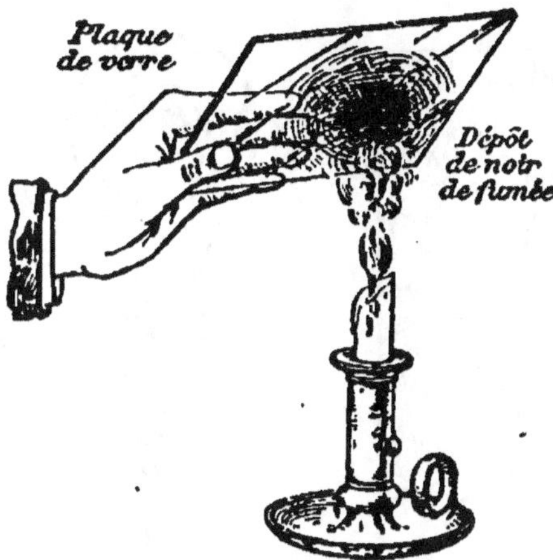

Fig. 42.

Si l'on place une lame de verre sur la flamme d'une bougie, il s'y dépose du noir de fumée.

66. Une source de lumière consomme de l'oxygène (*Exp. 29*). — Quand on détermine un courant d'air modéré dans le bec d'une lampe à pétrole ou à gaz, la lumière de la lampe est beaucoup plus vive. On obtient ce courant d'air en entourant la flamme (*fig. 43*) avec un verre de lampe.

La monture du bec (*fig. 43*) est percée de trous sur tout le pourtour et à sa base. L'air pénètre d'abord par ces trous et alimente la flamme.

Si la mèche est trop montée, ou si la lampe n'a pas de verre (*fig. 44*), la quantité d'air conduite au bec est insuffisante pour brûler tout le charbon renfermé en grande quantité dans la mèche. Alors la lampe est fumeuse.

67. Le gaz, le pétrole et l'alcool sont dangereux à manier. — Les huiles minérales, comme le pétrole et l'essence minérale, doivent être maniés

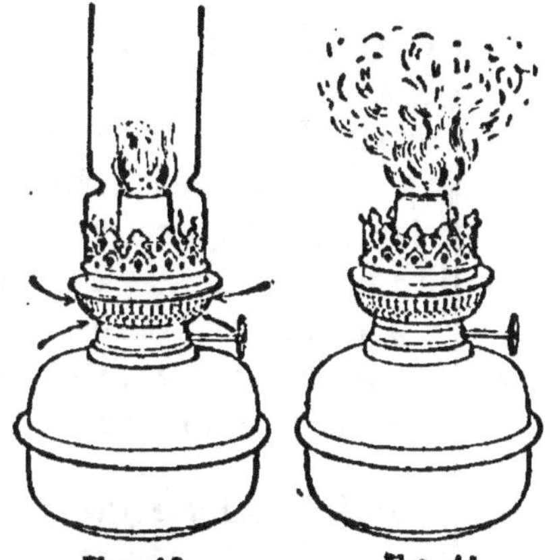

Fig. 43.

L'air pénètre par les trous de la monture de la lampe et active la flamme.

Fig. 44.

La lampe à pétrole dépourvue d'un verre n'a pas assez d'air et est fumeuse.

avec précaution et toujours loin d'une flamme. Ces corps,

en effet, s'évaporent aisément et peuvent parfois s'enflammer brusquement à distance en provoquant une explosion sou-

Fig. 45.
*Il est imprudent de préparer une lampe
à essence auprès d'une flamme.*

Fig. 45 bis.
LAMPE ÉLECTRIQUE.

vent dangereuse (*fig. 45*). Le gaz d'éclairage exige aussi d'être employé avec précaution, car il est dangereux à respirer.

67². *Entretien des lampes*. — La ménagère doit toujours préparer ses lampes chaque matin et non au moment de s'en servir. Le bec de lampe sera nettoyé avec soin pour que l'air puisse circuler aisément au niveau de la mèche. Le verre de lampe est entretenu, comme les vitres, à l'aide du blanc d'Espagne humide et d'un linge fin. Au cas où une lampe à pétrole ou à essence serait renversée, on limite l'incendie en jetant sur la flamme du sable, de la terre et même un torchon ou un sac.

67³. *Lumière électrique*. — L'électricité donne également une lumière très vive. Elle est produite le plus souvent dans des lampes formées d'une petite boule de verre renfermant un fil éclairant (*fig. 45 bis*). La lampe à arc, beaucoup plus puissante, renferme deux charbons entre lesquels jaillit la lumière.

QUESTIONNAIRE.

62. Comment sommes-nous éclairés pendant le jour? — Comment se propage la lumière du soleil? — **63.** Que se passe-t-il quand la lumière rencontre une glace? — **64.** Quelles sont les principales sources de lumière artificielle? — **65.** Pourquoi et comment la bougie nous éclaire-t-elle? — Qu'est-ce que le noir de fumée? — Comment peut-on produire du noir de fumée? — **66.** Quel est le rôle de l'air dans la combustion de la bougie ou de la lampe? — Comment fait-on pour rendre la flamme de la lampe plus éclairante? — Pourquoi la lampe est-elle fumeuse parfois? — **67.** Quelles précautions doit-on prendre avec le pétrole et l'essence? — 67². Comment nettoie-t-on une lampe? — Comment éteint-on un commencement d'incendie dû à l'inflammation de l'essence? — 67³. Que savez-vous sur la lumière électrique? — Quels sont les principaux modes de lumière électrique?

Pourquoi éteint-on une bougie en soufflant dessus? — Pourquoi, au contraire, ranime-t-on le feu du foyer en soufflant dessus à l'aide d'un soufflet? — Pourquoi ne doit-on pas jeter de l'eau sur de l'essence enflammée?

RÉSUMÉ.

1. La lumière se propage toujours en ligne droite.

2. Quand un rayon lumineux rencontre une glace il se réfléchit, c'est-à-dire qu'il change de direction et est renvoyé en avant de la surface polie.

3. La bougie, le pétrole, l'essence, ainsi que le gaz d'éclairage et la lumière électrique sont les principales sources de lumière artificielle. Le fonctionnement d'une source lumineuse artificielle est dû à la combustion du charbon en présence de l'oxygène de l'air.

4. La ménagère doit toujours préparer ses lampes pendant le jour et non le soir à la lumière, car le pétrole et l'essence peuvent s'enflammer à distance.

DEVOIR ÉCRIT.

Quelles sont les principales sources de lumière artificielle que vous connaissez? Pourquoi la bougie nous éclaire-t-elle? (*C. E. P. Seine-et-Oise*).

CIRCULATION DE L'EAU DANS LA NATURE

L'EAU

68. *L'eau existe sous trois états.* — L'eau peut être liquide (rivières et mers), solide (glace), ou gazeuse (nuages). Ces trois états différents dépendent de la température à laquelle elle est portée.

69. *Sous l'action de la chaleur, l'eau liquide se transforme en un gaz qui est de la vapeur d'eau (Exp. 3o).* — Faisons chauffer de l'eau : elle dégage un gaz qui s'élève

FIG. 46.
La chaleur fait passer l'eau liquide à l'état de vapeur.

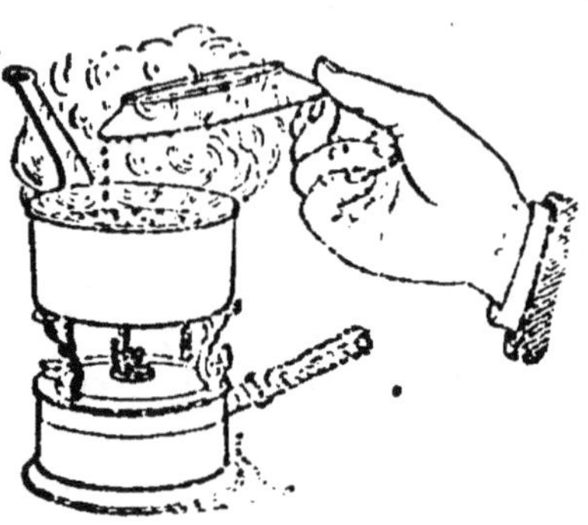

FIG. 47.
Sous l'action du refroidissement la vapeur d'eau passe à l'état liquide.

dans l'air (*fig. 46*) et qui est de la *vapeur d'eau*. Les nuages sont précisément formés par de la vapeur d'eau provenant de l'évaporation, sous l'action de la chaleur du soleil, des mers, des cours d'eau et des lacs ou des étangs.

Matériel à préparer. — Lampe à alcool. — Assiette. — Glace. — Deux entonnoirs de verre. — Terrine. — Sable. — Argile. — Petite casserole.

70. *Sous l'action du refroidissement, la vapeur d'eau passe à l'état liquide* (*Exp. 31*). — Plaçons une assiette froide au-dessus d'un vase renfermant de l'eau chauffée.

La vapeur produite se transforme, sous l'action du refroidissement, en gouttelettes liquides qui ruissellent le long de l'assiette. On dit que la vapeur d'eau s'est *condensée* (*fig. 47*).

De même, quand les nuages rencontrent un courant d'air froid dans l'atmosphère, ils se transforment en pluie.

Fig. 48. — Le glacier du Rhône dans le massif du Saint-Gothard.

71. *Sous l'action du refroidissement, l'eau liquide se transforme en glace.* — Quand la température s'abaisse suffisamment, l'eau liquide se solidifie et se change en glace ou en neige. En hiver, par exemple, l'eau des rivières gèle. Sur les hautes montagnes où le froid est excessif et persistant, l'eau n'existe qu'à l'état solide et forme des amas considérables de glace qu'on appelle des *glaciers* (*fig. 48*).

72. *L'eau augmente de volume en se congelant* (*Exp. 32*). — Pendant l'hiver, quand on laisse dehors un vase renfermant de l'eau, ce vase se brise quand l'eau se congèle. Cela tient à ce que *l'eau en se congelant augmente de volume* (*fig. 49*).

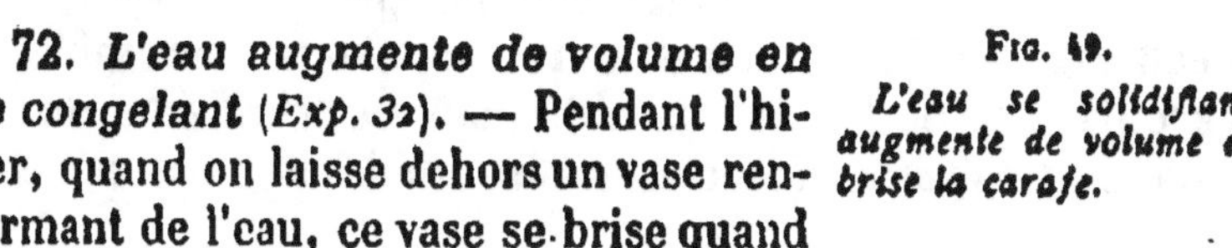

Fig. 49.

L'eau se solidifiant augmente de volume et brise la carafe.

APPLICATION PRATIQUE

73. *Gelées printanières*. — Au printemps, la sève, liquide nourricier qui circule dans les plantes, et qui renferme beaucoup d'eau, commence à circuler dans les jeunes bourgeons. S'il survient une gelée à cette époque, la sève se solidifie et, augmentant de volume, brise les bourgeons qui ne peuvent plus se développer. Les gelées printanières causent chaque année de grands dommages à l'agriculture et particulièrement à la vigne ou aux arbres fruitiers.

CIRCULATION DE L'EAU DANS LA NATURE

74. *L'eau circule constamment dans la nature*. — Quand il pleut, une partie de l'eau tombe à terre. Elle peut pénétrer dans la terre ou bien couler à la surface, suivant que le sol se laisse plus ou moins bien pénétrer par l'eau.

L'autre partie s'évapore, c'est-à-dire se transforme en vapeurs et c'est surtout en été que cette *évaporation* est abondante.

75. *Le sable laisse facilement passer l'eau* (*Exp. 33*). — Jetons un peu de sable dans un entonnoir posé sur un flacon; arrosons le sable d'un peu d'eau (*fig. 5o*) : cette eau traverse rapidement le sable et s'écoule dans le flacon. On dit, pour cette raison, que le sable est très *perméable*, c'est-à-dire qu'il laisse passer l'eau.

FIG. 50.
Le sable laisse facilement passer l'eau.

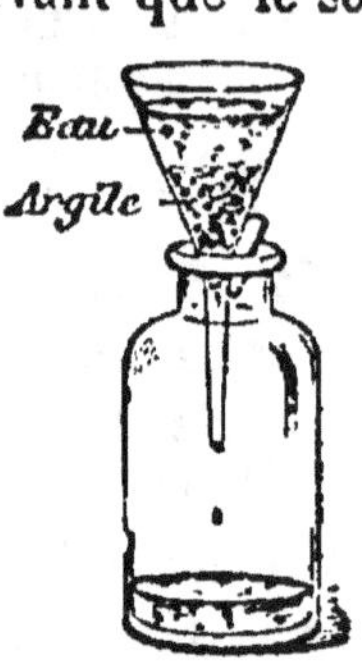

FIG. 51.
L'argile laisse difficilement passer l'eau.

76. *L'argile laisse difficilement passer l'eau* (*Exp. 34*). — Si on remplace, dans l'expérience précédente, le sable par de l'argile légèrement tassée, l'eau ne passe que très difficilement, ou même pas du tout. On dit que l'argile est imperméable (*fig. 51*).

77. Eau d'infiltration. Eau de ruissellement. — On s'explique ainsi comment l'eau de pluie peut pénétrer dans le sol ou couler à la surface suivant la nature du sol et aussi suivant sa pente. L'eau qui pénètre dans le sol s'appelle *eau d'infiltration*. L'eau d'infiltration alimente les sources et les puits. Elle sert à la nourriture des plantes. Celle qui coule à la surface est l'*eau de ruissellement*.

78. L'eau de ruissellement ravine le sol et est souvent nuisible aux cultures. — L'eau de ruissellement, dans les régions montagneuses, coule à la surface du sol en pente et forme des *torrents* dont le lit accidenté s'élargit et se creuse progressivement (*fig. 52*).

Fig. 52. — Le torrent du Ruelgoat (Finistère).

Si cette eau arrive sur un terrain cultivé, elle entraîne une grande partie de la bonne terre dans la vallée. Aussi les vallées sont-elles généralement plus fertiles que les régions montagneuses.

Dans les vignobles étagés sur les coteaux, les vignerons sont souvent forcés, après les pluies d'orage, de remonter péniblement sur la colline la terre entraînée par l'eau.

Dans les montagnes, le sol raviné par l'eau de ruissellement est impropre à la culture. Les forêts seules peuvent s'y développer parce que les arbres (tiges et racines, feuilles mortes) arrêtent l'eau quelque temps (*50ᵉ leçon*).

En résumé, l'eau est en circulation continuelle dans la nature. L'eau de la mer, des cours d'eau, des lacs *s'évapore*

FIG. 53. — CIRCULATION DE L'EAU.

pour former les nuages. Ces nuages par *refroidissement* produisent de la pluie.

Une partie de cette pluie s'infiltre dans le sol où elle sert à la nourriture des végétaux. Si elle rencontre dans la terre une couche de terre imperméable, elle s'amasse *en une nappe souterraine* qui sert à alimenter *les sources* ou *les puits* (*fig. 53*).

L'autre partie *ruisselle* à la surface, se rassemble en cours d'eau plus ou moins grands qui se rendent de la vallée au fleuve, puis du fleuve à la mer.

QUESTIONNAIRE.

68. Sous quelle forme l'eau se présente-t-elle à nous? — 69. Quelle est l'action de la chaleur sur l'eau? — 70. Qu'arrive-t-il quand la vapeur d'eau rencontre un corps froid? — Ce phénomène se produit-

il dans la nature? — 71. Comment l'eau peut-elle se transformer en glace? — 72. L'eau conserve-t-elle le même volume en se congelant? — 73. Qu'appelle-t-on gelées printanières? — Pourquoi sont-elles nuisibles? — 74. Que devient l'eau de pluie quand il pleut? — 75. Qu'appelle-t-on terre perméable? — Citez un exemple. — 76. Qu'appelle-t-on terrain imperméable? — Citez un exemple. — 77. Qu'appelle-t-on eau de ruissellement? — 78. Qu'est-ce qu'un torrent? — Pourquoi le sol des vallées est il plus riche que le sol des montagnes? — Quelle est l'action de l'eau de ruissellement dans les vignobles? — Dans les montagnes?

Pourquoi la gelée ameublit-elle le sol? — Pourquoi, en hiver, préserve-t-on les conduites d'eau avec des bourrelets de paille? — Pourquoi ne doit-on pas déboiser les montagnes? — Pourquoi, en été, la bouteille sortie de la cave fraîche se couvre-t-elle de buée? — Pourquoi l'eau de pluie peut-elle séjourner plus longtemps sur le sol en hiver qu'en été?

RÉSUMÉ.

1. L'eau se présente à nous sous trois états : liquide, gazeux, solide.

2. Sous l'action de la chaleur, l'eau peut passer de l'état solide à l'état liquide ; puis, si la chaleur continue, de l'état liquide à l'état gazeux.

3. Sous l'action du refroidissement, la vapeur d'eau repasse à l'état liquide. Si le refroidissement est suffisant, l'eau revient à l'état de glace. En se congelant l'eau augmente de volume.

4. L'eau de pluie peut pénétrer dans le sol (eau d'infiltration) ou couler à la surface (eau de ruissellement), suivant que le sol est perméable (sable) ou imperméable (argile).

4. L'eau d'infiltration alimente les sources ou les puits et sert à la nourriture des plantes.

6. L'eau de ruissellement peut donner naissance aux fleuves et aux rivières dans les plaines et aux torrents dans les régions montagneuses. L'eau des torrents entraîne la terre arable : les torrents sont donc nuisibles à l'agriculture.

DEVOIR ÉCRIT.

Racontez le voyage d'une goutte d'eau (C. E. P. *Basses-Pyrénées*).

ROLE DE L'EAU

79. L'eau peut dissoudre certains corps solides comme le sucre ou le sel (*Exp. 35*). — Si l'on met du sucre ou du sel dans l'eau, on sait que ces corps fondent en donnant à l'eau une saveur particulière. On dit alors que le sucre ou le sel *sont dissous* dans l'eau. Ce phénomène s'appelle la *dissolution*.

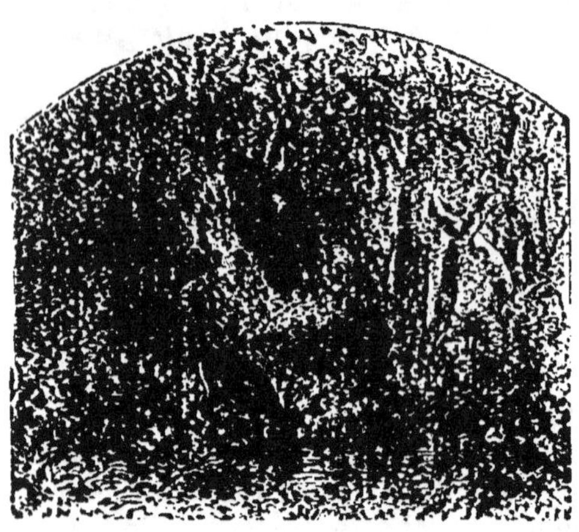

Fɪɢ. 54. — Uɴᴇ sourcᴇ.

L'eau, qui circule à la surface du sol ou dans la terre, est continuellement en contact avec beaucoup de matières étrangères *solides* ou *gazeuses*. Pour cette raison, l'eau des sources, des puits ou des cours d'eau *n'est jamais pure*.

Aussi existe-il des eaux de nature et de goût différents, les unes bonnes et les autres mauvaises à boire.

80. Qualités d'une eau potable. — Une eau *potable*, c'est-à-dire une eau bonne à boire, doit être *fraîche*, avoir un goût *agréable* et être *aérée*, c'est-à-dire renfermer de l'air en dissolution. Elle doit contenir un peu de sels dissous. Si elle renferme trop de matières étrangères, l'eau n'est pas potable. Elle peut alors altérer l'appareil digestif ou

---

Matériel à préparer. — Sucre. — Tube d'essai et pinces. — Lampe à alcool.

causer de graves maladies. L'eau de la mer, par exemple, n'est pas bonne à boire parce qu'elle renferme trop de sel.

DÉFAUTS DES EAUX NON POTABLES

81. *Eaux calcaires*. — Les eaux calcaires renferment de la craie en suspension ou en dissolution.

On les reconnaît à ce qu'elles laissent un dépôt blanc sur les parois des vases qui les contiennent ou dans les vases qui ont servi à les faire bouillir.

82. *Eaux plâtrées*. — Les eaux plâtrées contiennent du plâtre. On les reconnaît à ce qu'elles ne peuvent servir au blanchissage du linge. En effet, le plâtre qu'elles contiennent les empêche de dissoudre le savon qui y forme des grumeaux flottant dans le liquide. Ces eaux ne peuvent pas non plus servir à la cuisson des légumes. Elles les durcissent au lieu de les ramollir.

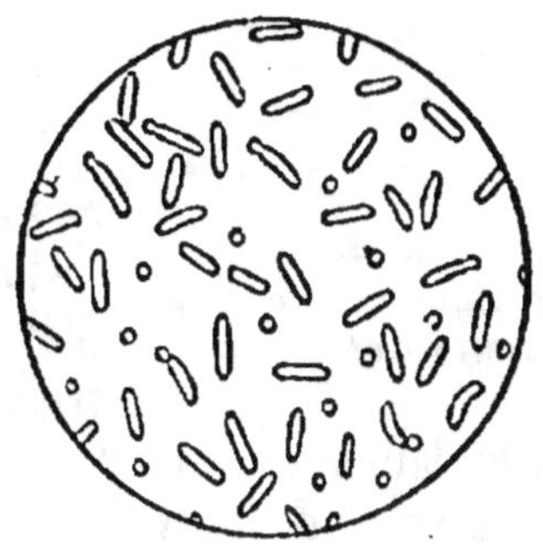

FIG. 55.
MICROBES DE LA FIÈVRE TYPHOÏDE
(*Grossis 1000 fois*).

83. *Eaux chargées de matières organiques*. — Les eaux chargées de matières organiques contiennent des *débris d'organes animaux ou végétaux*. Ainsi les eaux croupissantes des marais ou des étangs, dans lesquels *vivent et meurent* des plantes et des animaux, contiennent des débris provenant de leur corps. On comprend aisément que ces eaux soient inutilisables dans l'alimentation.

84. *Eaux contaminées*. — Les *eaux contaminées* sont souillées par des germes de maladies, par des êtres vivants visibles seulement au microscope, appelés *microbes*.

Les eaux *contaminées* sont de beaucoup *les plus dangereuses*. Les microbes, en effet, comme ceux de la fièvre typhoïde, du choléra, de la tuberculose, sont tellement petits qu'il faudrait en aligner *plusieurs centaines* pour obtenir la longueur d'un millimètre (*fig. 55*). Une eau contaminée peut donc être très claire, et néanmoins très dangereuse.

En temps d'épidémie, c'est surtout et presque toujours l'eau qui transporte les germes de la maladie et *parfois à des distances considérables.*

Fig. 56.
Il faut faire bouillir l'eau en temps d'épidémie.

85. Précautions à prendre en cas d'épidémie. — Le seul moyen d'éviter la propagation de certaines maladies ou de s'y soustraire, c'est de ne boire et de n'utiliser *pour tous les usages* (cuisine, toilette) que l'eau qu'on a fait bouillir pendant vingt minutes et qu'on a agitée ensuite à l'air libre pour lui rendre l'air qui en a été chassé par l'ébullition. L'*ébullition* prolongée de l'eau permet d'affirmer *seule* que tous les *germes* qu'elle pouvait renfermer ont été *tués.*

On peut également se servir de l'eau bien filtrée dans un filtre en terre poreuse fine qui laisse bien passer l'eau mais arrête les microbes (*fig. 57*).

Fig. 57.
FILTRE MAILLÉ

L'eau de pluie recueillie directement dans des ustensiles propres est bonne aussi pour la consommation.

APPLICATIONS PRATIQUES

86. Utilité de l'eau pour l'homme, les animaux et les végétaux. — L'eau est l'un des *aliments principaux* de l'homme et des animaux.

La vapeur d'eau contenue dans l'air entretient nos

organes en état d'humidité convenable. On respire mal dans un air trop sec.

Enfin l'eau est utilisée journellement pour les soins de propreté.

En agriculture, elle est indispensable à la nourriture des plantes. En temps de sécheresse, toutes les plantes souffrent et dépérissent.

87. Rôle de l'eau dans l'industrie. — C'est l'eau qui fait fonctionner les machines à vapeur. Il n'existe pas une usine, si petite soit-elle, qui n'ait constamment besoin d'eau.

87². Bains. — Les bains nettoient la peau et favorisent la respiration cutanée. Ils délassent les muscles et calment le système nerveux.

On ne doit prendre un bain que trois heures après le repas. Sinon la congestion et même la mort peuvent s'ensuivre. Pour une raison analogue, on ne doit pas prendre de bain froid si l'on est en sueur.

Quand on prend un bain de mer ou de rivière, il est bon de se donner de l'exercice pendant le bain. Si l'on est pris de frisson, il est prudent de sortir de l'eau. Au sortir de l'eau, il est nécessaire, pour favoriser la circulation, de se frictionner énergiquement avec un linge dur.

L'eau d'un bain de pieds peut être additionnée d'une bonne poignée de sel gris qui tonifie la peau.

Le bain de pieds sinapisé est ordonné en cas de congestion ou de maux de tête. Pour préparer un bain de pieds sinapisé, on ajoute 30 à 50 grammes de farine de moutarde dans de l'eau tiède. Il faut laisser baigner les pieds jusqu'à ce qu'ils soient bien rouges.

87³. Douches et ablutions. — Les douches ont surtout pour objet de calmer les nerfs. On peut très souvent remplacer la douche en pluie qui exige une installation assez onéreuse par les ablutions, à l'aide d'une grosse éponge dans le *tub*, sorte de grand bassin de zinc à bords très bas. On peut même remplacer le tub par un simple baquet assez large. Les frictions énergiques doivent toujours suivre la douche ou l'ablution.

QUESTIONNAIRE.

79. Que se passe-t-il quand on met du sucre dans l'eau? — Pourquoi l'eau des rivières est-elle si souvent impure? — 80. Qu'appelle-t-on eau potable? — Quelles doivent être les qualités d'une eau potable? — 81. Qu'est-ce qu'une eau calcaire? — A quoi la reconnaît-on? — 82. Qu'est-ce qu'une eau plâtrée? — A quoi la reconnaît-on? — 83. Qu'est-ce qu'une eau chargée de matières organiques? — Où en existe-t-il? — 84. Que renferme une eau contaminée? — 85. Quelles sont les précautions à prendre en cas d'épidémie? — L'eau de pluie peut-elle être bue? — 86-87. Quelles sont les principales applications de l'eau à l'alimentation? — A l'hygiène? — A l'agriculture? — A l'industrie? — 87². Quel est le rôle des bains? Quelles précautions doit-on prendre quand on prend un bain de rivière ou un bain de mer? — Comment prépare-t-on un bain de pieds sinapisé? — 87³. Comment peut-on se doucher très simplement?

Pourquoi l'eau sortant du lavoir n'est-elle pas bonne à boire, même quand on la puise très loin du lavoir?

RÉSUMÉ.

1. L'eau provenant du sol dissout ou entraîne beaucoup de matières étrangères. Elle n'est jamais pure.

2. Une eau potable est une eau propre à l'alimentation. Une eau potable doit être fraîche, d'une saveur agréable, contenir en dissolution de l'air et quelques sels en petite quantité.

3. Les eaux non potables sont les eaux calcaires, les eaux plâtrées, les eaux chargées de matières organiques et les eaux contaminées par les germes de maladies ou microbes.

4. En temps d'épidémie, on ne doit employer pour la toilette ou la cuisine que de l'eau bouillie ou filtrée.

5. L'eau joue un grand rôle dans l'alimentation des animaux et des végétaux. Elle est constamment utilisée pour les soins d'hygiène et de propreté. Elle est indispensable dans toutes les industries (fabriques, usines, etc.).

DEVOIRS ÉCRITS.

Faire connaître l'importance de l'eau, les qualités d'une eau potable, et par quelles imprudences une eau de puits, de source, etc., peut devenir nuisible à la santé de l'homme et des animaux (C. E. P. *Var*).

Quelle est l'utilité des différents modes de bains en hygiène? — Comment les prend-on et dans quelles conditions?

LE VENT — LA PLUIE — L'ORAGE

PRODUCTION DU VENT

83. *L'air chaud est moins lourd que l'air froid sous un même volume (Exp. 36).* — On a vu (8ᵉ leçon) que tous les corps solides, liquides ou gazeux se *dilatent*, c'est-à-dire augmentent de volume sous l'action de la chaleur et se *contractent*, c'est-à-dire diminuent de volume par refroidissement.

Quand, en un point de l'atmosphère, une certaine masse d'air est échauffée, elle augmente simplement de volume sans augmenter de poids. Ce poids se trouve réparti sur un plus grand volume et par suite le gaz devient *moins lourd sous un même volume.* C'est ce qu'on exprime quelquefois sous une forme inexacte en disant que ce gaz devient plus léger. Il vaut mieux dire qu'*il est moins dense.*

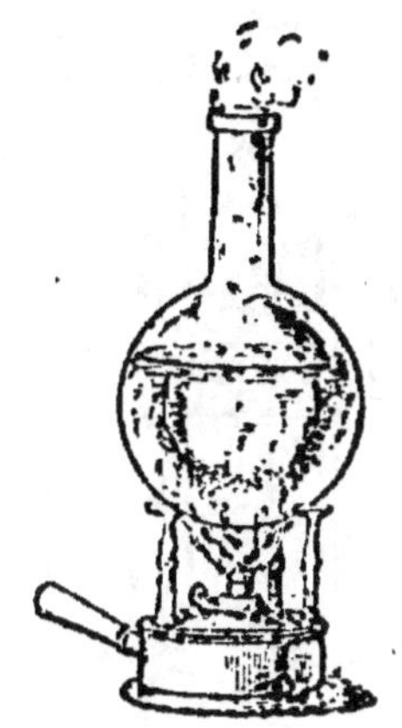

Fig. 58.
Un ballon de verre rempli d'eau qui bout produit de la vapeur.

Quand on chauffe de l'eau, la vapeur produite tend à s'élever dans l'air au-dessus des couches plus froides (*fig. 58*), exactement comme un bouchon de liège, plongé au fond de l'eau remonte à la surface, parce qu'il est *moins dense que l'eau.*

C'est pour une raison analogue que la fumée d'une cheminée s'élève dans l'atmosphère, car la fumée est moins dense que l'air.

Ainsi, la différence de température de deux couches d'air voisines peut déterminer l'ascension de l'air le plus chaud

---

Matériel à préparer. — Un tube d'essai et de l'eau. — Une lampe à alcool. — Deux bougies.

et par suite des mouvements plus ou moins accentués de montée ou de descente de l'air.

89. Dans une pièce chauffée, l'air chaud se rend à la partie supérieure de la pièce, l'air froid entre par le bas (Exp. 37). — Plaçons deux bougies, l'une à la partie supérieure, l'autre à la partie inférieure d'une porte entr'ouverte située entre deux pièces ayant une température différente : (fig. 59) nous verrons que la flamme de la bougie supérieure s'incline *du côté de la pièce froide*. Cette expérience indique la présence d'un courant d'air chaud passant de la partie supérieure de la pièce chauffée dans la pièce froide.

La flamme de la bougie inférieure s'incline *du côté de la pièce chaude*. Il existe donc un courant d'air froid passant de la partie inférieure de la pièce froide dans la pièce chauffée.

Fig. 59.

La flamme de la bougie supérieure s'incline du côté de la pièce froide, celle de la bougie inférieure s'incline du côté de la pièce chaude.

90. Les vents sont dus à des déplacements de masses d'air inégalement chauffées. — L'existence de ces deux courants d'air chaud ou d'air froid de l'expérience précédente peut être comparée à celle des vents. On peut dire que les vents sont dus à des déplacements de masses d'air portées à des températures différentes.

Tout le monde sait d'ailleurs qu'en hiver, dans une pièce bien chauffée, l'air froid venant du dehors se précipite en sifflant dans la pièce par les orifices des portes mal jointes. Ce sifflement se produit surtout au bas des portes où il est de beaucoup plus accentué qu'ailleurs. C'est cette raison qui motive l'emploi des paillassons et des bourrelets.

C'est encore ce phénomène qui explique pourquoi le *poêle ronfle*. L'air froid se précipite avec force du côté du poêle en passant par les interstices de la porte du poêle.

Un phénomène analogue se produit sur la terre. L'air des régions fortement chauffées s'élève dans l'air et est remplacé par l'air venant des régions froides.

LA PLUIE

91. *Production de la pluie*. — Quand un courant d'air

FIG. 60. — LE VENT, LA PLUIE, L'ORAGE.

froid rencontre des nuages, la vapeur d'eau, qui constitue ces nuages, se transforme en pluie (*fig. 60*).

Or, les vents qui se trouvent longtemps en contact avec l'eau de la mer se chargent plus ou moins de vapeur d'eau. C'est pourquoi, dans le centre de la France, et surtout dans la région parisienne non protégée par des collines, le *vent d'ouest* venant de l'Océan *amène généralement la pluie*.

Dans ces mêmes régions, le vent d'est, au contraire, est rarement l'indice du mauvais temps.

L'ORAGE

92. *L'orage*. — En été, l'air est chargé d'*électricité*. C'es. l'électricité qui produit à la fois l'*éclair* (forte étincelle électrique) et le tonnerre, ou, comme on dit, la *foudre*. Le roulement du tonnerre est le bruit qui accompagne l'étincelle (*fig. 60*).

FIG. 61. — PARATONNERRE.

Tout le monde sait que si la *foudre* atteint des bâtiments, des meules de paille, elle les enflamme instantanément.

En réalité, l'*éclair seul est dangereux*. Le bruit du tonnerre nous parvient toujours après que nous avons vu l'éclair. Le bruit du tonnerre ne doit donc pas nous effrayer, car nous l'entendons quand le danger est passé.

93. *Les arbres élevés attirent l'électricité*. — L'électricité a toujours tendance à se diriger sur les endroits élevés et à circuler sur les corps humides ou sur les substances métalliques qui ont pour propriété de *la conduire aisément*.

Aussi est-il dangereux de s'abriter pendant l'orage sous de grands arbres ou au voisinage des bâtiments élevés non pourvus de *paratonnerre*.

L'électricité peut de même être conduite pendant la pluie par les courants d'air. Il est donc prudent, pendant un orage, de fermer les fenêtres d'un appartement, surtout si l'on se trouve dans un endroit élevé.

94. *Paratonnerre*. — Le *paratonnerre* a été imaginé au xviiie siècle par Franklin. célèbre savant américain, pour préserver les bâtiments de la foudre. Il consiste en une longue tige de fer aiguë, verticale, située dans l'endroit le plus haut de la construction. Cette longue tige attire l'électricité et la conduit, par l'intermédiaire d'autres tiges de fer, dans le sol où elle est alors inoffensive (*fig. 61*).

94². Préceptes d'hygiène. — Il est toujours dangereux de se mettre dans un courant d'air surtout quand on a chaud. On s'expose ainsi au *mal de gorge*, au *torticolis*, au *rhume* ou à la *bronchite* et même à la *pneumonie*.

L'humidité persistante est également très défavorable à l'organisme. C'est pour cela qu'il faut, autant que possible, éviter d'habiter des maisons humides exposées au nord ou non bâties sur caves. L'humidité des habitations est une des causes qui prédisposent à de graves maladies et surtout aux *rhumatismes*.

94³. Conseils d'hygiène. — On peut combattre le *torticolis* en frictionnant le cou avec des linges chauds et en l'enveloppant dans l'ouate. Si le torticolis persiste et si la fièvre apparaît, il faut appeler le médecin. Le *coryza* ou *rhume de cerveau* peut être combattu en faisant renifler de l'eau tiède au malade et en graissant les narines extérieurement, surtout au voisinage des yeux, avec de la vaseline mentholée. En cas d'enrouement ou de rhume, le malade doit, autant que possible, garder la chambre et prendre des boissons chaudes et sucrées (infusion de quatre fleurs, de violettes, de guimauve). Si le malade est oppressé, c'est-à-dire si sa respiration est difficile, il faut appeler le médecin. C'est lui seul qui peut décider s'il convient d'appliquer au malade des cataplasmes sinapisés ou même des *ventouses*.

QUESTIONNAIRE.

88. Pourquoi l'air chaud ou la vapeur sortant de la marmite s'élèvent-ils dans l'air? — Quand dit-on qu'un corps est moins dense qu'un autre? — 89. Qu'arrive-t-il quand on place deux bougies en haut et en bas d'une porte entr'ouverte entre deux pièces inégalement chauffées? — 90. Quelle est généralement la cause des vents? — Pourquoi l'air froid se précipite-t-il en sifflant sous la porte d'une

pièce bien chauffée? — 91. Comment se produit la pluie? — Pourquoi, dans le centre de la France, le vent d'Ouest amène-t-il souvent la pluie? — 92. Que veut-on dire quand on dit que le tonnerre tombe? — 93. Où le tonnerre tombe-t-il de préférence? — Pourquoi est-il dangereux de s'abriter sous les arbres pendant un orage? — 9¹. Comment est construit un paratonnerre? — Pourquoi faut-il fermer les fenêtres pendant l'orage? — Qui a inventé le paratonnerre? — 94². Comment combat-on le torticolis? — le rhume de cerveau? — le rhume de poitrine? — 94³. Quelles sont les précautions à prendre pour éviter ces maladies?

Pourquoi la girouette peut-elle indiquer la direction du vent? — Pourquoi, pendant l'orage, le moissonneur doit-il se débarrasser de sa faux ou de sa fourche métallique? — Pourquoi est-il inutile et même imprudent de sonner les cloches pendant l'orage? Pourquoi le sonneur est-il exposé à être foudroyé?

RÉSUMÉ.

1. Le vent est généralement dû aux mouvements des couches d'air chaudes qui s'élèvent au-dessus d'autres couches d'air plus froides.

2. Quand un courant d'air froid rencontre des nuages, il peut les transformer en pluie.

3. Il est toujours imprudent de se mettre, pendant l'orage, à l'abri des arbres élevés ou de laisser les fenêtres des appartements ouvertes.

4. Le paratonnerre est constitué par une longue tige de fer verticale, placée au sommet d'un bâtiment et qui conduit dans le sol l'électricité, cause de la foudre.

5. Le froid, les courants d'air et l'humidité sont les causes de nombreuses maladies.

DEVOIRS ÉCRITS.

Que savez-vous du paratonnerre? (C. E. P. *Creuse*).

L'électricité, la foudre, le tonnerre. Expliquez comment les paratonnerres préservent de la foudre. (C. E. P. *Var*).

Faites la description d'un orage. Dites si vous avez vu ou non des orages. Est-ce le tonnerre ou l'éclair qui vous impressionne le plus? Pourquoi? (C. E. P. *Ardennes*).

Quelle est l'influence de l'humidité et du froid sur notre santé? — Quelles sont les maladies qu'ils déterminent parfois chez l'homme?

LA MACHINE A VAPEUR

95. *La vapeur d'eau qui s'accumule dans un vase clos presse énergiquement sur les parois intérieures du vase* (*Exp. 38*). — Quand on fait bouillir de l'eau dans un vase fermé par un couvercle, celui-ci est, *par moments*, soulevé par la vapeur, parce que la vapeur d'eau s'accumule lentement sous le couvercle (*fig. 62*). Cette vapeur exerce son action aussi bien sur les parois intérieures du vase qu'à la face inférieure du couvercle. Mais comme le *couvercle seul est mobile*, c'est lui seulement que la vapeur parvient à déplacer. Cette action de la vapeur qui tend à soulever le couvercle s'appelle parfois la *force élastique* de la vapeur.

Fig. 62.
La vapeur soulève le couvercle.

96. *La force élastique de la vapeur d'eau s'exerce particulièrement aux points où la résistance est la plus faible* (*Exp. 39*). — Chauffons un tube de verre renfermant *un peu* d'eau et fermé par un bouchon de pomme de terre. Au bout de quelques instants, la vapeur s'accumulant dans le tube clos, exerce une pression très grande sur les parois intérieures du tube. Cette pression ou *force élastique* s'exerce particulièrement au point où la *résistance est la plus faible*, c'est-à-dire à la face inférieure du bouchon.

Matériel à préparer. — Un tube de porte-plume métallique hermétiquement fermé par un bouchon de pomme de terre. — Une lampe à alcool. — Un fourneau portant une casserole pleine d'eau et fermée par un couvercle.

Celui-ci cède bientôt et est projeté dans l'air (*fig. 63*).

97. *Idée de la machine à vapeur.* — On a utilisé la force élastique de la vapeur dans les machines appelées machines à vapeur. La pièce principale d'une machine à vapeur est constituée par un cylindre (*fig. 64*), dans lequel se déplace de haut en bas un piston plein.

Ce cylindre communique avec la chaudière à vapeur et avec l'air extérieur. Le cylindre et son piston peuvent être appelés le moteur de la machine.

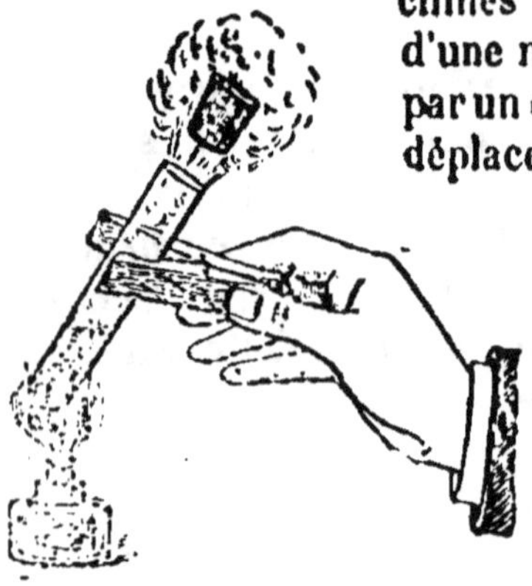

Si, par le tuyau A *seulement*, on fait arriver *au-dessous du piston* la vapeur de la chaudière, cette vapeur s'accumule sous le piston. Elle fait alors monter le piston dans le sens des flèches (*fig. 64*).

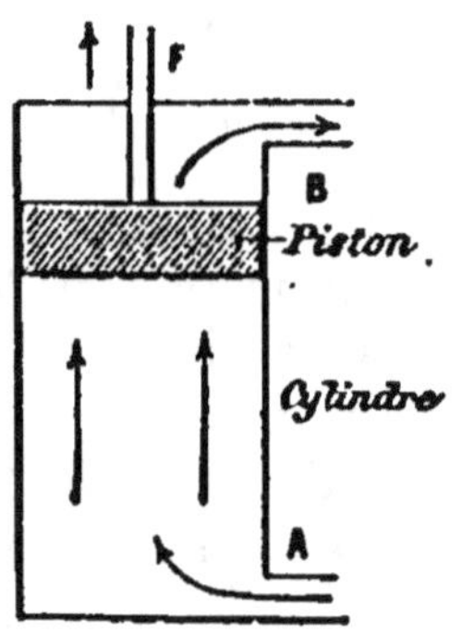

Fig. 63.

La vapeur fait sauter le bouchon.

Si, au contraire, on fait arriver la vapeur en B *seulement au-dessus du piston* P (*fig. 65*), celui-ci redescend, pourvu qu'on

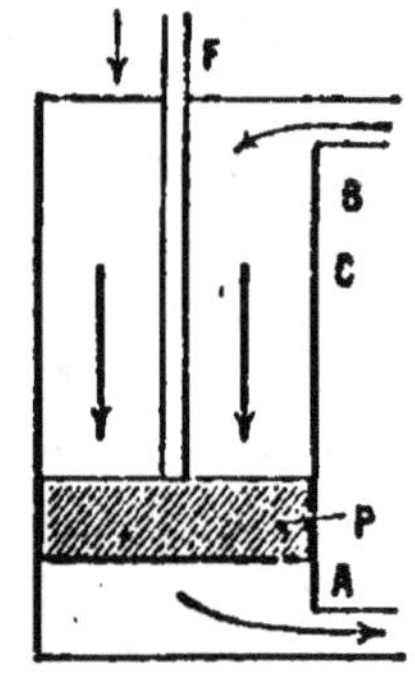

Fig. 64.

La vapeur arrive en A, soulève le piston et sa tige F.

Fig. 65.

La vapeur arrive en B, fait baisser le piston P et sa tige F.

ait soin de faire échapper la vapeur contenue au-dessous de lui. Sous l'action de la force élastique de la vapeur, on peut donc obtenir un mouvement de va-et-vient de la tige F.

L'entrée de la vapeur dans le cylindre au-dessus et au-dessous du piston P s'effectue *successivement et mécaniquement*. Tel est le principe fondamental sur lequel repose le fonctionnement de toutes les machines à vapeur.

Fɪɢ. 66. —
LOCOMOTIVE ET SON TRAIN.

Par ses mouvements de va-et-vient, le piston lui-même peut faire déplacer d'autres organes de la machine. Il peut, par exemple, mettre une roue en mouvement par l'intermédiaire d'autres organes de la machine.

98. *Applications pratiques.* — La machine à vapeur a changé complètement la face du monde. Il n'est pas d'industrie un peu importante qui n'emploie aujourd'hui la machine à vapeur. Dans tous les ateliers, la machine à vapeur met en mouvement les *machines outils* les plus diverses, qui font plus vite et mieux beaucoup plus d'ouvrage que plusieurs ouvriers réunis. C'est à l'aide d'une machine à vapeur

Fɪɢ. 67. — BATEAU A VAPEUR.

transportable, appelée *locomobile*, qu'on peut, dans les grandes exploitations, labourer les champs ou battre le blé.

La plupart des moulins, des scieries, etc., sont mus par la vapeur.

C'est la machine à vapeur qui, par les chemins de fer (*fig.* 66) ou les bateaux (*fig.* 67), a rendu aujourd'hui les relations commerciales si rapides entre tous les pays éloignés. Parfois les roues des tramways sont mises en mouvement par la vapeur.

QUESTIONNAIRE.

95. Que se passe-t-il quand on fait bouillir de l'eau dans une marmite fermée par un couvercle? — Pourquoi le couvercle se soulève-t-il? — 96. Que se produit-il quand on chauffe à l'ébullition de l'eau contenue dans un petit tube de verre fermé par un bouchon de pomme de terre? — 97. Qu'appelle-t-on cylindre de la machine à vapeur? — Que se passe-t-il dans le cylindre de la machine? Expliquez le mouvement de va-et-vient du piston dans le cylindre. — Comment le jeu du piston peut-il communiquer le mouvement à une machine? — 98. Quelles sont les principales applications usuelles de la machine à vapeur? — Qu'est-ce qu'une locomobile? — Une locomotive? — Un tramway?

RÉSUMÉ.

1. Quand la vapeur d'eau s'accumule dans un espace clos, elle acquiert une force élastique de plus en plus grande, c'est-à-dire qu'elle presse de plus en plus énergiquement sur les parois intérieures du vase clos.

2. La principale pièce d'une machine à vapeur est formée d'un cylindre métallique dans lequel se déplace un piston plein pourvu d'une tige. Si l'on fait arriver la vapeur alternativement au-dessus et au-dessous du piston, ce piston se déplace successivement dans un sens, puis dans le sens contraire. La tige du piston peut elle-même agir sur une roue et mettre ainsi la machine entière en mouvement.

3. La machine à vapeur rend partout d'immenses services (locomobile de la machine à battre, locomotive des chemins de fer, moteurs des diverses machines).

DEVOIR ÉCRIT.

Que savez-vous de la vapeur? Montrez les immenses services qu'elle nous rend (C. E. P. *Jura.*)

II. CORPS BRUTS

14e LEÇON

LE SOUFRE — LE PHOSPHORE

LE SOUFRE

99. *Le soufre est un corps solide jaune qui fond aisément (Exp. 40).* — Le soufre est un corps solide jaune citron assez cassant. La fleur de soufre est du soufre en poudre très fine.

Quand on chauffe du soufre dans un tube de verre, il fond pour former un liquide qui devient rapidement rouge brun (fig. 68).

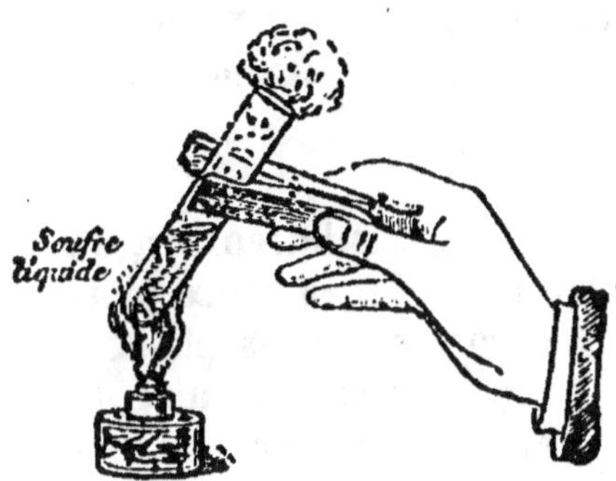

Fig. 68.
Le soufre fond sous l'action de la chaleur.

100. *Le soufre brûle avec une flamme bleue en dégageant du gaz sulfureux (Exp. 41).* — Approchons d'une flamme un morceau de soufre tenu à la main ou une allumette soufrée : le soufre brûle avec une flamme bleue en dégageant un gaz de couleur bleue (fig. 69), et d'odeur suffocante qu'on appelle le *gaz sulfureux*, appelé aussi quelquefois *acide sulfureux*. On dit en chimie que le soufre s'est combiné avec l'oxygène de

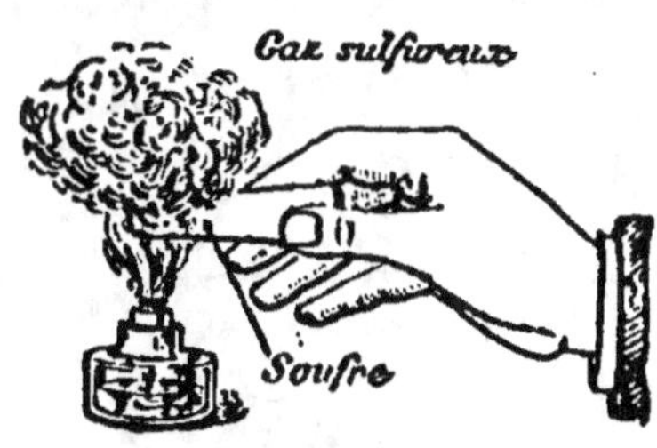

Fig. 69.
Le soufre brûle avec une flamme bleue en dégageant du gaz sulfureux.

Matériel à préparer. — Soufre en morceaux. — Soufre en fleur. — Tube d'essai. — Pinces. — Lampe à alcool. — Quelques violettes. — Allumettes. — Gros clou

l air pour former du gaz sulfureux. *Le gaz sulfureux est donc un corps composé de soufre et d'oxygène.*

101. *Le gaz sulfureux n'entretient ni la respiration ni la combustion (Exp. 42).* — Le gaz sulfureux est suffocant. Il fait tousser les personnes qui le respirent. Même à petites doses, il est très incommodant. *Il n'est pas propre à la respiration.* Si on en respirait beaucoup, on serait asphyxié.

Le gaz sulfureux n'entretient pas non plus la combustion des corps. Quand on plonge un corps allumé dans un flacon renfermant du gaz sulfureux, le corps s'éteint immédiatement.

APPLICATIONS PRATIQUES

102. *Soufrage des tonneaux.* — Le gaz sulfureux est un poison, non seulement pour les hommes et les animaux, mais encore pour les plantes. Ainsi, pour détruire le champignon des moisissures qui se développe

Fig. 70.
SOUFRAGE DES VIGNES MALADES.

Fig. 70 bis.
SOUFRAGE DES TONNEAUX.

aisément dans les tonneaux vides, il suffit de *soufrer* le tonneau, c'est-à-dire de faire brûler dans le tonneau une mèche soufrée en ayant soin de le bien fermer.

103. *Soufrage des vignes malades.* — Le soufre en poudre appelé encore fleur de soufre est utilisé pour combattre une maladie de la vigne appelée *oïdium*.

L'oïdium est dû au développement d'un champignon très petit, qui vit sur les feuilles de la vigne et sur le raisin. On combat la maladie en projetant sur la vigne malade de la fleur de soufre qui arrête le développement du champignon (*fig. 70*). On doit soufrer la vigne au moins trois fois (ou plus s'il est nécessaire) : une première fois à la naissance du bourgeon (en février); une seconde fois à la naissance des fleurs (en juin); une dernière fois au moment de la maturité du raisin (juillet, août).

104. *Extinction des feux de cheminée.* — Le gaz sulfureux (obtenu en faisant brûler du soufre à l'air), n'entretenant pas la combustion, est utilisé pour éteindre les *feux de cheminée*. A cet effet, il suffit de faire brûler dans la cheminée un demi-kilogramme environ de fleur de soufre placée sur une assiette en ayant soin de fermer hermétiquement le foyer de la cheminée en tendant par-devant un drap mouillé. Alors, sous l'action du gaz sulfureux qui s'élève dans la cheminée, la suie en combustion s'éteint rapidement.

105. *Le gaz sulfureux est un décolorant (Exp. 43).* — Plaçons une allumette soufrée enflammée au-dessous d'une violette. Celle-ci est rapidement décolorée (*fig. 71*); elle devient blanche parce que le gaz sulfureux produit par la combustion du soufre est un décolorant énergique.

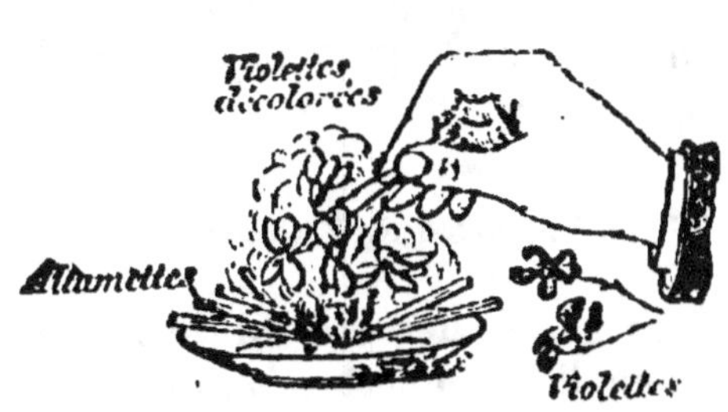

FIG. 71.
DÉCOLORATION D'UN BOUQUET DE VIOLETTES.

Dans l'industrie, le gaz sulfureux est fréquemment employé pour blanchir certaines étoffes.

LE PHOSPHORE

106. *Phosphore*. — Le phosphore est un corps très dangereux à manier parce qu'il s'enflamme facilement. Il cause des brûlures profondes.

On extrait le phosphore des os par un traitement très compliqué.

107. *Le frottement dégage de la chaleur (Exp. 44)*. — En frottant énergiquement, sur e banc ou sur le carreau, la tête d'un clou tenu à la main, le clou s'échauffe rapidement, si bien qu'on est obligé de le lâcher (fig. 72). De même les outils, tels que les limes et les mèches, destinés à couper ou à percer le fer ou le bois, s'échauffent rapidement quand on s'en sert. Donc *le frottement dégage de la chaleur.*

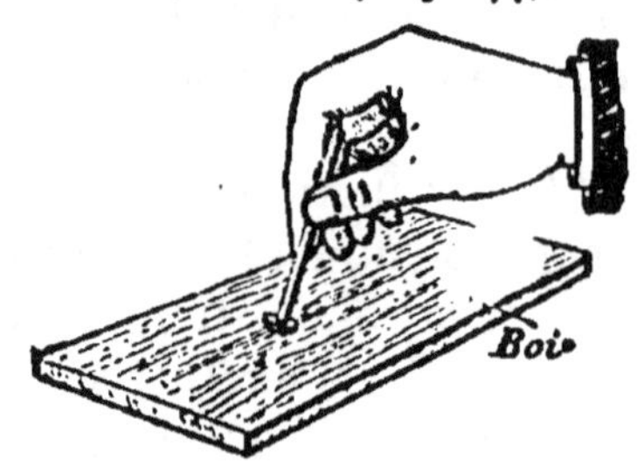

Fig. 72.
*Le frottement dégage
de la chaleur.*

En frottant une allumette sur un corps rugueux, la chaleur développée par le frottement suffit pour enflammer d'abord le phosphore qu'elle porte à son extrémité, puis le soufre et enfin le bois (*fig.* 73).

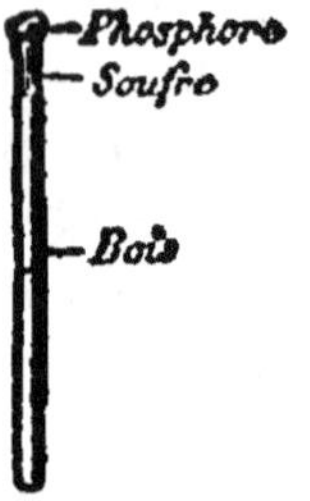

APPLICATIONS PRATIQUES

Fig. 73.
Une allumette.

108. *Fabrication des allumettes*. — Pour fabriquer des allumettes, on découpe à la machine de petits morceaux de bois très secs et de dimensions convenables. Ces morceaux de bois, réunis en paquets, sont ensuite plongés dans un bain de soufre fondu, puis dans un bain peu profond de phosphore fondu, de colle forte et de sable fin dans des proportions déterminées. On sèche ensuite avant de mettre en boîtes.

109. *Engrais phosphatés*. — Les *phosphates de chaux* sont des minéraux qu'on trouve dans le sol (Nord et Est de la France, Algérie) et qui renferment du phosphore, de l'oxygène et de la chaux. Les phosphates de chaux jouent un grand rôle dans l'alimentation des plantes et surtout du blé.

110. *Mort-aux-rats*. — Le phosphore est un poison très violent. On en fait de la *mort-aux-rats*.

110². *Désinfection des appartements*. — A la suite de maladies contagieuses, la ménagère doit désinfecter les chambres de malades, quand il n'existe pas de service de désinfection dans la localité. Elle peut, à cet effet, faire brûler dans la pièce à désinfecter de la fleur de soufre placée dans un vase de terre. On enlève au préalable les objets qui peuvent être altérés par les vapeurs sulfureuses, tels que les ustensiles de cuivre, par exemple. On a soin également de fermer tout d'abord les jointures des fenêtres aussi hermétiquement que possible en y collant des bandes de papier dans l'intérieur de la chambre. On peut ouvrir la pièce le lendemain et l'aérer très largement.

Le même procédé peut être appliqué à la destruction de certains insectes parasites tels que les punaises.

110³. *Empoisonnement par le phosphore*. — En cas d'empoisonnement par le phosphore, il faut, comme dans *tous les cas d'empoisonnement*, faire vomir aussi vite que possible, en *attendant le médecin*.

A cet effet, on fait boire au malade et en aussi grande quantité que possible, de l'eau tiède, pour diluer le poison. On provoque le vomissement en chatouillant très légèrement avec une barbe de plume le fond de la gorge. (Le médecin seul peut, dans ce cas, ordonner un médicament pour faire vomir le malade.)

QUESTIONNAIRE.

99. Quel est l'aspect du soufre? — Que se produit-il quand on chauffe du soufre dans un tube d'essai? — **100.** Comment le soufre brûle-t-il à l'air? — Quel gaz se forme-t-il quand le soufre brûle? —

101. Quelles sont les propriétés du gaz sulfureux? — Qué se passe-t-il si l'on plonge un corps enflammé dans un flacon rempli de gaz sulfureux? — 102. Pourquoi soufre-t-on les tonneaux? — 103. Qu'est-ce que l'oïdium? — Comment traite-t-on les vignes atteintes de l'oïdium? — 104. Pourquoi emploie-t-on la fleur de soufre pour éteindre les feux de cheminée? — 105. Comment peut-on prouver que le gaz sulfureux est un décolorant? — 106. Quelle est la propriété principale du phosphore? — 107. Montrez que le frottement dégage de la chaleur. — 108. Comment est faite une allumette ordinaire? — Comment allume-t-on une allumette? — 109. Quel est le rôle des phosphates en agriculture? — 110. Qu'est-ce que la mort-aux-rats? — 110². Quels sont les usages du soufre en économie domestique? — Dans quel cas et comment peut-on désinfecter un appartement? — 110³. Comment combat-on l'empoisonnement par le phosphore ou les allumettes?

Pourquoi ne doit-on pas mettre d'allumettes dans sa bouche?

RÉSUMÉ.

1. Le soufre est un solide jaune qui, en brûlant à l'air, donne du gaz sulfureux d'odeur suffocante qui n'entretient ni la respiration, ni la combustion.

2. La fleur de soufre est employée pour nettoyer les tonneaux moisis, pour combattre l'oïdium de la vigne et éteindre les feux de cheminée.

3. Le gaz sulfureux est un décolorant employé dans l'industrie.

4. Le phosphore s'extrait des os. Il s'enflamme facilement par frottement. Il sert à la fabrication des allumettes.

5. Le phosphore joue un grand rôle dans l'alimentation des plantes. Il est indispensable aux céréales sous la forme d'engrais appelés phosphates de chaux.

6. Le phosphore est un poison violent.

DEVOIRS ÉCRITS.

Que savez-vous sur le soufre? Quels sont ses usages? (C. E. P. *Bouches-du-Rhône.*)

Le phosphore et les allumettes. Comment fabrique-t-on les allumettes? (C. E. P. *Côtes-du-Nord.*)

Quels sont les usages du soufre en économie domestique?

Comment peut-on désinfecter un appartement?

SEL DE CUISINE

SEL DE CUISINE

111. *Le sel de cuisine est formé par des cristaux cubiques de couleur blanchâtre (Exp. 45).* — Le sel de cuisine se présente à nos yeux sous forme de cristaux réguliers de forme cubique (*fig. 74*). Il est d'un blanc plus ou moins pur; il a une saveur caractéristique.

Le sel existe sous deux formes : *le sel gemme*, qu'on trouve à l'état naturel

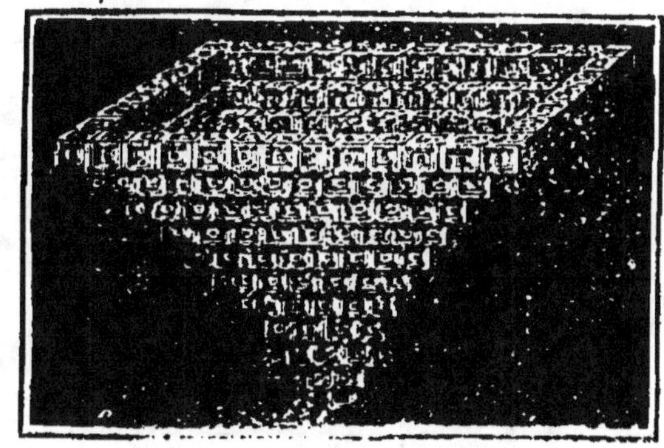

Fig. 74. — LES CRISTAUX DU SEL.

dans certaines mines souterraines (Jura, Pologne), et le *sel marin*, qu'on extrait des eaux de la mer. Les eaux de la mer peuvent en contenir jusqu'à 20 grammes par litre. C'est pour cette raison que l'eau de la mer n'est pas potable.

112. *Extraction du sel marin.* — Sur les bords de l'Océan et de la Méditerranée, on établit des bassins en maçonnerie à fond plat appelés *marais salants* (*fig. 75*), dans lesquels on fait arriver l'eau de la mer. Sous l'action de la chaleur du soleil, l'eau de mer s'évapore. Le sel reste au fond des bassins, où on le recueille à l'aide de râteaux. On le purifie avant de le livrer au commerce.

113. *Usages du sel marin.* — Le sel marin est pour nous un aliment.

Matériel à préparer. — Sel de cuisine.

Les animaux eux-mêmes en sont très friands. Dans les étables bien tenues, on suspend, par un fil de fer, un bloc de sel gemme que les animaux viennent lécher de temps en temps.

Quand du fourrage a été altéré par l'humidité, il suffit d'y

Fig. 78. — Marais salants. *L'eau de la mer s'évapore et le sel reste.*

mélanger un peu de sel pour que les bestiaux le mangent volontiers.

Le sel marin est aussi utilisé pour conserver les viandes ou les légumes.

113¹. *Assaisonnements.* — Indépendamment du sel, on emploie en cuisine d'autres condiments ou épices, tels que le poivre, le persil, le cerfeuil, le thym cultivé ou sauvage, le laurier, la sarriette, la muscade, le clou de girofle et le vinaigre. Ces substances donnent une saveur agréable aux aliments et en facilitent la digestion; mais, employés à forte dose, ils irritent la muqueuse du tube digestif. Il importe donc de n'en pas abuser.

113⁵. *Principe des conserves au sel. Exemple : Salaison du beurre.* — On malaxe le beurre pour en extraire le petit-lait qui ferait rancir le beurre. On le coupe en franches minces que l'on dispose dans de petits pots de grès en saupoudrant de sel fin, d'abord le fond du pot, puis chaque tranche de beurre sur toutes les faces (environ 100 gr. de sel par kilog. de beurre). On tasse les tranches les unes sur les autres pour ne laisser aucun vide. Le pot étant rempli, on verse sur le beurre une petite couche d'eau bouillie et salée, puis on couvre le pot. On peut aussi retourner le pot bien plein et découvert sur un plat contenant un peu d'eau bouillie et salée que l'on renouvelle de temps à autre.

113². *Salaison des haricots verts.* — On épluche et on lave les haricots verts. On les dispose dans un récipient par lits successifs de haricots et de sel. On recouvre le tout d'un poids assez lourd pour déterminer le tassement. Quand la saumure surnage, on recouvre la surface d'une couche de graisse qu'on enlève au moment d'utiliser les haricots.

113³. *Choucroute.* — On prépare la choucroute comme les haricots verts. On débite les feuilles en minces lanières. On les tasse fortement pour empêcher l'accès de l'air et pour que les feuilles baignent dans la saumure.

113⁴. *Salaison des viandes.* — *Marinades.* — On verse un lit de sel dans le fond du récipient. On frotte avec du sel et du poivre toutes les faces du morceau de viande. On recouvre le tout, bien tassé, d'une petite couche de sel. Ces salaisons doivent être dessalées avant d'être utilisées.

Pour faire une marinade, on procède comme pour la salaison en ajoutant des épices variés : sel, poivre, girofle, ail, oignon, persil, laurier, sarriette et thym.

113⁷. *Fumaison.* — Les viandes de porc et de bœuf, salées ou marinées au préalable, peuvent être ensuite fumées. La fumée de bois, en effet, contient divers produits antiseptiques tels que la *créosote* qui empêche la fermentation.

Le jambon fumé est un aliment sain, nutritif et très digestif. Il est souvent recommandé aux convalescents. C'est de plus une précieuse ressource à la campagne.

Pour fumer un morceau de viande, jambon ou langue de bœuf par exemple, on le sort de la saumure. On l'enveloppe soigneusement d'un linge fin. On l'accroche ensuite à l'aide d'un fil de fer à l'extrémité d'une longue perche de bois qu'on glisse dans la cheminée. La durée de la fumaison varie de une à cinq semaines suivant la grosseur du morceau.

QUESTIONNAIRE.

111. Où trouve-t-on le sel de cuisine? — Quelle est sa forme? — 112. Comment fait-on pour extraire le sel des eaux de la mer? — 113. Quels sont les usages du sel? — 113². Quels sont les principaux assaisonnements? — Quel est leur rôle? — Pourquoi n'en faut-il pas abuser? — 113³. Comment sale-t-on le beurre? — 113⁴. Comment sale-t-on les haricots verts? — 113⁵ Que savez-vous sur la préparation de la choucroute? — 113⁶ Comment sale-t-on la viande? — Parlez de la marinade? — Qu'est-ce que la saumure? — 113⁷. Comment fume-t-on les viandes, et pourquoi? — Comment fait-on fumer un jambon?

RÉSUMÉ.

1. Le sel de cuisine peut être extrait soit des eaux de la mer que l'on fait évaporer, soit des mines de sel gemme (Jura, Pologne).

Le sel marin est un aliment pour l'homme et les animaux.

2. Les assaisonnements donnent aux aliments une saveur plus agréable et les rendent plus digestibles.

Les condiments tels que le sel, servent également à conserver les aliments (viandes et légumes) s'opposant à leur altération sous l'action de l'air.

3. Les viandes fumées, telles que le jambon, sont des aliments excellents.

DEVOIRS ÉCRITS.

Parlez du sel marin et du sel gemme. Où trouve-t-on le sel? — Comment l'extrait-on? — Quels sont ses principaux usages? (C. E. P. *Seine.*)

Quel est en économie domestique le rôle du sel dans la préparation de la cuisine et dans la conservation des aliments. Citez des exemples?

LE CALCAIRE, LA CHAUX, LE PLATRE

LE CALCAIRE, LA CHAUX

114. *Les acides décomposent le calcaire (Exp. 46)*. —

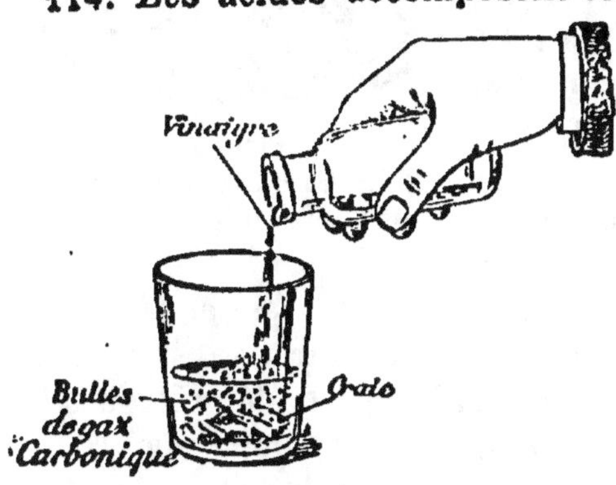

Fig. 76.
Les acides décomposent le calcaire.

Versons un *acide*, comme du fort vinaigre, par exemple, sur de la craie désignée parfois sous le nom de *calcaire*. La craie est décomposée et il se dégage du gaz carbonique. Il en est de même de toutes les pierres calcaires (marbre, pierre de taille). Un acide les décompose et il se *dégage du gaz carbonique (fig. 76)*.

115. *En faisant cuire du calcaire, on obtient de la chaux vive (Exp. 47)*. — Plaçons avec précaution quelques bâtons de craie dans le foyer ardent du poêle. Laissons-les vingt ou trente minutes. Retirons la craie à l'aide des pincettes. Elle a conservé même forme et même couleur. Mais elle a subi un changement profond :

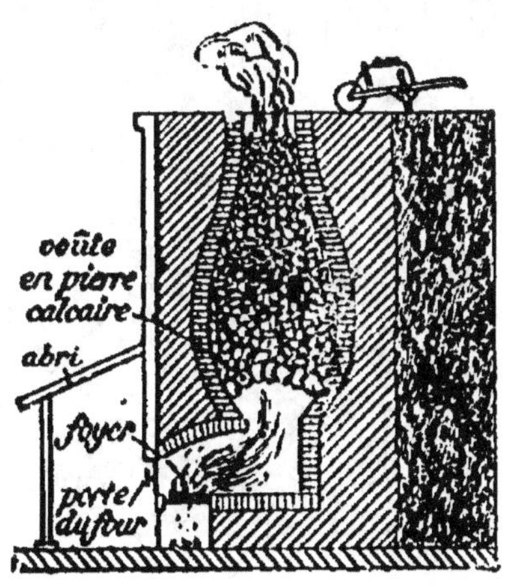

Fig. 77. — Four a chaux.

Matériel à préparer pour la leçon. — Bâtons de craie. — Quelques échantillons de pierres calcaires. — Acide chlorhydrique ou bien vinaigre fort. — Entonnoir. — Filtre. — Deux soucoupes. — Deux verres. — Eau. — Plâtre ordinaire.

elle s'est transformée en *chaux vive*. Elle a laissé échapper, en cuisant, le gaz carbonique qu'elle renfermait.

On fait cette opération en grand dans les fours à chaux (*fig. 77*).

La chaux vive est *caustique*, c'est-à-dire qu'elle détruit, qu'elle ronge les matières organiques, comme la peau, par exemple.

116. En versant de l'eau sur de la chaux vive on obtient la chaux éteinte (*Exp. 48*). — Il existe une différence importante entre la craie et la chaux vive. Plaçons l'un à côté de l'autre, sur une soucoupe, deux bâtons de craie dont l'un seulement a été cuit dans le poêle, et versons un peu d'eau dans la soucoupe (*fig. 78*).

Fig. 78.
En traitant la chaux vive par l'eau, on obtient la chaux éteinte.

On constate d'abord que la température de la chaux vive s'élève considérablement, à tel point que l'eau versée dégage d'abondantes vapeurs. En même temps le morceau de chaux vive se fendille, se brise en petits fragments. On dit que la chaux vive *se délite* sous l'action de l'eau.

Le nouveau corps ainsi obtenu s'appelle *la chaux éteinte*. C'est d'ailleurs la même opération que les maçons font en plus grand pour étein-

Fig. 79.
Les maçons éteignent la chaux en y jetant de l'eau.

ration que les maçons font en plus grand pour étein-

dre la chaux vive servant à la fabrication du mortier
(fig. 79).

Quant au bâton de craie non cuit, il ne change ni de
forme ni d'aspect. L'eau est sans action sur lui.

FIG. 80.

En filtrant le lait de chaux, on obtient de l'eau de chaux très claire.

117. *En versant de l'eau sur de la chaux éteinte, on obtient soit du lait de chaux, soit de l'eau de chaux (Exp. 49).* — Si on délaie la chaux éteinte dans un grand volume d'eau, on obtient un *lait de chaux.*

En laissant déposer ce lait de chaux, puis en transvasant avec précaution et lentement le liquide, ou mieux *en filtrant* sur un filtre de papier placé dans un entonnoir, il passe un liquide clair qui est *l'eau de chaux* (*fig. 80*).

En résumé, en faisant cuire un calcaire, on obtient de la *chaux vive.* Avec de l'eau, la chaux vive donne, soit la *chaux éteinte,* soit le *lait de chaux* ou l'*eau de chaux.*

118. *Il existe des corps composés comme le calcaire et des corps simples comme le charbon ou l'oxygène.* — Quand on traite le calcaire soit par un acide (*Exp. 50*), soit par la chaleur, le calcaire est décomposé. Il laisse dégager un autre corps gazeux, le **gaz carbonique.**

Ces expériences montrent que le calcaire est un *composé.* On l'appelle justement *carbonate de chaux* parce qu'il est formé de *gaz carbonique* et *de chaux.*

Nous avons déjà dit (*5ᵉ leçon*) que le gaz carbonique lui-même est formé par l'union de deux autres *corps simples :* le *carbone* et l'*oxygène.*

Il existe donc des *corps composés,* comme le *calcaire,* et des *corps simples,* comme le *carbone* ou *charbon* et l'*oxygène.*

APPLICATIONS PRATIQUES

119. *Chaux vive*. — La chaux vive est employée dans la fabrication des mortiers.

Pour préparer la chaux vive, on cuit une pierre calcaire (pierre à chaux) dans des fours spéciaux (*fig. 77*). On la met ensuite en tonneaux à l'abri de l'air, car, exposée à l'air, la chaux, reprenant l'acide carbonique qu'elle contenait, reviendrait à son premier état de pierre calcaire.

120. *Mortiers et ciments*. — Le maçon fabrique du mortier

Fig. 81.

En badigeonnant l'écorce des arbres au lait de chaux, on tue les insectes et les champignons.

en éteignant de la chaux vive avec de l'eau et en y mélangeant du sable (*fig. 79*).

Le mortier, placé entre les pierres, fait prise avec elles et avec le sable et y adhère fortement.

Le ciment est obtenu en faisant cuire certaines pierres calcaires renfermant un peu d'argile. Il existe des ciments qui durcissent sous l'eau (ciment de Vassy, de Portland).

121. *Lessivage des murs à la chaux*. — En badigeonnant les murs d'une chambre avec du lait de chaux, on détruit tous les germes de maladie qui peuvent se trouver sur les murs, car la chaux est *caustique*.

122. *Chaulage des arbres*. — De même, en badigeonnant l'écorce d'un arbre avec un lait de chaux, on tue les germes d'insectes ou de plantes parasites (*fig. 81*).

LE PLATRE OU SULFATE DE CHAUX

123. *Plâtre ou sulfate de chaux*. — Le *plâtre ou sulfate de chaux* est un corps composé d'acide sulfurique et de chaux.

Il en existe de grands gisements dans le sol sous forme de *gypse* ou pierre à plâtre. Le gypse se présente parfois sous l'aspect de cristaux en fer de lance (*fig. 82*).

Fig. 82.
CRISTAL DE GYPSE OU PLATRE.

124. *Fabrication du plâtre*. — Lorsqu'on fait cuire la pierre à plâtre, elle perd l'eau qu'elle contenait. Si on la réduit en poudre, et qu'on la gâche avec de l'eau, le plâtre reprend l'eau qu'il avait perdue. Il forme en même temps une pâte qui se solidifie en séchant. On dit que le plâtre fait prise avec l'eau.

Pour obtenir le plâtre, on doit donc d'abord cuire la pierre à plâtre dans des fours analogues aux fours à chaux. Quand le plâtre est cuit convenablement, on le pulvérise finement et on le met dans des sacs conservés au sec jusqu'à ce que le maçon s'en serve.

125. *Le plâtre gâché dans de l'eau se solidifie* (*Exp. 5ı*). — Quand on délaie convenablement du plâtre avec de l'eau, le plâtre forme avec l'eau une pâte liante qui se solidifie plus ou moins vite en adhérant fortement avec les corps en contact, comme les pierres, par exemple.

126. *Usages du plâtre*. — Le plâtre est utilisé dans toutes les constructions.

Répandu sur certaines prairies artificielles telles que la luzerne (*35· leçon*), il en favorise le développement.

QUESTIONNAIRE.

114. Que se passe-t-il quand on traite un calcaire par un acide? — 115. Que se passe-t-il quand on fait cuire de la craie? — Pourquoi dit-on que la chaux vive est caustique? — 116. Comment fait-on pour

éteindre de la chaux vive? — 117. Qu'est-ce qu'un lait de chaux? — Comment obtient-on de l'eau de chaux? — 118. Citez un corps composé. — Un corps simple. — 119. Quels sont les usages de la chaux vive? — 120. Comment fait-on du mortier? — Comment est fait le ciment? — 121. Pourquoi badigeonne-t-on les murs à la chaux? — 122. Pourquoi badigeonne-t-on l'écorce des arbres au lait de chaux? — 123. Qu'est-ce que le plâtre? — 124. Comment fabrique-t-on le plâtre? — 125. Qu'appelle-t-on gâcher du plâtre? — 126. Quels sont les usages du plâtre?

Pourquoi faut-il conserver la chaux vive et le plâtre à l'abri de l'humidité? — Quand dit-on que le plâtre est éventé? — Pourquoi faut-il badigeonner les murs des écuries et des poulaillers à l'eau de chaux?

RÉSUMÉ.

1. Les acides décomposent le calcaire qui laisse dégager du gaz carbonique.

2. La chaux vive s'obtient en chauffant des pierres calcaires à une très haute température.

3. Sous l'action de l'eau, la chaux vive donne la chaux éteinte le lait de chaux et l'eau de chaux.

4. Il existe des corps composés, tel que le gaz carbonique formé de carbone et d'oxygène, et des corps simples, comme le carbone ou charbon et l'oxygène.

5. La chaux vive, les ciments, les mortiers sont employés dans les constructions, ainsi que les calcaires (pierre de taille, moellons).

6. La chaux vive est également employée pour lessiver les murs et pour préserver les arbres des insectes.

7. La pierre à plâtre ou gypse, étant cuite, donne le plâtre.

8. Le plâtre cuit fait prise avec l'eau.

9. Le plâtre est utilisé dans les constructions. Il active le développement des prairies artificielles comme la luzerne.

DEVOIRS ÉCRITS.

Dites ce que c'est que la chaux et d'où elle provient. Applications aux constructions. (C. E. P. *Basses-Pyrénées.*) — Parlez du plâtre, de sa fabrication et de ses principaux usages. (C. E. P. *Seine.*)

LES MÉTAUX — LE FER

127. *Métaux*. — Les métaux sont des corps solides (sauf le mercure), ayant souvent un aspect brillant appelé éclat métallique. Beaucoup d'entre eux, malgré leur dureté, peuvent être travaillés avec des outils. Chacun de ces métaux a une couleur particulière. Le fer est blanc bleuâtre, le cuivre est rouge, l'or est jaune, le plomb, le zinc, l'étain, l'argent, sont blancs. L'or et l'argent sont des *métaux précieux*, les autres sont des *métaux usuels*.

Fig. 83.
Les métaux conduisent bien la chaleur.

128. *Les métaux conduisent bien la chaleur* (*Exp. 52*). — Tenons d'une main une allumette, de l'autre un morceau de fil de fer ou une aiguille. Nous constatons que l'on peut assez longtemps tenir l'allumette qui brûle (*fig. 83*). Au contraire, dès que l'extrémité du fil de fer ou de l'aiguille a été mise sur la flamme, nous sommes obligés de lâcher prise, puisque le fer nous brûle les doigts. C'est que le fer conduit mieux la chaleur que le bois. Il existe donc des *corps bons conducteurs* et des *corps mauvais conducteurs* de la chaleur.

Le fer et *tous les métaux* sont *bons conducteurs* de la chaleur.

Matériel à préparer. — Aiguilles. — Allumettes. — Lampe à alcool. — Ressort de montre. — Aiguille à tricoter. — Fil de fer. — Une pièce de 5 centimes. — Une montre en or ou en argent. — Une pièce de nickel. — Une pièce d'argent. — Une cuiller de fer.

129. *Les métaux sont plus ou moins durs. Le fer raye le plomb parce que le fer est plus dur que le plomb* (*Exp. 53*). — Le plomb, le zinc et l'étain sont, comme presque tous les métaux, rayés par le fer, parce que le fer a une plus grande dureté qu'eux. Le fer est l'un des métaux les plus durs.

130. *Tous les métaux peuvent fondre sous l'action de la chaleur* (*Exp. 54*). — Tous les métaux sont *fusibles*, c'est-à-dire peuvent être fondus à une température plus ou moins élevée. Ainsi, on fond aisément du plomb ou de l'étain en en mettant quelques morceaux dans une cuiller de fer placée sur le feu. L'étain fond même dans la flamme

Fig. 84.
L'étain fond aisément sous l'action de la chaleur.

d'une bougie quand il est en feuilles minces (*fig. 84*).

Le fer, qui est très dur, ne fond qu'à une température extrêmement élevée.

131. *Les métaux peuvent s'unir entre eux pour former des alliages.* — On appelle *alliage* la combinaison de deux ou plusieurs métaux.

Fig. 85. — LE RÉTAMEUR.

Ainsi, en fondant du cuivre avec un peu de zinc, on a un alliage appelé *laiton*, plus dur que le cuivre ou le zinc séparément.

L'alliage a donc des propriétés qui **diffèrent de celles de** chacun des métaux qui le constituent.

FIG. 86.

La peinture préserve les métaux du contact de l'air.

La monnaie de billon est composée d'un alliage de 95 parties de cuivre, 4 parties d'étain et 1 de zinc.

L'argent et l'or, assez peu résistants quand ils sont purs, deviennent plus durs quand on leur ajoute un peu de cuivre comme dans les monnaies et les bijoux.

132. *Avec l'oxygène de l'air, les métaux forment des oxydes.* — Le fer et le cuivre abandonnés à l'air humide se couvrent, l'un de *rouille* formée de fer et d'oxygène, l'autre de *vert de gris* formé de cuivre et d'oxygène. Ces deux oxydes sont cassants et ne peuvent être travaillés. Il importe donc d'empêcher l'oxydation des objets en métal.

APPLICATIONS PRATIQUES

133. *Comment on préserve un métal de l'oxydation.* — Pour empêcher les objets en fer de se rouiller à l'air, on les recouvre d'une couche de peinture (*fig. 86*) ou d'une couche d'émail. Les petits objets en fer ou en cuivre peuvent être, dans le même but, *nickelés*, c'est-à-dire recouverts d'une couche de nickel. Le nickel ne s'oxyde pas à l'air.

Certains ustensiles de cuisine sont recouverts d'une couche d'étain (étamage) (*fig. 85*).

C'est parce que l'or et l'argent ne s'oxydent pas à l'air, et aussi parce qu'ils sont rares, qu'on les emploie pour la fabrication des monnaies et des bijoux.

FER

134. *Origine*. — Le fer se trouve à l'état naturel dans le sol sous forme de minerai. Ce minerai est souvent *un oxyde de fer*, composé de fer et d'oxygène. Il est mélangé à des matières terreuses.

135. *Préparation du fer*. — Pour extraire le fer du minerai, il faut le débarrasser des matières terreuses et de l'oxygène qu'il contient. A cet effet, on lave et on broie mécaniquement le minerai. On le fait fondre dans un haut fourneau ayant de 10 à 20 mètres de hauteur, en le mélangeant avec du charbon. Dans ces conditions, le charbon, pour brûler, s'empare de l'oxygène du minerai, avec lequel il forme du gaz carbonique qui s'échappe dans l'air. Le fer fondu, débarrassé de son oxygène, coule au bas du haut fourneau, où on le recueille pour le travailler (*fig. 87*).

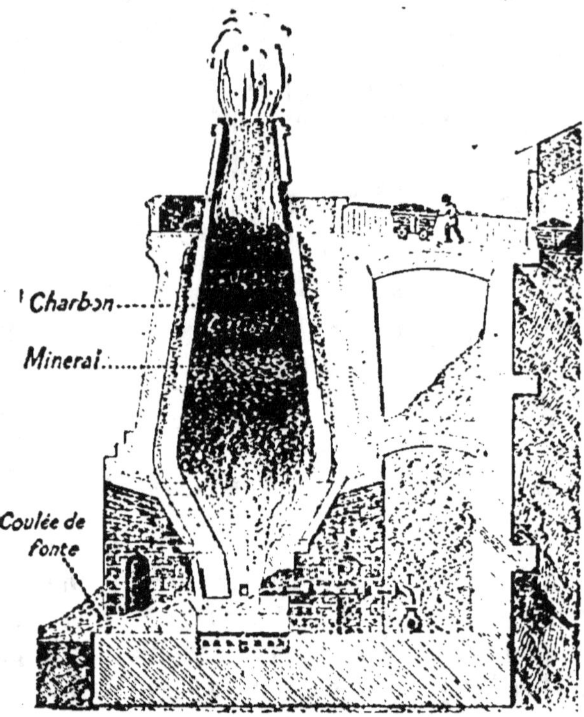

FIG. 87. — HAUT FOURNEAU.

136. *La fonte*. — Mais dans le haut fourneau, le fer s'est allié avec un peu de charbon. Le liquide qui coule en bas du haut fourneau n'est donc pas du fer pur, mais de *la fonte*, c'est-à-dire du fer allié avec 5 pour 100 environ de charbon.

La fonte est dure, cassante et parfois peu facile à travailler. Néanmoins on peut la fondre dans des moules. Ainsi le poêle et la marmite sont en fonte moulée.

137. *Préparation du fer et de l'acier.* — Pour avoir

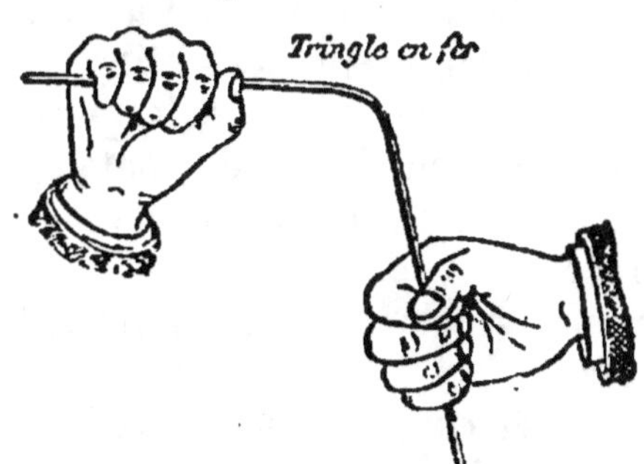

Fig. 88. — *Le fer est peu élastique.*

du fer pur, il faut enlever à la fonte les dernières traces de charbon qu'elle contient. Pour cela, on envoie un fort courant d'air dans la fonte en fusion pour brûler le charbon. Si on laisse à la fonte environ 1 pour 100 de charbon seulement, on obtient *l'acier*, qui diffère de la fonte et du fer par des qualités particulières.

138. *L'acier est beaucoup plus dur et plus élastique que le fer (Exp. 55).* L'acier est dur, résistant et surtout très élastique. Il est plus dur que le fer. Aussi les outils, tels que les ciseaux et les limes, sont-ils en acier.

Quand on ploie un morceau de fil de fer, il garde la forme qu'on lui

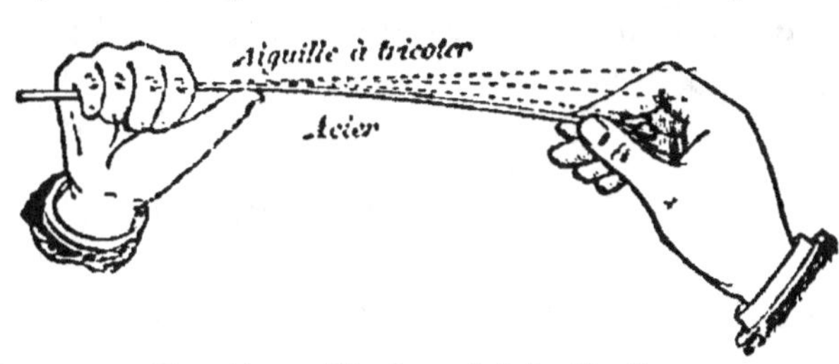

Fig. 89. — *L'acier est très élastique.*

a donnée, parce qu'il est peu élastique. Au contraire, si l'on fléchit une aiguille à tricoter ou un ressort de montre, ces objets reprennent leur position primitive dès qu'on cesse de les ployer (*fig. 88 et 89*).

Le fer est donc moins élastique que l'acier. L'élasticité de

l'acier le fait employer particulièrement pour la fabrication
des ressorts, des lames de scie et des plumes à écrire.

APPLICATIONS PRATIQUES

139. *Usage des métaux.* — Le fer est le métal le plus
utile. Il sert à la fabrication des machines et des outils.

Les mécaniciens, les constructeurs, les artisans, les agri-
culteurs font tous usage du fer, soit sous forme de fonte ou
de fer, soit sous forme d'acier. Il n'est presque pas de jour
où un homme civilisé n'ait recours au fer.

Le fer a rendu à l'homme plus de services que les métaux
les plus rares et les plus chers.

Néanmoins, certains métaux précieux, comme l'or et l'argent, servant à fabriquer les monnaies, nous sont très utiles
pour les échanges de denrées.

Le cuivre, qui sert à fabriquer un grand nombre d'instruments ; le plomb, dont on fait les tuyaux ; l'étain employé
pour l'étamage des ustensiles de cuisine, et le zinc, avec
lequel on peut couvrir les toits ou fabriquer divers objets,
sont également des métaux très utiles.

L'aluminium et le nickel, qu'on sait préparer en grand
depuis quelques années, jouent également un rôle important
dans l'industrie.

ÉCONOMIE DOMESTIQUE

139' *Entretien des ustensiles de cuisine.* — La bat-
terie de cuisine et particulièrement les cuivres étamés
doivent être tenus constamment propres. La ménagère aura
soin de ne laisser séjourner dans les ustensiles en cuivre
étamé aucun liquide gras ou acide. Ces liquides, en effet,
peuvent altérer ou enlever la couche d'étain et produire
avec le cuivre une substance toxique : le *vert de gris*. Il est
prudent de faire rétamer assez souvent les ustensiles de
cuisine en cuivre.

Les ustensiles en fer-blanc ou en fonte peuvent être nettoyés, soit avec du sable fin ou du savon minéral, soit à l'aide de pâtes spéciales du commerce.

Les cadres dorés ou bronzés sont aisément remis à neuf avec une solution de savon dans l'alcool (10 grammes de savon râpé dans un litre d'alcool).

Les objets en nickel ou en aluminium se nettoient avec le blanc d'Espagne finement pulvérisé et délayé dans l'eau ou l'alcool.

QUESTIONNAIRE.

127. Citez les principaux métaux. — Quelle est la couleur des principaux métaux? — **128.** Pourquoi dit-on que le fer est bon conducteur de la chaleur? — **129.** Citez un métal qui a une très grande dureté. — **130.** Citez un métal très fusible. — **131.** Qu'appelle t-on alliage? — Pourquoi fabrique-t-on des alliages? — Quels sont les alliages usuels? — **132.** Qu'appelle-t-on oxyde? — **133.** Comment peut-on préserver un métal de l'oxydation? — Comment fait-on pour étamer? — Quels sont les métaux qui ne s'oxydent pas à l'air? — **134.** Quelle est la composition d'un minerai de fer? — **135.** Comment prépare-t-on le fer? — Qu'est-ce qu'un haut fourneau? — **136.** Sous quelle forme le fer coule-t-il en bas du haut fourneau? — Quelles sont les propriétés de la fonte? — **137.** Quelle est la constitution de l'acier? — **138.** Quelles sont les propriétés de l'acier? — Qu'arrive-t-il quand on ploie modérément une lame d'acier? — Quels sont les principaux outils en acier? — **139.** Quels sont les principales applications du fer? — Quels sont les usages des métaux précieux? — **139*.** Quels sont les dangers que peuvent présenter les ustensiles en cuivre étamé? — Comment nettoie-t-on les objets en fer blanc ou bien les cadres dorés et les objets en nickel ou en aluminium?

Pourquoi met-on des poignées de bois aux ustensiles destinés à aller au feu? (Poignée de la bouilloire. — Fer des blanchisseuses). — Le fer est-il aussi précieux que l'or? — Pourquoi étame-t-on les casseroles de cuivre à l'intérieur? — Pourquoi ne fabrique-t-on pas plus d'objets en plomb?

RÉSUMÉ.

1. Les métaux sont plus ou moins durs et ils peuvent être travaillés aisément. Ils sont bons conducteurs de la chaleur.

2. Le fer est un des métaux les plus durs : il raye presque tous les autres métaux.

3. Les métaux peuvent fondre à une température plus ou moins élevée.

4. Quand on les fond ensemble, ils s'unissent entre eux pour former des alliages.

5. Les métaux peuvent s'oxyder à l'air en se combinant avec l'oxygène.

6. Pour préserver les métaux de l'action de l'air, on les recouvre de peinture d'émail ou d'une couche d'un autre métal moins oxydable comme l'étain ou le nickel.

7. Le minerai de fer est un oxyde de fer. On prépare le fer dans des hauts fourneaux en faisant fondre le fer avec du charbon.

8. Le fer allié à un peu de charbon donne la fonte, qui est cassante, et, l'acier, très élastique.

9. Le fer est le plus utile de tous les métaux.

Le cuivre, le plomb, l'étain, le zinc et le nickel sont très employés dans l'industrie. L'or et l'argent ne s'oxydent pas à l'air. Ils sont plus rares que les autres métaux. On les appelle pour cette raison, des métaux précieux (bijoux, monnaies).

10. Les ustensiles de cuisine doivent être tenus en état constant de propreté. Il faut surtout nettoyer soigneusement les cuivres étamés pour éviter la présence du vert de gris qui est dangereux. Il est nécessaire de faire rétamer les ustensiles de cuivre assez souvent.

DEVOIRS ÉCRITS.

Le fer. Indiquez rapidement sa nature, son origine, ses propriétés et insistez sur ses différents usages. (C. E. P. *Haute-Savoie.*)

Quel est à votre avis le plus utile des métaux? Exposez vos raisons et faites connaître les principaux emplois de ce métal. (C. E. P. *Seine-Inférieure.*)

Le fer, le cuivre, le plomb, le zinc. Dites les propriétés de ces métaux et leurs usages d'après leurs propriétés. (C. E. P. *Manche.*)

Votre mère étant absente, vous avez dû nettoyer. Comment avez-vous procédé? Quelles précautions avez-vous prises?

III. ÊTRES VIVANTS

L'HOMME — LE SQUELETTE DE L'HOMME

140. *L'homme.* — Parmi tous les animaux, l'homme est le plus parfait et c'est d'ailleurs lui qui, pour le moment, nous intéresse le plus. Comme tous les êtres organisés, il est pourvu d'*organes* destinés à accomplir les fonctions les plus diverses. Par exemple, les nerfs, qui nous font sentir le plaisir ou la douleur, les os et les muscles, qui effectuent les mouvements, sont des organes.

Pour se développer, réparer ses forces ou, comme on dit parfois, pour se donner du sang, l'homme doit se nourrir. Nous nous nourrissons non

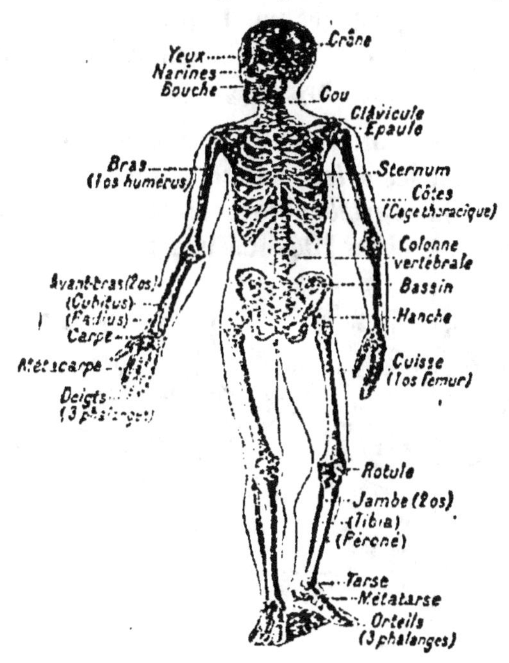

Fig. 96. — SQUELETTE DE L'HOMME.

seulement en prenant des aliments aux repas, mais en respirant. Les fonctions qui concourent à notre nourriture sont donc la digestion, la respiration et la circulation du sang.

Avant d'étudier ces fonctions, nous commencerons d'abord par étudier les os et les muscles, organes du mouvement.

Matériel à préparer. — Quelques os d'animaux.

Nous apprendrons ainsi à connaître les différentes parties du corps humain.

141. *Le corps de l'homme est soutenu par le squelette*. — Le corps de l'homme est soutenu par une charpente dure formée d'os reliés les uns aux autres. L'ensemble de ces os s'appelle le squelette. Le *squelette* est recouvert par des muscles appelés communément la chair, et les muscles eux-mêmes sont protégés par la peau.

Le squelette de l'homme comprend trois parties : le tronc, la tête et les membres (*fig.* 90).

142. *Le tronc*. — Le tronc est formé par la *colonne vertébrale*, les *côtes* et le *sternum*.

La *colonne vertébrale* est constituée par des os en forme d'anneaux épais et empilés les uns au-dessus des autres (*fig.* 91)

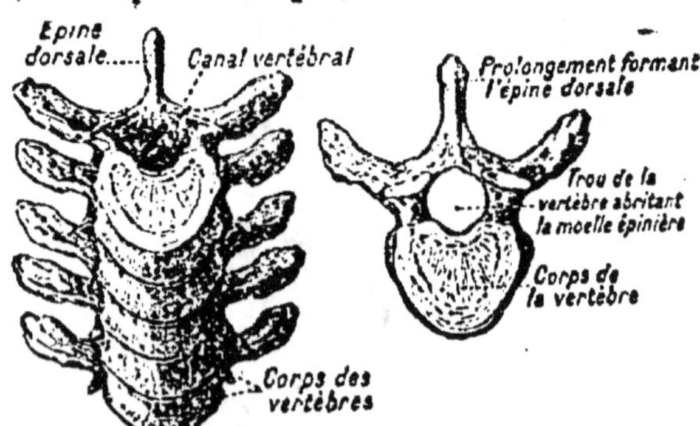

FIG. 91. — PORTION DE VERTÈBRE DORSALE.

pourvus chacun d'une ouverture appelée le trou de la vertèbre. Les trous des vertèbres sont tous situés dans le prolongement les uns des autres de manière à former un canal, appelé canal vertébral, dans lequel est abritée la moelle épinière. De la moelle épinière partent les nerfs, filaments très fins qui se distribuent dans toutes les parties du corps (*fig.* 95).

Les premières vertèbres, celles du cou, sont mobiles et permettent les mouvements du cou dans tous les sens. En face de certaines vertèbres situées en bas, se trouvent des os plats formant le bassin (*fig.* 90). Les vertèbres situées au-dessus du bassin portent en arrière des prolongements courts dont l'ensemble (*fig.* 91) forme ce qu'on appelle l'*épine dorsale*.

Aux vertèbres du dos se rattachent *les côtes* au nombre de douze paires (*fig. 90*). Ces côtes, limitant la poitrine, sont des os plats courbés en cerceau, qui se rattachent en avant à un autre os plat et large appelé *sternum* (*fig. 90*). L'ensemble formé par les côtes, le sternum et la colonne vertébrale constitue la *cage thoracique* appelée aussi le *thorax* ou même la poitrine.

143. *La tête.* — Les os de la tête sont ceux du crâne et ceux de la face.

Les os du crâne, plats ou bombés, sont soudés entre eux de façon à former la boîte crânienne qui abrite le cerveau, siège de l'intelligence.

Les os de la face sont disposés de façon à former en avant quatre cavités ou ouvertures, savoir : deux pour les orbites qui abritent les yeux, une pour le nez et une pour la bouche (*fig. 90*).

Sur les côtés se trouvent les ouvertures des oreilles.

Les os de la bouche forment les deux mâchoires supérieure et inférieure. La mâchoire inférieure seule est mobile de haut en bas. Les mâchoires portent des dents.

144. *Membres.* — Les membres sont des organes importants du mouvement. On peut distinguer les *deux membres supérieurs* et les *deux membres inférieurs*.

Les deux membres supérieurs sont tout à fait semblables l'un à l'autre. Il en est de même pour les membres inférieurs.

Le membre supérieur est articulé solidement sur le tronc par l'*épaule* (*fig. 90*) en arrière, par la *clavicule* rattachée au sternum en avant. Il comprend :

Le bras renfermant un seul os : l'*humérus*;

L'avant-bras renfermant deux os : le *radius* et le *cubitus*;

Le poignet constituée par huit petits os;

La main formée de la paume avec cinq os et terminée par les cinq doigts. Chaque doigt renferme trois os longs appelés *phalanges*, sauf le pouce qui n'en a que deux. Le pouce peut se placer en face de chacun des autres doigts, ce qui nous permet de saisir facilement les objets.

Le membre inférieur est rattaché au tronc par la *hanche*.
Il comprend :

La cuisse qui renferme un seul os, le *fémur*;

La jambe avec deux os : le *tibia* et le *péroné*;

Le cou-de-pied comportant sept os;

Le pied, formé de la plante du pied (cinq os) et terminé par les cinq *orteils*. Chaque orteil a trois phalanges sauf le gros orteil qui n'en a que deux.

L'articulation du genou renferme un os isolé appelé la *rotule*.

Les os de l'homme ne sont complètement formés que vers l'âge de vingt ou vingt-cinq ans. Chez les adolescents et, à plus forte raison, chez les enfants, ils sont plus ou moins flexibles. Ce n'est que progressivement que les os s'incrustent

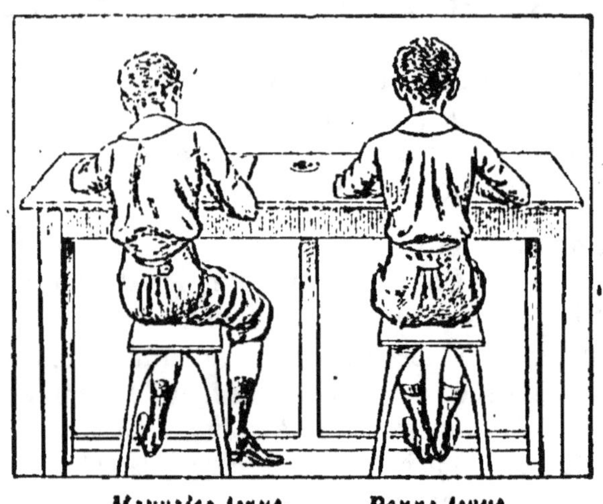

Fig. 92. — *L'enfant doit surveiller ses attitudes.*

de calcaire et de phosphate de chaux. Ces deux substances donnent à l'os une grande solidité.

145. *Application à l'hygiène.* — Il est nécessaire pour l'enfant de surveiller ses attitudes. Il doit toujours se tenir droit à table, surtout quand il lit ou quand il écrit. S'il

courbe le dos quand il est jeune, la colonne vertébrale se
courbe elle-même parce que les os sont encore mous. A la
longue, ces os s'incrustent de calcaire et conservent la même
position de courbure pendant toute la vie (*fig. 92*).

QUESTIONNAIRE.

140, 141. Comment le corps de l'homme est-il soutenu? — Qu'est-ce
qui recouvre le squelette? — Comment sont protégés les membres à
l'extérieur? — Combien y a-t-il de parties dans le squelette? —
142. Quelles sont les différentes parties du tronc? — Comment est
constituée la colonne vertébrale? — Où est située la moelle épinière?
— Combien l'homme a-t-il de paires de côtes? — 143. Comment sont
disposés les os du crâne? — Combien y a-t-il de cavités dans la
face? — 144. Quelles sont les différentes parties du membre supérieur?
— Comment est constituée la main? — Quelles sont les différentes
parties du membre inférieur? — Vers quel âge les os sont-ils définitivement formés? — 145. Pourquoi doit-on se tenir toujours droit?

*Pourquoi est-il imprudent d'appuyer sur le crâne d'un jeune
enfant?*

RÉSUMÉ.

1. Le squelette de l'homme se compose de trois parties : le
tronc, la tête et les membres.

2. Le tronc est soutenu par la colonne vertébrale, les côtes
et le sternum. La colonne vertébrale, formée d'os empilés les
uns au-dessus des autres, abrite la moelle épinière à laquelle se
rattachent les nerfs.

3. Le squelette de la tête comprend le crâne formé d'os
plats ou bombés et les os de la face situés en avant.

4. Les membres supérieurs (bras, avant-bras, poignet et
main) et les membres inférieurs (cuisse, jambe, cou-de-pied et
pied) présentent une grande ressemblance au point de vue de
la disposition et du nombre des os.

5. Les enfants doivent surveiller leurs attitudes et se tenir
toujours droit.

DEVOIR ÉCRIT.

Comparez le membre supérieur et le membre inférieur de l'homme.

LES MUSCLES — LES NERFS — LA PEAU

146. *Muscles.* — Les muscles forment la chair ou, comme on dit communément, la viande. Recouverts par la peau, ils sont très nombreux et ils s'enchevêtrent dans toutes les directions (*fig. 93*). Les muscles sont, par leurs extrémités, rattachés aux os à l'aide de cordons blancs et élastiques appelés *tendons* et *ligaments.*

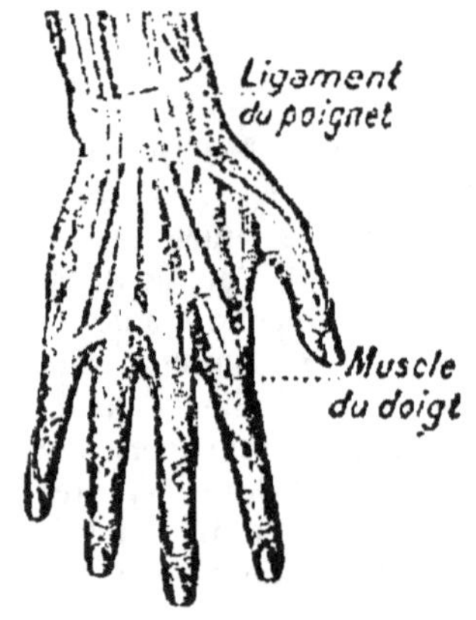

Fig. 93.
MUSCLES DE LA MAIN.

147. *Les muscles peuvent s'allonger ou se raccourcir* (*Exp.* 56). — Plions l'avant-bras gauche, par exemple, en le ramenant sur le bras : l'avant-bras se déplace autour d'une articulation appelée le coude. Si nous saisissons le bras gauche avec la main droite, nous remarquons que les muscles du bras grossissent en se raccourcissant. Le muscle particulier qui détermine ce mouvement s'appelle le *biceps* (*fig. 94*). Quand le biceps se raccourcit, il ramène l'avant-bras sur le bras.

Dans le mouvement inverse, quand on étend l'avant-bras, on remarque que les muscles du bras s'allongent en diminuant de diamètre (*fig. 94*).

Les muscles ont donc pour propriété de déterminer les mouvements en s'allongeant ou en se raccourcissant.

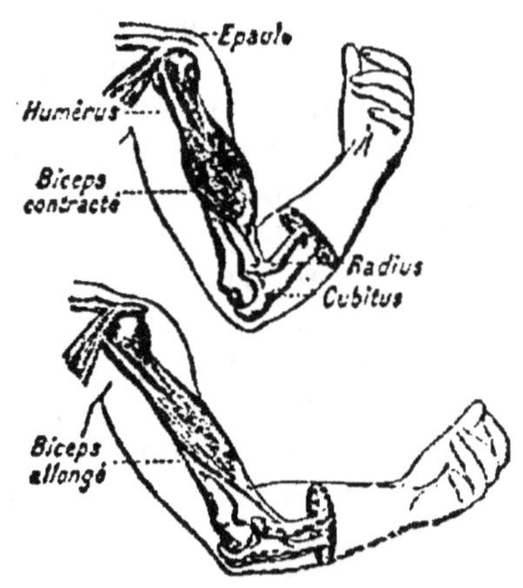

Fig. 94. — AVANT-BRAS PLIÉ
ET AVANT-BRAS REDRESSÉ.

148. *L'exercice fortifie les muscles.* — Quand un muscle fonctionne souvent et régulièrement, il devient de plus en plus fort. Ainsi les bras du forgeron sont très gros, les mollets des marcheurs sont plus développés que ceux d'un homme sédentaire.

La gymnastique, en exerçant les muscles, rend l'homme plus agile, plus robuste et plus résistant à la fatigue.

La marche met en mouvement presque tous les muscles du tronc et des membres. De plus, pendant la marche *au grand air*, l'oxygène est constamment renouvelé dans les poumons. La marche au grand air est donc l'un des exercices les plus hygiéniques.

NERFS

149. *Les muscles sont commandés par les nerfs.* — Si vous voulez, par exemple, prendre un livre dans la bibliothèque, vous commencez par en choisir un. C'est votre cerveau, siège de l'intelligence et de la réflexion, qui intervient pour déterminer le titre qui vous plaît. Quand votre choix est fixé, les nerfs en communication avec le cerveau font agir les muscles du bras qui saisit le volume choisi. Ce mouvement s'appelle un *mouvement volontaire*, c'est-à-dire un moment que vous avez *voulu* effectuer.

Ces mouvements volontaires sont donc sous la dépendance

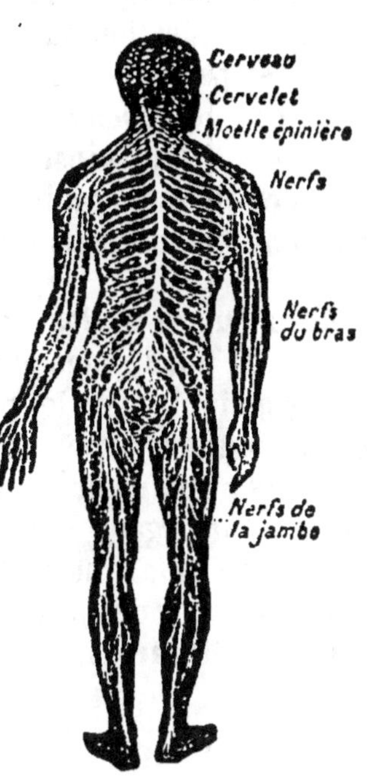

FIG. 95.

SYSTÈME NERVEUX DE L'HOMME.

du cerveau, des nerfs et de la moelle épinière (*fig.* 95), ou, comme on dit, sous la dépendance du système nerveux.

150. *Il existe des mouvements involontaires.* — D'autres nerfs ne dépendent pas de la volonté. Il en est ainsi, en particulier, de ceux qui commandent aux muscles de l'estomac, des poumons ou du cœur. Aussi ne nous est-il pas possible d'accélérer ou de retarder à notre gré la digestion, la respiration ou la circulation du sang, parce que les nerfs, et par suite les muscles, qui interviennent dans ces fonctions ne *dépendent pas* de notre volonté. La respiration et la digestion, ainsi que certaines autres fonctions, s'effectuent donc mécaniquement, sans que nous le sachions, à l'aide de *mouvements involontaires.*

151. *Organes des sens.* — Nous savons ce qui se passe autour de nous grâce aux organes des sens.

Il y a cinq sens : le toucher, qui a pour organe la peau et en particulier la peau des doigts; la vue, qui s'exerce par les yeux; l'ouïe, qui a pour organes les oreilles; l'odorat, ayant pour organe le nez, et enfin le goût, qui s'exerce à la surface de la langue et du palais.

Les organes des sens sont tous reliés au cerveau et ils sont commandés par des nerfs spéciaux.

APPLICATIONS A L'HYGIÈNE

152. *Le tabac et l'alcool sont des poisons du système nerveux.* — Le tabac renferme un poison violent, la *nicotine*, qui, en excitant constamment le système nerveux, l'altère plus ou moins rapidement. En particulier, sous l'action de la nicotine, la mémoire devient de moins en moins précise.

L'alcool agit très énergiquement sur le système nerveux. Quand un homme en boit en trop grande quantité, son cerveau et ses nerfs sont tellement influencés qu'ils sont incapables de remplir leur fonction. Aussi les mouvements volontaires deviennent-ils désordonnés ou même impossibles.

Alors l'ivrogne ne peut plus se tenir, et il prononce des phrases sans suite (voir la 21ᵉ *leçon*).

PEAU

153. La peau a pour rôle de produire la sueur. — La peau recouvre les muscles. Elle est pourvue d'une multitude de petits trous appelés *pores* par lesquels s'écoule la sueur. La sueur est un liquide gras qui est rejeté à l'extérieur comme inutile. C'est un produit de déchet qui ne peut rester dans le corps sans danger pour la santé.

APPLICATIONS A L'HYGIÈNE

154. Soins de propreté. — Si la peau n'est pas nettoyée convenablement, la poussière forme avec la sueur une sorte de vernis qui ferme les pores et s'oppose à la sortie de la sueur.

Un lavage à grande eau de la figure, du cou et des mains tous les matins; un bain de pieds chaque semaine; un grand bain ou un lavage général toutes les quinzaines : tel est le *minimum* de soins de propreté qu'on doit prendre pour entretenir la peau en état constant de *propreté* et de *souplesse* (*fig.* 96).

On doit aussi avoir grand soin de la chevelure qu'il est préférable d'entretenir courte. Les ongles abritent souvent des matières étrangères et des microbes : il faut les nettoyer fréquemment.

Fɪɢ. 96.

Pour être en bonne santé, il faut d'abord être propre.

La propreté du corps contribue à nous entretenir en *bonne santé* et surtout en *bonne humeur*. On n'est jamais plus gai et plus dispos qu'après un bain.

HYGIÈNE ET ÉCONOMIE DOMESTIQUE

154¹. *Hygiène de l'œil.* — L'éclairage des appartements doit être assuré aussi largement que possible. Une lumière insuffisante fatigue autant la vue qu'une lumière trop vive.

La présence de poussières dans l'œil ou même l'action d'un courant d'air peuvent déterminer l'inflammation de la conjonctive, membrane fine et transparente qui recouvre le globe de l'œil et la face interne des paupières. Cette inflammation s'appelle *conjonctivite*. Dans le cas le plus fréquent, on traite la conjonctivite par des lavages des yeux avec de l'eau de guimauve boriquée ou des infusions de fleurs de mélilot ou de sureau.

154². *Hygiène de l'oreille.* — Les poussières peuvent s'accumuler dans le conduit extérieur de l'oreille, y causer des troubles graves et même une légère surdité. On y remédie en se lavant journellement les oreilles à l'eau de savon et en ayant recours au *cure-oreille*. On ne doit pas se nettoyer les oreilles avec un corps dur qui pourrait percer la membrane du tympan qui se trouve au fond du conduit de l'oreille.

Les personnes sensibles au froid ou aux courants d'air peuvent introduire d'une façon permanente dans ce conduit un petit tampon d'ouate.

QUESTIONNAIRE.

146. Que savez-vous sur les muscles? — 147. Que se passe-t-il quand on plie l'avant-bras sur le bras? — Quelle est la propriété des muscles? — 148. Pourquoi la gymnastique et l'exercice sont-ils utiles? — 149, 150. Qu'est-ce qui commande aux muscles? — Citez un exemple. — 151. Quels sont les organes des sens? — 152. Quelle est l'action du tabac et de l'alcool sur le système nerveux? — 153. Quel est le rôle de la peau? — Qu'est-ce que la sueur? — 154. Quels soins devons-nous donner à la peau et, d'une façon générale, à notre corps? — 154². Que savez-vous sur l'influence de la lumière sur la vue? — Qu'est-ce que la conjonctivite? Comment la traite-t-on? — 155². Quels soins doit-on prendre pour tenir les oreilles en bon état et pourquoi?

RÉSUMÉ.

1. Les muscles forment la chair. Ils sont fixés sur les os à l'aide de tendons.

2. Les muscles peuvent faire mouvoir les os en s'allongeant ou se raccourcissant.

3. L'exercice continu et réglé fortifie les muscles.

4. Les muscles sont commandés par les nerfs.

5. Il existe des nerfs qui sont sous la dépendance de la volonté. Ce sont eux qui commandent les mouvements volontaires des muscles.

D'autres nerfs ne dépendent pas de la volonté. Tels sont ceux qui commandent les muscles des organes de la digestion, de la respiration ou de la circulation du sang.

6. Les organes des sens dépendent du système nerveux. Il y a cinq sens : le toucher, la vue, l'ouïe, l'odorat et le goût.

7. Le tabac et l'alcool sont des poisons du système nerveux.

8. On doit tenir le corps en état constant de propreté par des lavages et des bains fréquents.

9. La lumière des appartements ne doit être ni trop forte, ni trop faible, afin d'éviter la fatigue des yeux.

On combat l'inflammation des yeux à l'aide de lavages à l'eau de guimauve boriquée ou d'infusions de mélilot ou de sureau.

10. On doit avoir grand soin de ses oreilles et les tenir en état constant de propreté.

DEVOIR ÉCRIT.

Votre maître vous a fait une leçon sur les soins de propreté et d'hygiène : rappelez les conseils qu'il vous a donnés. (C. E. P. *Nord.*)

RECETTE D'ÉCONOMIE DOMESTIQUE.

Préparation d'une infusion. — Pour faire une infusion, on verse de l'eau bouillante sur la plante, dans un vase; on laisse infuser pendant cinq à dix minutes environ pour les fleurs délicates, en ayant soin de recouvrir le vase. On passe ensuite le liquide avant de s'en servir. On met environ 8 à 10 grammes de plante par litre d'eau.

LA DIGESTION

155. *La digestion a pour but de réparer l'usure de nos organes ou de contribuer à leur développement.* — Quand nous travaillons, soit de la main, soit du cerveau, nos organes fonctionnent et, par suite, ils s'usent, aussi bien que les roues ou les diverses pièces d'une machine en activité. Il faut alors réparer les pertes causées par l'usage. C'est avec des aliments bien choisis que la machine humaine répare l'usure des muscles, des os ou des nerfs. Chez l'enfant, d'ailleurs, le corps s'accroît progressivement. Il faut donc donner au corps les matériaux propres à son entretien ou à son accroissement. Ces matériaux sont les *aliments.*

156. *Des aliments.* — Les aliments peuvent être groupés en six catégories :

1° *L'eau.* Elle forme les deux tiers du poids de notre corps. C'est un aliment indispensable;

2° *Les aliments féculents* (pain, pommes de terre, riz);

3° *Les aliments azotés* (viande, fromage, haricots);

4° *Les aliments gras* (graisses, huiles, beurres);

5° *Les aliments sucrés* (sucres et fruits);

6° *Les sels* (sel de cuisine, phosphate de chaux, carbonate de chaux).

157. *Histoire d'une bouchée de pain.* — Le pain est l'un des principaux aliments.

Nous prendrons donc comme exemple la digestion d'une bouchée de pain. La farine, dont il est fait, est un féculent, mais elle renferme aussi un peu de substance azotée appelée le *gluten*, des corps gras en petite quantité et du phosphate de chaux. Quand on fait le pain, on sale la pâte et on y ajoute de l'eau. Le pain est donc un aliment presque *complet.* C'est pourquoi il joue un si grand rôle dans notre alimentation.

Or, le pain ne ressemble, en apparence, ni à la chair de nos muscles ni aux os de notre squelette. Le pain, comme

tous les aliments, doit donc subir dans notre appareil digestif d'importantes transformations qui sont dues, les unes à
l'action des *dents*, les autres à l'action des liquides produits
par certaines *glandes* de l'appareil digestif.

**158. *Les dents réduisent les aliments en petits frag-
ments.*** — C'est dans la bouche, naturellement, que s'effectuent les premières trans-
formations (*fig.* 97).

La bouchée de pain est
d'abord broyée par les
dents.

L'homme adulte a 16
dents à chaque mâchoire
soit 32 en tout; en avant,
les dents sont plates et
tranchantes : ce sont les *incisives* qui coupent comme
des ciseaux; il y en a 4 à
chaque mâchoire.

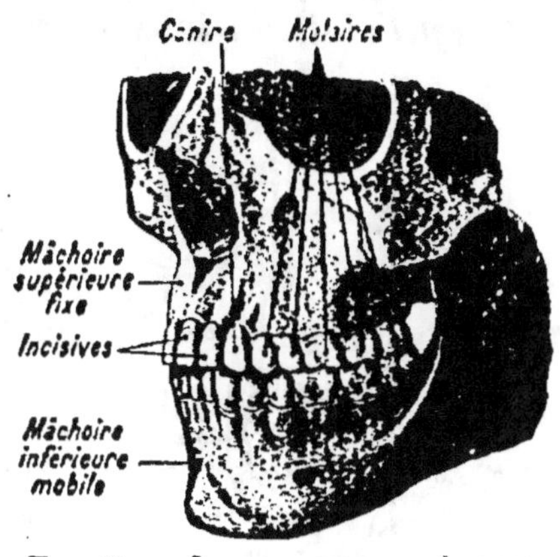

FIG. 97. — LA DENTITION DE L'HOMME.

De chaque côté des quatre
incisives et à chaque mâchoire, il existe, chez l'homme adulte,
une *canine* pointue servant à déchirer la chair.

Enfin, au fond de chaque mâchoire, on trouve à droite et à
gauche cinq *molaires* qui écrasent la bouchée de pain à la
manière de meules.

Le jeune enfant n'a que 20 dents : c'est ce qu'on appelle
la *dentition de lait* ou première dentition. Les dents de lait
tombent vers l'âge de sept ans et sont progressivement rem-
placées par les dents adultes. En même temps se développent
les grosses molaires du fond qui n'existaient pas dans la
dentition de lait.

Sous l'action des muscles de la bouche et de la langue, la
bouchée de pain broyée et triturée par les dents, tournée
dans tous les sens est réduite en une sorte de bouillie
humectée par la *salive*. La salive provient des *glandes
salivaires* situées dans la bouche.

159. *Diverses parties de l'appareil digestif.* — La bouchée de pain parcourt ensuite successivement les diverses parties de l'appareil digestif, c'est-à-dire : (*fig. 98*).

1° *L'œsophage*, sorte de tube qui fait communiquer la bouche et l'estomac;

2° *L'estomac*, renflement très accentué, situé dans l'abdomen (ou ventre);

3° *Le petit intestin*, tube contourné ayant 7 à 8 mètres de long;

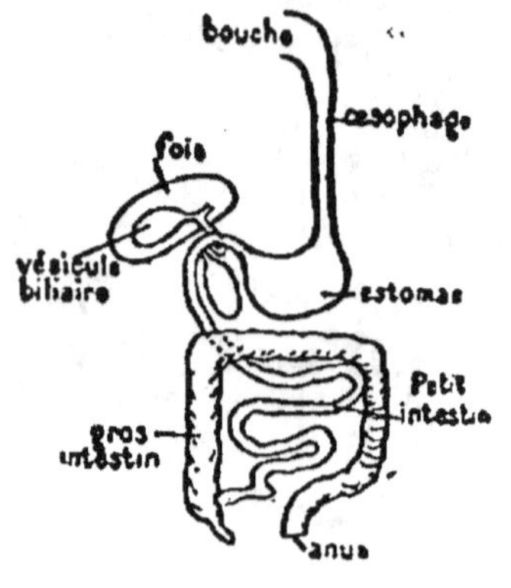

Fig. 98.

L'APPAREIL DIGESTIF DE L'HOMME.

4° *Le gros intestin*, tube beaucoup plus gros et plus court, qui s'ouvre à l'extérieur par l'anus.

160. *La salive change les aliments féculents en sucre* (*Exp. 57*). — Mâchons pendant quelques minutes une bouchée de pain, nous percevons dans la bouche une saveur sucrée. *La salive a transformé partiellement la farine en sucre.*

Cette simple expérience peut nous donner une idée des diverses transformations que l'appareil digestif peut faire subir aux aliments.

161. *Les glandes de l'appareil digestif produisent des liquides qui agissent surtout sur les aliments azotés et les graisses.* — La digestion dure normalement de deux à quatre heures. Pendant ce temps, la bouchée de pain est soumise à l'action de divers *sucs* produits, comme la salive, par des *glandes*. Chacun de ces sucs a un rôle déterminé dans les modifications apportées aux aliments.

Nous avons déjà vu plus haut que la salive transforme la farine en sucre.

De même, les aliments azotés sont, dans l'estomac, transformés par *le suc gastrique* provenant des glandes gastriques. Ces glandes gastriques sont situées dans l'épaisseur d'une membrane très fine qui tapisse intérieurement l'estomac et qui est appelée la *muqueuse*. Les corps gras sont modifiés par la bile venant du *foie*, grosse glande située au-dessus de l'estomac. Dans l'intestin également, les aliments sont presque tous modifiés par le *suc pancréatique* venant d'une autre glande appelée *pancréas*, située au-dessous du foie.

En résumé, quand les aliments ont séjourné dans le petit intestin ils ont complètement changé d'aspect. On n'y reconnaît plus la bouchée de pain. Celle-ci, comme tous les aliments, s'est métamorphosée en un liquide blanc *ressemblant au sang* par toutes ses propriétés, mais en différant par la couleur.

162. *Après leurs diverses modifications, les matières alimentaires vont se mélanger au sang.* — Sur l'intestin, des vaisseaux sanguins, appelés *veines* et *artères*, très fins et très nombreux, aspirent ce liquide blanc et le mélangent au *sang.* Or, le sang, comme nous le verrons plus loin (22ᵉ *leçon*), est le liquide nourricier qui, se rendant dans toutes les parties du corps par d'autres veines ou artères, répare toutes les pertes subies par les organes.

Quant aux parties non utilisées, elles sont rejetées à l'extérieur. Alors la digestion est terminée.

HYGIÈNE DE L'ALIMENTATION

163. *Il faut manger lentement et modérément.* — On doit mâcher convenablement les aliments. Les aliments insuffisamment mâchés sont difficilement transformés dans l'estomac ou l'intestin et sont, par suite, en partie inutilisés.

164. *L'alimentation doit être variée.* — Le lait et les œufs sont des *aliments complets*, car ils renferment toutes les catégories d'aliments. Les pommes de terre, par exemple, ne pourraient suffire seules à l'alimentation d'une personne qui travaille, car elles renferment presque uniquement des matières féculentes. Il faut donc y joindre des aliments azotés et des aliments gras.

Par contre, l'abus de la viande est cause de graves maladies.

C'est pourquoi l'*alimentation doit être variée*, c'est-à-dire que nous devons nous nourrir, à la fois, d'aliments *féculents* comme le pain, d'aliments *azotés* comme la viande ou les haricots, d'aliments *gras* (beurre), d'aliments *sucrés* (fruits) et même de sel.

165. *Les heures des repas doivent être fixes*. — Quand une personne mange à toute heure de la journée, sa digestion se fait toujours péniblement.

En effet, le repos à intervalle régulier des différents organes de l'appareil digestif leur est aussi nécessaire que le repos auquel sont accoutumés nos muscles ou notre cerveau à certains moments de la journée, par exemple pendant le sommeil.

166. *On ne peut prendre un bain que trois ou quatre heures après le repas*. — Quand on se baigne avant que la digestion soit terminée, on éprouve un grand saisissement et une congestion mortelle peut s'ensuivre.

167. *On doit se laver les dents et la bouche au moins une fois par jour*. — Il est indispensable de se brosser les dents au moins une fois par jour avec une poudre très fine, comme la craie pulvérisée ou avec une eau antiseptique.

Cette opération a pour but d'empêcher le développement des microbes extrêmement abondants dans la bouche, et, en particulier, de détruire certains microbes qui font gâter les dents (*fig. 99*).

Fig. 99.
Dent cariée.

Une personne qui a de mauvaises dents ne peut pas bien mâcher les aliments et est sujette aux digestions difficiles.

168. *Conservation des matières alimentaires*. — Quand les aliments ne peuvent pas être consommés immédiatement, on les conserve. On peut conserver les aliments par plusieurs procédés :

a) Par *salaison* (viandes et légumes) : le sel arrête la décomposition des matières alimentaires ;

b) Par *fumaison* (viandes, poissons) : la fumée renferme un corps appelé la *créosote* qui tue les microbes, cause de la décomposition des matières alimentaires ;

c) Par *ébullition* à l'abri de l'air (pois, haricots, etc.) : l'eau bouillante tue les microbes.

168². *Alimentation de l'enfant.* — Pendant les six premiers mois au moins, le nouveau-né doit être nourri exclusivement de lait et autant que possible du lait de sa mère. Ce n'est qu'en cas d'impossibilité absolue qu'on alimente le nouveau-né au lait de vache ou de chèvre. Quand les premières dents commencent à percer, on habitue progressivement l'enfant à consommer des aliments solides, en commençant par des bouillies très légères additionnées de lait.

168³. *Stérilisation du lait.* — Le lait de vache peut contenir soit des microbes capables de le faire aigrir ou cailler rapidement, soit des germes de maladie telles que la *diarrhée des enfants* ou bien la tuberculose. C'est pour ces deux raisons que les médecins recommandent de ne donner aux enfants que du lait stérilisé.

Pour stériliser le lait d'une *façon certaine*, il ne suffit pas de le faire bouillir. Il faut à l'aide d'appareils spéciaux le porter, au bain-marie, à la température de 110° à 115° C. pendant quinze à vingt minutes.

Si l'on n'a pas d'appareil à stériliser, on peut se procurer, dans le commerce, de petits flacons de lait stérilisé et contenant chacun juste assez de lait pour le repas d'un bébé. Le lait stérilisé s'altérant assez rapidement à l'air libre, il importe, en effet, de ne pas réserver pour les repas suivants le lait qui n'a pas été utilisé.

168⁴. *Le biberon.* — On doit choisir un biberon de verre sans tube et portant sur le goulot une simple tétine de caoutchouc. On lave le biberon après chaque repas avec de l'eau chaude additionnée de quelques cristaux de soude. On le rince ensuite plusieurs fois à l'eau froide. La tétine doit être lavée dans les mêmes conditions, puis conservée jusqu'au repas suivant dans de l'eau bouillie.

168⁴. *Alimentation ues adultes*. — Elle doit être très variée, car l'estomac se contente difficilement d'une nourriture uniforme. La ménagère doit varier les menus de manière à introduire dans chacun d'eux les différentes catégories d'aliments azotés, féculents, gras ou bien sucrés. L'eau et les sels s'y trouvent toujours en quantité suffisante dans les boissons et les aliments solides (§ 156).

La composition des menus varie nécessairement suivant les ressources du ménage, l'âge et l'état de santé des personnes et même le climat ou la saison. La bonne ménagère sait toujours accommoder les restes de la manière la plus économique.

On peut manger de la viande une fois par jour, de préférence à midi et sans excès, car l'excès de viande fatigue le tube digestif. On accompagne le plat de viande de légumes et d'un dessert tel que le fromage ou les fruits.

Au repas du soir, un potage, puis un plat de poisson ou d'œufs, de légumes ou de pâte, avec de la salade ou du fromage sont le plus souvent suffisants.

168⁶. *Alimentation des vieillards*. — Elle doit être très légère. On évitera les aliments difficiles à mâcher ou à digérer. Le vieillard dépensant peu d'énergie doit manger peu. Les viandes légères, telles que le veau ou la volaille, et les légumes en bouillie sont très recommandés. Le vin pur et l'alcool sont défendus.

168⁷. *Principaux aliments*. — Indépendamment du pain et du riz qui forment la base de notre alimentation, les principaux aliments sont la viande, le poisson, les œufs, le ait, le fromage, les légumes et les fruits.

168⁸. *Valeur relative des différentes viandes*. — Les viandes de bœuf, de cheval, de mouton et de porc sont très nutritives.

Le veau et la volaille dites *viandes blanches* sont, ainsi que le poisson, plus légères quoique assez nourissantes.

Les viandes conservées (bœuf salé, langue fumée, jambon salé ou fumé) sont d'excellents aliments.

La viande rôtie ou grillée non saignante est digestive, agréable au goût et préférable à la viande bouillie.

La charcuterie doit être consommée en faible quantité, car elle est — sauf le jambon — généralement grasse et indigeste.

Le gibier ne convient pas aux estomacs faibles. Il faut éviter de consommer du gibier faisandé, car il renferme des substances dangereuses appelées *toxines*.

La viande de poisson frais est très nutritive. En général, le poisson d'eau douce est plus digestible que le poisson de mer.

168⁹. *Lait, Œufs.* — Le lait est un aliment complet de premier ordre. Il faut éviter de consommer le lait des vaches malades, car il peut transmettre la tuberculose. Il est prudent de ne consommer que du lait bouilli.

L'œuf est aussi un aliment presque complet, léger et nutritif surtout quand il est frais.

168¹⁰. *Légumes et fruits.* — Les graines de légumineuses (haricots, lentilles, pois) contiennent de la *légumine*, substance azotée associée à de l'amidon, de l'eau et des sels de chaux. Leur valeur nutritive est égale à celle de la viande. Étant peu coûteux, on peut en consommer tous les jours. Les pommes de terre, les châtaignes, le riz, les carottes et les choux sont plus riches en amidon et en sucre et plus pauvres en azote.

Les fruits contiennent surtout de l'eau et du sucre. Les fruits crus sont moins sains que les fruits cuits préparés en marmelade ou en confitures. Le raisin est le meilleur des fruits, car il est nutritif et active les fonctions de l'intestin.

168¹¹. *Soins à donner en cas d'indigestion.* — On traite une indigestion en faisant boire au malade des infusions chaudes de thé, de camomille ou de mélisse. L'eau sucrée additionnée de jus de citron est souvent très active. Après une indigestion, il est prudent de manger peu ou même d'observer la *diète*. En cas de persistance des troubles, il est prudent d'appeler le médecin.

QUESTIONNAIRE.

155. Pourquoi faut-il manger? — 156. Quels sont les principaux groupes d'aliments? — Citez des exemples? — 157. Quels sont les principaux aliments contenus dans le pain? — 158. Combien avons-nous de dents? — Où sont-elles placées? — 159. Quelles sont les diverses parties de l'appareil digestif? — 160. D'où vient la salive ? — Quelle transformation la salive fait-elle subir au pain? — 161. Quelles sont les principales glandes et quel est leur rôle? — Quels sont les aliments transformés par les glandes gastriques? — Quel est le liquide produit par le foie? — Quel est le rôle de la bile? — 162. Comment les aliments digérés sont-ils introduits dans le sang? — 163. Pourquoi faut-il manger lentement? — 164. Pourquoi faut-il varier l'alimentation? — 165. Pourquoi les heures des repas doivent-elles être fixes? — 166. Dans quelles conditions peut-on prendre un bain après le repas? — 167. Pourquoi et comment faut-il prendre soin de sa bouche? — 168. Comment peut-on conserver les matières alimentaires? — 168[2]. Comment doit-on alimenter le jeune enfant? — 168[3]. Comment stérilise-t-on du lait? — 168[4]. Quels sont les soins à donner au biberon? — 168[5]. Pourquoi et comment l'alimentation des adultes doit-elle être variée? — Que doit-on consommer au repas du midi? — à celui du soir? — 168[6]. Comment doit-on alimenter les vieillards? — 168[7]. Quels sont les principaux aliments? — 168[8] Quelle est la valeur alimentaire des différentes viandes? — Pourquoi ne doit-on pas consommer trop de charcuterie ou de gibier? — Parlez des viandes de poisson? — 168[9]. Que savez-vous sur le lait? — sur les œufs? — 168[10]. Quels sont les meilleurs légumes? — Comment utilise-t-on les fruits? — 168[11]. Quels sont les soins à donner en cas d'indigestion?

Que se produit-il quand on a trop mangé? — Pourquoi l'œuf et le lait sont-ils des aliments complets? A qui sont-ils destinés? — Pourquoi ne doit-on pas briser de corps durs avec les dents?

RÉSUMÉ.

1. On distingue parmi les aliments : l'eau, les féculents (pomme de terre), les matières azotées (viande), les graisses, les sucres et les sels.

2. Les aliments introduits dans la bouche sont d'abord mâchés par les dents et humectés par la salive.

3. L'homme a 32 dents (incisives, canines, molaires).

4. L'appareil digestif comprend principalement la bouche, œsophage, l'estomac, le petit intestin et le gros intestin.

5. Ces aliments subissent dans l'estomac et l'intestin l'action des liquides produits par les glandes comme les glandes salivaires, les glandes gastriques, le foie, le pancréas.

6. La matière liquide résultant de ces diverses transformations pénètre ensuite dans le sang.

7. Il faut manger lentement, modérément et à heures fixes. On ne doit pas prendre de bain avant que la digestion soit terminée.

8. On doit avoir soin de sa bouche et de ses dents.

9. On peut conserver les matières alimentaires en les salant, en les fumant, ou bien en les cuisant à l'abri de l'air.

10. Le jeune enfant doit être nourri exclusivement de lait et surtout du lait de sa mère. Au bout de quelques mois on peut lui donner des bouillies légères. Si l'enfant doit être élevé au biberon, on lui donne uniquement du lait stérilisé. Le biberon doit être tenu en état constant de propreté.

11. L'alimentation des adultes doit être variée, car le tube digestif se fatigue vite d'une nourriture uniforme. Elle doit comprendre les différentes catégories d'aliments azotés, féculents, gras ou sucrés avec de l'eau et des sels.

12. L'alimentation des vieillards sera légère et jamais en excès.

13. La viande, le poisson, les œufs, le lait, le fromage et les fruits sont avec le pain les principaux aliments.

14. Les viandes blanches et le poisson sont plus légers que les viandes de bœuf, de mouton et de porc et que le gibier.

La viande rôtie est plus digestible que la viande bouillie.

15. Le lait et les œufs sont des aliments complets.

16. Les légumes et les fruits sont indispensables à notre alimentation.

17. En cas d'indigestion, on peut donner au malade de l'eau sucrée additionnée de jus de citron.

DEVOIRS ÉCRITS.

Que devient une bouchée de pain quand elle est dans la bouche?
(C. E. P. *Haute-Savoie*).

Décrivez succinctement l'appareil digestif de l'homme. (C. E. P. *Loire.*)

Pourquoi et dans quelles conditions la ménagère doit-elle varier l'alimentation?

LES BOISSONS — L'ALCOOLISME

169. *Rôle des boissons.* — On a vu *(20° leçon)* que les organes constituant notre corps renferment environ deux tiers de leur poids d'eau. Les boissons ont *pour but de rendre à les organes l'eau qu'ils perdent* constamment en fonctionnant. L'eau est donc un aliment de première nécessité.

170. *Boissons fermentées.* — Depuis longtemps l'homme a coutume de remplacer l'eau pure par des liqueurs fermentées. Les principales sont le vin, le cidre et la bière.

Pour faire le vin, on place au pressoir le raisin bien mûr dans des cuves *(fig. 100)* où on le foule pour en faire sortir le jus sucré.

FIG. 100.
FABRICATION DU VIN.

Alors ce jus sucré fermente. Pendant la fermentation, il se forme de l'alcool qui reste dans le liquide et du gaz carbonique qui se dégage. C'est même la présence de ce gaz carbonique qui rend si dangereux le voisinage d'une cuve en fermentation.

Quand on fait fermenter le jus de la pomme ou de la poire, on obtient le cidre ou le poiré. Quand on fait fermenter le jus sucré de l'orge germée, on obtient la bière.

171. *Le vin, aussi bien que le cidre et la bière, est un aliment.* — Le vin, le cidre et la bière sont appelés boissons hygiéniques. Pris à dose modérée pendant les repas et étendu d'eau le vin joue le rôle d'aliment. Il renferme, en effet, de l'eau en quantité variable, des matières sucrées qui ont échappé à la fermentation, des matières azotées, des sels.

Mais il renferme aussi de l'alcool. C'est pourquoi il faut se garder d'en abuser.

Le cidre est aussi une boisson très recommandable. Il renferme moins d'alcool que le vin. Le poiré fait avec des poires renferme plus d'alcool que le cidre fait avec des pommes.

La bière renferme plus de matières nutritives que le vin et le cidre ou le poiré, mais elle est souvent trop alcoolisée.

ROLE DE L'ALCOOL — L'ALCOOLISME ET SES DANGERS

172. *L'alcool n'est pas un aliment.* — Tout liquide introduit dans l'appareil digestif a pour but d'apporter de l'eau à nos organes. Or, l'alcool *n'apporte pas de l'eau, il en enlève toujours.* Ainsi les fruits conservés dans l'alcool deviennent plus fermes et se rident parce que l'alcool leur a enlevé en partie l'eau qu'ils renfermaient.

173. *L'alcool altère l'appareil digestif.* — L'alcool, en enlevant l'eau de la muqueuse de l'estomac (20ᵉ *leçon*), la plisse, la ride, la rétrécit. Son action dans ce cas a certains caractères de ressemblance avec celle qu'il exerce sur les fruits conservés dans l'eau-de-vie.

Il faut donc se garder avec soin de boire de l'alcool, surtout à jeun, car l'action funeste de l'alcool est alors beaucoup plus immédiate et plus énergique que lorsque ce liquide est mélangé pendant les repas avec les aliments. C'est pour cette raison que les buveurs perdent rapidement l'appétit.

Il faut absolument s'abstenir des liquides, nommés *apéritifs,* comme l'absinthe et le vermouth chargés soi-disant de nous donner de l'appétit, et dont l'action sur l'estomac et l'intestin est extrêmement funeste. Le meilleur apéritif est le travail et l'exercice réguliers.

Le foie lui-même peut être gravement atteint par l'usage de l'alcool. Il ne peut plus agir sur les corps gras pour les transformer. Ces graisses s'accumulent autour des organes et en particulier autour du cœur. Le cœur surchargé de graisse est alors gêné dans son fonctionnement.

En résumé, l'action de l'alcool est désastreuse sur tous les organes importants.

174. *L'alcool désorganise le système nerveux.* — On sait que c'est le système nerveux qui commande aux muscles chargés d'effectuer les mouvements. C'est lui aussi qui règle ces mouvements et de ce fait, en général, il influe sur notre volonté. Chez l'alcoolique, le système nerveux s'altère rapidement. Il s'ensuit que le buveur effectue les mouvements les plus désordonnés. Il se livre aux actions les plus répréhensibles dont il se garderait d'ailleurs avec soin s'il était à jeûn. Il perd ainsi la raison, c'est-à-dire la chose la plus précieuse pour un homme bien élevé (*fig. 101, 102*).

175. *L'alcool altère la santé en général.* — La santé d'un buveur est toujours moins bonne que celle des abstinents.

L'alcoolique n'est plus en état de résister aux maladies. Or, beaucoup de maladies très graves (tuberculose, fièvre typhoïde, fluxion de poitrine) sont dues au développement dans nos organes d'êtres vivants microscopiques appelés *microbes*. Le développement des microbes dans le corps d'un homme est d'autant plus rapide que l'homme est, par sa mauvaise santé ou par sa faiblesse, moins en état de lutter contre leur développement. En cas d'épidémie, les gens affaiblis et surtout les alcooliques, en premier lieu, sont le plus gravement atteints, parce que leurs organes altérés ne peuvent lutter efficacement contre la maladie.

Le développement de la tuberculose dans un pays est d'ailleurs proportionnel aux progrès de l'alcoolisme.

176. *L'alcool est un véritable fléau social.* — L'alcoolique, sourd à la voix de sa conscience, perd peu à peu toute notion du juste. Pour satisfaire sa passion, il gaspille souvent au cabaret, sans se soucier des besoins de sa famille, l'argent péniblement gagné. Ce sont surtout des alcooliques qui

peuplent les prisons, les hôpitaux et les asiles d'aliénés.
C'est l'alcool enfin qui est la cause indirecte, mais certaine, de

FIG. 101.

Viens donc prendre   *Comment on perd*
un verre !   *sa santé et sa raison.*

FIG. 102.

Les reproches   *Non ! merci,*
de la bonne ménagère.   *on m'attend à la maison.*

beaucoup de mauvaises actions et surtout de crimes. L'alcoolique est un péril continuel pour tous ceux qui l'entourent.

177. Tous les alcooliques ne sont pas des ivrognes. —
Il est important de remarquer que tous les alcooliques ne

sont pas des ivrognes. Il existe des alcooliques dans toutes les classes de la société. Tous ceux — quelle que soit leur condition sociale — qui s'accoutument à boire de l'alcool même en petite quantité sont des alcooliques. Ils ne ressentent peut-être pas immédiatement les effets du terrible poison, mais pour être lente, l'action de l'alcool n'en est pas moins certaine. Les maladies, qui chez un homme sobre se guérissent aisément, s'aggravent très souvent chez les alcooliques.

177². Boissons aromatiques. — En outre des boissons fermentées, nous utilisons à titre de complément de notre alimentation des boissons aromatiques agréables au goût : le café, le thé et le tilleul. Ces boissons sont toniques, c'est-à-dire qu'elles accroissent la vigueur de l'organisme.

Les grains de *café* contiennent, après avoir été grillés, une substance excitante, la *caféine*. L'infusion de poudre de café est utilisée en *infusion* pour activer la digestion

Les infusions de feuilles de *thé* ou de fleurs de *tilleul* possèdent également des propriétés digestives; mais tandis que le thé est un excitant, le tilleul est un calmant du système nerveux. Les personnes nerveuses agiront donc prudemment en s'abstenant de thé, surtout le soir, après diner.

L'infusion de *menthe* ou de *mélisse* (feuilles et fleurs) est également digestive et peut remplacer le thé.

177³. Tisanes. — Les tisanes sont, le plus souvent, des infusions chaudes et sucrées de plantes médicinales que l'on ordonne aux malades. Elles ont pour rôle principal d'accroître l'élimination, par les urines ou par la sueur, de substances de déchet nuisibles à l'organisme. L'addition de jus de citron à la tisane est parfois ordonnée par le médecin, soit pour favoriser la digestion, soit comme antiseptique.

On prépare les tisanes par *infusion*, par *décoction* ou par *macération*.

Pour préparer une *infusion*, on jette dans l'eau bouillante environ 10 grammes par litre d'eau de la plante à infuser. On couvre le récipent contenant l'eau et on laisse infuser pendant

5 à 10 minutes. On sucre la tisane avec du sucre ou du miel et on la donne bien chaude au malade. C'est ainsi qu'on prépare le tilleul, le thé, la menthe, la mélisse et la camomille.

La bourrache, employée pour faire suer le malade, est surtout usitée en cas de rhume ou de bronchite.

On prépare une *décoction* en faisant bouillir la plante pendant quelques minutes dans l'eau. Il en est ainsi des tisanes de *chiendent* et d'*orge*, qui sont rafraîchissantes. Ces tisanes sont de plus *diurétiques*, c'est-à-dire qu'elles activent l'urination et, par suite, l'élimination des déchets de l'organisme.

Les tisanes de racines, telles que la *salsepareille* qui est dépurative, sont préparées soit *par décoction*, soit par *macération*, c'est-à-dire qu'on laisse simplement les racines dans l'eau chaude pendant un certain temps. On les emploie généralement à la dose de 50 grammes par litre d'eau.

177¹. Principales tisanes usuelles. — Si le malade est atteint de *rhume* ou de *bronchite*, on lui donne à boire de la tisane de *bourrache* ou des *quatre fleurs* (§ 362).

Dans le cas de *rougeole*, on ordonne également la bourrache, les quatre fleurs ou la violette.

Pour la *scarlatine* et la *variole*, on a recours à la bourrache, la queue de cerise et la mauve.

D'ailleurs, dans ces différentes maladies, il faut toujours immédiatement faire appel au médecin.

QUESTIONNAIRE.

169. Quel est le poids d'eau que renferment approximativement nos organes? — Quel est le rôle de l'eau? — Comment remplace-t-on souvent l'eau dans l'alimentation? — 170. Quelles sont les principales boissons fermentées? — Quel est le résultat de la fermentation du jus de pomme et de poire? — 171. Quel est le rôle du vin? — Pourquoi faut-il se garder d'en abuser? — 172. Pourquoi l'alcool n'est-il pas un aliment? — 173. Quelle est l'action de l'alcool sur l'estomac? — Comment l'alcool agit-il sur le foie? — 174. Comment l'alcool agit-il sur le système nerveux? — 175. Pourquoi les alcooliques sont-ils peu résistants aux maladies contagieuses? — 176. Pourquoi l'alcool est-il un fléau social? — 177. Suffit-il de se mettre souvent en état d'ivresse pour être alcoolique? — 177². Qu'est-ce qu'une boisson aromatique? — Quelles sont celles que vous connaissez? — Qu'est-ce qu'une boisson tonique? — Quelles sont les principales tisanes digestives avec leurs

propriétés particulières? —177³. Quelle est l'utilité des tisanes? —De combien de manières peut-on les préparer? — 177⁴. Citez les principales tisanes et leurs usages?

RÉSUMÉ.

1. Les boissons ont pour but de donner à nos organes l'eau qui leur est nécessaire. On peut aux repas remplacer l'eau par des boissons hygiéniques (vin, cidre, bière légère) appelées aussi boissons fermentées.

2. Prises modérément pendant les repas et étendues d'eau, les boissons hygiéniques peuvent être considérées comme des aliments. Mais il faut en user avec beaucoup de modération car elles contiennent, en plus de matières alimentaires, de l'alcool qui est un poison.

3. L'alcool n'est pas un aliment car il enlève de l'eau aux organes au lieu de leur en apporter. Il altère l'appareil digestif. Il affaiblit tous nos organes qu'il rend incapables de lutter contre les maladies microbiennes.

4. L'alcool désorganise le système nerveux et fait perdre la raison.

5. L'alcoolique constitue un péril continuel pour tous ceux qui l'entourent.

L'alcool doit être absolument proscrit de l'alimentation. Il ne faut à aucun prix prendre l'habitude de boire de l'alcool.

6. Les boissons aromatiques sont surtout utilisées à cause de l'arome qu'elles dégagent et de leurs propriétés particulières. Elles sont toniques, c'est-à-dire qu'elles accroissent la vigueur des organes. Le café, le thé et le tilleul sont les principales boissons aromatiques.

7. Les tisanes ont pour rôle de favoriser l'élimination des déchets de l'organisme en provoquant la production de la sueur (sudation) ou de l'urine (urination).

Elles sont préparées par infusion (bourrache, quatre fleurs), par décoction (chiendent, orge), ou par macération (racine de salsepareille).

8. Les tisanes sont ordonnées aux malades tout particulièrement dans les cas de rhume ou de bronchite, de rougeole, scarlatine ou variole.

DEVOIRS ÉCRITS.

Le vin, le cidre et la bière. — Mode de préparation, avantages et inconvénients de ces boissons.

Votre petite sœur ayant été atteinte d'un gros rhume, comment l'a-t-on soignée? Quelles sont les tisanes qu'on lui a données et comment les a-t-on préparées?

LA CIRCULATION DU SANG — ROLE DU SANG

CIRCULATION DU SANG

178. *Notre corps renferme du sang.* — Quel que soit l'endroit du corps où l'on se pique, à la tête, au pied et au bras, il sort de la blessure un liquide rouge qui est du sang. Ainsi, il y a du sang dans les différentes parties du corps.

179. *Le sang renferme des aliments.* — Lorsque les aliments ont, par la digestion, été transformés de telle sorte qu'ils puissent servir *directement* à réparer nos forces, ils sont introduits dans le sang par des tubes ou vaisseaux très nombreux appelés *veines* qui existent sur l'intestin et l'estomac. Le sang est donc un liquide nutritif.

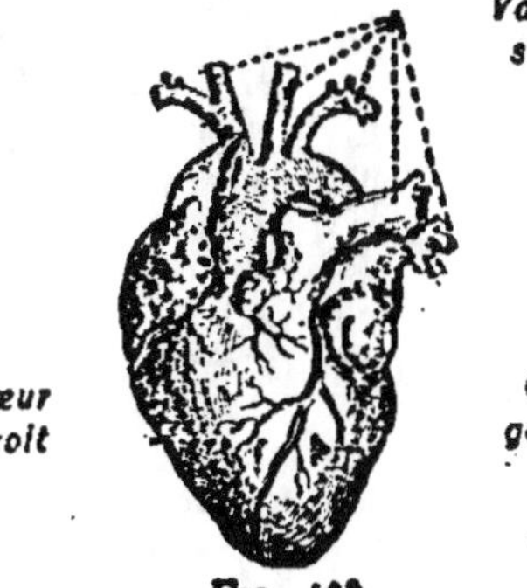

Fig. 103.
LE CŒUR ET LES GROS VAISSEAUX.

180. *Le sang circule dans des tubes appelés veines et artères.* — Pour que le sang puisse remplir son rôle nutritif, il ne faut pas qu'il reste stationnaire dans un endroit déterminé. Il n'est pas possible non plus qu'il baigne directement les organes, sans quoi il s'accumulerait dans les parties inférieures du corps.

C'est pour cette raison qu'il est distribué régulièrement dans tout le corps par les *veines* et les *artères*.

Matériel à préparer. — 1. Une balle de caoutchouc creuse. — Un verre d'eau.

181. *Le cœur envoie le sang dans toutes les régions du corps.* — Pour pouvoir circuler dans tous les sens aussi bien de haut en bas que de bas en haut, le sang est *mis en mouvement* dans les vaisseaux sanguins par un organe très important, *le cœur* (*fig. 103*) qui joue le même rôle qu'une pompe chargée de l'envoyer dans les plus petits vaisseaux sanguins.

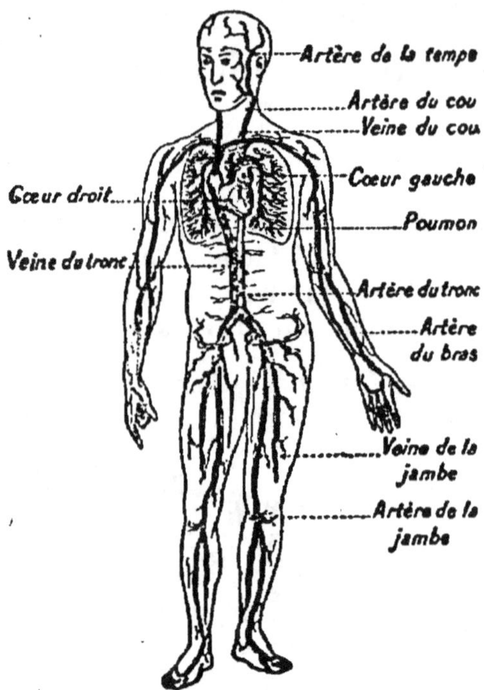

Fia. 104. — *Il y a des vaisseaux sanguins dans tout le corps.*

182. *Le cœur, les artères et les veines.* — Le cœur est situé dans la poitrine entre les deux poumons (*fig. 104*). C'est un organe creux à parois très épaisses, divisé du haut en bas par une cloison longitudinale en deux moitiés distinctes : le *cœur droit* et le *cœur gauche*.

Au cœur aboutissent de grosses veines qui y ramènent le sang. Du cœur partent les artères qui emmènent le sang dans le corps.

Il existe des artères et des veines dans toutes les parties du corps et leur grosseur va en diminuant à mesure qu'elles sont plus éloignées du cœur (*fig. 104*).

Les espèces de cordons bleuâtres qu'on aperçoit sur le dos de la main, sont des veines qui ramènent des extrémités des doigts le sang rouge foncé qu'elles renferment en lo conduisant dans le bras, puis au cœur.

Les artères sont généralement situées plus profondément dans l'épaisseur des chairs. Pourtant, quelques-unes courent tout près de la surface du corps, par exemple aux tempes et aux poignets.

Les artères et les veines communiquent ensemble à leurs extrémités par d'autres vaisseaux très nombreux, fins comme des cheveux, et que, pour cette raison, on appelle *vaisseaux capillaires* (du mot latin *capillus*, cheveu).

Ainsi le sang est renfermé dans les veines, les artères, les capillaires et les cavités du cœur et ne peut en sortir, à moins qu'on ne se blesse.

183. *Lorsque le cœur se contracte il chasse le sang dans les artères (Exp. 58).* — Introduisons dans l'eau, en la pressant avec la main une balle creuse de caoutchouc percée d'un petit trou : l'eau la remplira complètement à l'intérieur. Sortons la balle de l'eau et en la faisant contracter, c'est-à-dire en la pressant légèrement à l'aide des doigts, l'eau qu'elle contient s'échappera en jet par l'ouverture.

C'est à peu près de la même manière que le cœur, en se contractant, chasse dans les artères, les capillaires et les veines, le sang qui lui a été amené par d'autres veines.

Fig. 105.
Le médecin tâte le pouls.

184. *Les battements du cœur sont causés par ses contractions régulières (Exp. 59).* — Appuyons la main sur la poitrine du côté gauche, nous sentirons très bien ce qu'on appelle communément les battements du cœur.

En effet, chaque fois que le cœur se contracte pour chasser le sang dans les artères, il effectue nécessairement un petit mouvement. Ce mouvement est un *battement du cœur*. On peut aisément compter le nombre de ces battements par minute. Chez l'homme en bonne santé, le cœur a environ 70 battements par minute. Chez l'enfant, le nombre est un peu plus grand.

Si l'on comprime légèrement avec le doigt l'artère du poignet, du côté du pouce, on sent les petites saccades du sang qui y est lancé avec force par le cœur. Ces saccades sont appelées battements du *pouls*.

En cas de fièvre, le pouls bat très vite. C'est pourquoi le médecin tâte le pouls du malade pour juger du progrès de la fièvre (*fig. 105*).

ROLE DU SANG

185. *Le sang apporte la nourriture dans les différentes parties du corps et en remporte les déchets.* — Toute machine en activité s'use et elle cesserait bientôt de fonctionner si on n'avait soin de la nettoyer et même de remplacer les organes usés.

Notre corps aussi est une machine et une machine bien compliquée. Nos bras et nos jambes, notre estomac et notre cerveau s'usent en fonctionnant et cette usure est analogue à celle qui se produit dans les différentes parties d'une machine en marche. Or, si une roue usée peut être aisément nettoyée, réparée ou même remplacée, il n'en est pas de même de notre bras ou de notre cerveau.

Il faut non seulement apporter aux organes (membres, cerveau, estomac, etc.) les matériaux qu'ils ont perdus en fonctionnant, mais il faut aussi rejeter à l'extérieur les déchets provenant de l'usure. C'est précisément le sang qui joue ce double rôle. Il apporte aux organes les *aliments* tout prêts à être utilisés et l'*oxygène* introduit dans les poumons pendant la respiration et il en remporte les matières inutiles ou nuisibles comme le *gaz carbonique*.

Les aliments servent à entretenir en bon état les différentes parties de notre machine humaine. En effet, une personne qui ne mange pas suffisamment maigrit et perd ses forces.

Quant à l'oxygène, il brûle par *combustion lente* (5e leçon) les déchets provenant de l'usure des organes et surtout le carbone. Le carbone, en brûlant, donne naissance à du gaz carbonique qui, ramené par le sang dans les poumons, est rejeté à l'extérieur pendant la respiration.

186. *Le sang peut absorber de l'oxygène et du gaz carbonique pour les transporter.* — Le sang peut absorber l'oxygène de l'air : il est alors d'un beau rouge vermeil et il peut servir à nourrir les organes. Au contraire, quand il est chargé de gaz carbonique, il prend une teinte rouge foncé et, sous cette forme, il ne peut plus servir à réparer nos forces.

D'ailleurs, le sang rouge foncé, mis en présence de l'oxygène de l'air, perd immédiatement son gaz carbonique et reprend en échange de l'oxygène. De rouge foncé qu'il était, il devient très rapidement rouge vermeil.

Tout revient donc en réalité à soumettre le sang rouge foncé à l'action de l'air. C'est là le rôle de la respiration (*23ᵉ leçon*).

NOTIONS D'HYGIÈNE PRATIQUE

187. *Congestion du sang.* — La congestion est déterminée par l'accumulation anormale du sang dans un organe. Elle se produit aux poumons chez les personnes en sueur soumises à un refroidissement brusque : c'est la *congestion pulmonaire*; ou par l'action brutale du soleil : c'est alors l'*insolation* ou *coup de soleil*. L'afflux du sang au cerveau par suite de circonstances très variées, émotions, faiblesse ou fatigue, insolation, alcoolisme, peut déterminer l'*évanouissement* ou bien une *congestion cérébrale*.

Dans tous ces cas on essaie, en attendant le médecin, de rétablir la circulation à l'aide d'un *dérivatif*, c'est-à-dire d'un remède qui *dérivera* ou chassera le sang de la région dans laquelle il est accumulé. Le plus usuel des dérivatifs est la farine de moutarde utilisée soit sous forme de *sinapismes*, soit sous forme de *cataplasmes sinapisés*.

188. *Usage et préparation du sinapisme.* — On trouve

chez les pharmaciens du papier sinapisé. On l'utilise en trempant la feuille de papier pendant quelques minutes dans l'eau tiède puis en l'appliquant sur la partie indiquée par le médecin, en l'y maintenant par une bande de toile, pendant 10 à 15 minutes. On peut le changer de place ensuite. Si l'on n'a pas de papier sinapisé, on applique un cataplasme sinapisé.

188ᵉ. *Préparation d'un cataplasme sinapisé*. — On saupoudre de farine de moutarde fraîche la partie centrale d'un rectangle de vieux linge fin. On répartit par-dessus de la farine de lin délayée dans l'eau bien chaude. Sur ce mélange on replie convenablement les côtés du linge.

Expérience. — Simuler la préparation d'un cataplasme sinapisé avec de la farine et du sable fin.

PREMIERS SOINS

a) ***Congestion pulmonaire*.** — Dans la congestion pulmonaire, le malade a un *point de côté*, il est oppressé et tousse fréquemment. *En attendant le médecin*, on peut appliquer des cataplasmes sinapisés dans le dos et sur la poitrine en même temps que des sinapismes aux jambes. Le médecin indiquera où et comment il faudra placer des ventouses s'il est nécessaire.

b) ***Insolation. Evanouissement*.** — En attendant le médecin, on déboutonne les vêtements du malade dans la région de la poitrine, on le couche dans une salle bien aérée ou bien dehors, à l'abri du soleil, et on lui fait respirer de l'eau vinaigrée, de l'eau de Cologne ou de l'éther. En même temps on applique des sinapismes aux mollets.

Si le malade a mal à la tête et si sa face est rouge, on applique des compresses d'eau froide sur les tempes, autour du cou et des poignets. On peut même asperger sa figure avec de l'eau froide et frictionner ses tempes avec de l'eau vinaigrée ou de l'eau de Cologne.

c) *Pansement d'une blessure*. — La personne qui soigne un blessé doit d'abord se laver soigneusement les mains au savon afin d'éviter d'*infecter* la plaie en y introduisant des microbes. Pendant ce temps, on laisse saigner un peu la blessure. On la lave doucement avec un tampon de coton hydrophile ou un linge fin imbibé d'eau bouillie ou d'eau boriquée pour enlever les corps étrangers. On rapproche ensuite les bords de la plaie en recouvrant le tout d'une compresse de linge fin propre et imbibé d'eau boriquée ou bouillie, ou d'alcool camphré. (L'alcool favorise la production d'un caillot qui ferme la blessure et le camphre est antiseptique.)

Si le sang coule abondamment, on recouvre d'abord la blessure d'une bande de coton hydrophile puis d'un linge fin boriqué. On fixe légèrement le pansement à l'aide de fil ou d'épingles doubles.

d) *Contusions*. — La contusion est le résultat d'un coup par un objet non coupant, d'une pression énergique ou d'une chute. Par suite de l'accumulation du sang, l'endroit contusionné se colore en rouge puis en bleu.

On traite les contusions par des compresses d'eau froide vinaigrée ou salée, d'eau de Cologne, de teinture d'arnica ou d'alcool camphré.

S'il s'est formé une bosse, on peut la faire diminuer en la pressant à l'aide d'un corps dur et plat comme une pièce de monnaie. On applique ensuite des compresses comme pour la contusion.

e) *Saignement de nez*. — Le malade doit tenir la tête droite en levant les bras verticalement pour que le sang ne retombe pas directement dans les fosses nasales. On comprime les narines du malade puis on lui fait renifler de l'eau froide. Parfois des compresses d'eau froide sur le front sont utiles. On peut aussi essayer d'arrêter l'écoulement du sang en obstruant les narines avec un tampon de coton hydrophile imprégné d'une solution de perchlorure de fer qui coagule le sang.

QUESTIONNAIRE.

178. Comment peut-on voir que toutes les parties du corps renferment du sang? — 179. Quelles sont les substances contenues dans le sang? — 180. Qu'appelle-t-on vaisseaux sanguins? — 181. Quel est l'organe qui envoie le sang dans les diverses parties du corps? — 182. Où est situé le cœur? — Peut-on voir des veines sur notre corps? — 183. Pourquoi le cœur se contracte-t-il? — 184. Qu'appelle-t-on battements du cœur? — Où les sent-on? — Où peut-on sentir les battements du pouls? — Pourquoi tâte-t-on le pouls d'une personne? — 185. Quel est le rôle du sang? — 186. Comment se comporte le sang vis-à-vis de l'oxygène et du gaz carbonique? — 187. Qu'est-ce qu'une congestion? — Combien distingue-t-on d'espèces de congestions? — Comment les soigne-t-on? — 188. Qu'est-ce qu'un sinapisme? — Comment l'utilise-t-on? — 188³. Comment prépare-t-on un cataplasme sinapisé? — Que savez-vous sur la congestion pulmonaire? — Comment traite-t-on un malade atteint d'insolation ou d'évanouissement? — Quelles précautions prend-on pour faire un pansement? — Qu'est-ce qu'une contusion? — Quels soins donne-t-on à une personne qui saigne du nez?

RÉSUMÉ.

1. Tout notre corps est parcouru par des vaisseaux sanguins, veines et artères, qui conduisent le sang.

2. Le cœur situé dans la poitrine, entre les deux poumons, est divisé en deux moitiés : le cœur droit et le cœur gauche.

3. En se contractant, le cœur chasse avec force le sang dans les artères et les veines.

4. Chaque contraction du cœur s'appelle un battement. On peut sentir le mouvement du sang qui cause ce qu'on appelle les battements du pouls aux poignets et aux tempes.

5. Le sang apporte la nourriture dans les différentes parties du corps et en remporte les déchets, surtout sous forme de gaz carbonique, qui est rejeté pendant la respiration.

6. Le sang qui contient de l'oxygène est rouge vermeil et il peut servir à la nourriture des organes. Quand il est chargé de gaz carbonique, il est rouge foncé et il ne peut plus servir à réparer nos forces.

Le sang rouge foncé mis en présence de l'air perd son gaz carbonique et reprend en échange de l'oxygène. De rouge foncé qu'il était, il redevient alors rouge vermeil.

7. La congestion est l'accumulation anormale de sang dans

un organe. On la traite à l'aide de dérivatifs tels que les sinapismes à farine de moutarde.

8. Si un malade est atteint de congestion pulmonaire, il
faut, en attendant le médecin, appliquer des sinapismes soit
aux jambes, soit à la poitrine.

9. En cas d'insolation ou d'évanouissement, on essaie d'abord
de ranimer le malade, en lui faisant respirer de l'eau de Cologne
ou de l'éther et on lui place des sinapismes aux jambes.

10. On ne peut panser une blessure que si l'on a les mains
propres. Quand la blessure a un peu saigné, on la recouvre
d'une compresse d'eau bouillie, d'eau boriquée ou d'alcool
camphré et on fixe par-dessus un linge sec.

11. On traite les contusions à l'aide de compresses d'eau
froide vinaigrée ou de teinture d'arnica.

12. Dans le cas de saignement de nez, le malade doit tenir la
tête droite et renifler de l'eau froide. On peut arrêter l'écoulement du sang à l'aide de tampons d'ouate imbibés d'une
solution de perchlorure de fer, étendus d'eau ou d'alcool
camphré.

DEVOIRS ÉCRITS.

Que savez-vous sur la circulation du sang chez l'homme? (C. E. P.,
Oise.)

Pendant la récréation, un de vos camarades s'est coupé assez griè-
vement. Après avoir pansé la blessure, votre instituteur a profité de
la circonstance pour vous exposer ce qu'il faut faire en pareil cas et
comment on reconnaît s'il est indispensable d'appeler un médecin.
Votre maître a été ainsi amené à vous parler de la circulation du
sang, du cœur, des vaisseaux sanguins. Racontez cet accident et dites
ce que vous avez retenu des conseils de votre maître (C. E. P., *Oise.*)

Quelle est la cause d'une congestion pulmonaire? — Quels sont les
signes de cette maladie et comment la traite-t-on?

Que savez-vous sur les cataplasmes sinapisés et les sinapismes?
Quelle est leur utilité?

LA RESPIRATION CHEZ L'HOMME

189. *L'air pur est nécessaire à la vie.* — Quand un grand nombre de personnes séjournent pendant un certain temps dans une salle, elles éprouvent, à force de respirer de l'air impur, des malaises suivis de maux de tête.

L'air pur est donc un aliment aussi nécessaire que le pain.

Fig. 106. — *Quand on souffle avec un tube dans de l'eau de chaux, elle se trouble.*

190. *L'air qui a servi à la respiration renferme du gaz carbonique (Exp. 60).* — Soufflons à l'aide d'un tube de verre ou d'un fétu de paille dans un verre renfermant de l'eau de chaux. Nous y introduisons ainsi . air qui sort de nos poumons. L'eau de chaux, d'abord claire, se trouble et devient rapidement laiteuse (*fig. 106*). Nous avons vu (7ᵉ *leçon*) que le gaz carbonique seul trouble l'eau de chaux. Cette expérience montre que l'air qui sort de nos poumons renferme du gaz carbonique.

La respiration est donc la fonction par laquelle nous introduisons dans notre corps de l'air pur et chassons l'air chargé de gaz carbonique.

191. *L'air entre dans les poumons par la trachée-artère.* — L'air, entrant par le nez et la bouche, pénètre dans les poumons par la trachée-artère.

La *trachée* est un tube situé dans le cou en avant de

Matériel à préparer. — Un soufflet de cuisine. — Un flacon d'eau de chaux. — Un verre. — Un tube de verre ou un fétu de paille.

l'œsophage. Elle
se divise en deux
bronches dont
chacune se rend
à un poumon
(*fig. 107*).

192. *Les deux
poumons sont
logés dans la
poitrine.* — Les
poumons sont
situés à droite
et à gauche du
cœur, dans la
poitrine ou tho-
rax qu'ils rem-
plissent presque
entièrement. Ils reposent

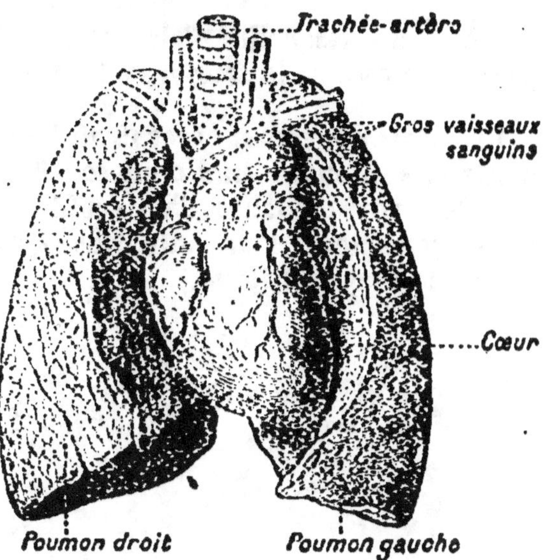

Fig. 107. — Appareil respiratoire.

Fig. 108. — *Le diaphragme sépare l'intérieur du corps en
deux étages.*

à leur partie inférieure sur un
muscle très important : le *diaphragme* qui, comme une cloison, partage l'intérieur du corps
en deux étages tout à fait isolés
l'un de l'autre (*fig. 108*).

L'étage supérieur abrite les
poumons. L'étage inférieur, ou
abdomen, renferme presque tout
l'appareil digestif (l'estomac,
l'intestin, le foie, etc.).

Les poumons sont formés d'un
tissu spongieux, c'est-à-dire
ressemblant à une éponge, qui
peut aisément augmenter ou
diminuer de volume. Ils sont
collés sur toute la surface inté-
rieure de la poitrine. Leur tissu
renferme une infinité de petites

cavités dans lesquelles l'air, venant de la bouche, peut pénétrer ainsi que le sang venant du cœur.

193. Les mouvements respiratoires peuvent être comparés aux mouvements d'un soufflet (Exp. 61). — Écartons les deux branches d'un soufflet : son volume intérieur augmente et l'air entre dans le soufflet par le tuyau et par la soupape (*fig. 109*).

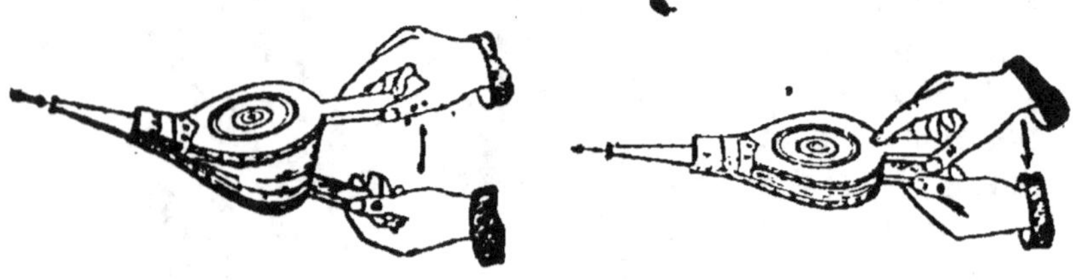

Les mouvements respiratoires peuvent être comparés aux mouvements d'un soufflet.

Rapprochons les branches du soufflet, le volume intérieur diminue et l'air est, par compression, chassé au dehors en passant dans le tuyau (*fig. 110*). On peut comparer ces mouvements à ceux que nous effectuons pendant la respiration.

194. La respiration se fait en deux temps : inspiration et expiration (Exp. 62). — Quand on appuie avec la main sur la poitrine pendant la respiration, on voit que cette fonction se fait en deux temps : l'*inspiration*, qui est l'entrée de l'air pur dans les poumons et l'*expiration*, qui a pour but de chasser l'air vicié (*fig. 111 et 112*).

195. Le sang passe dans les poumons avant d'être envoyé dans tout le corps. — Le sang qui a servi à nourrir les organes est ramené (*22ᵉ leçon*) par une grosse veine dans la partie droite du cœur. Ce sang de couleur rouge foncé est chargé de gaz carbonique et ne peut plus être utilisé tel qu'il est.

Ce sang rouge foncé est alors, par une artère, conduit dans les poumons. Dans les poumons, il se trouve en présence de l'oxygène de l'air qui y est entré pendant la respiration. Il y perd le gaz carbonique que nous rejetons par la bouche et reprend en échange de l'oxygène qui lui rend sa couleur rouge vermeil. Ce sang rouge vermeil est alors conduit dans la moitié gauche du cœur (*fig. 113*).

Le cœur, en se contractant, chasse le sang rouge vermeil du cœur gauche dans les diverses parties du corps.

Les mêmes phénomènes se reproduisent toujours dans le

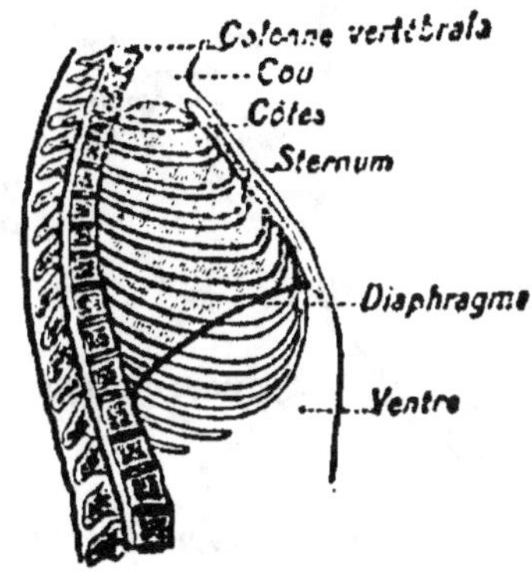

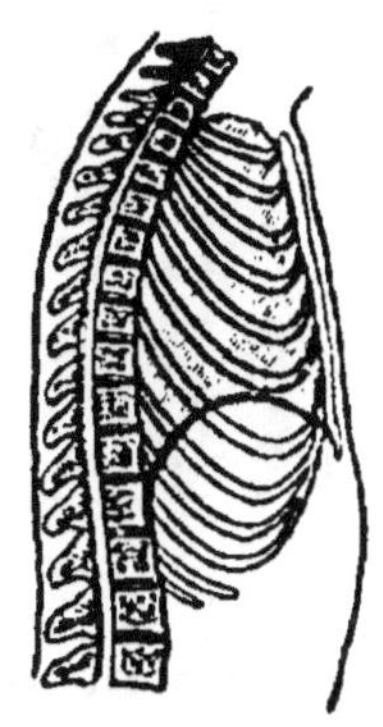

Fio. 111. — *Pendant l'inspiration, les côtes se relèvent, le diaphragme s'abaisse, l'air pur entre dans les poumons.*

Fio. 112. — *Pendant l'expiration, les côtes s'abaissent, le diaphragme se relève, l'air vicié est chassé des poumons.*

même ordre. Ce parcours du sang, partant du cœur vers les organes et revenant des organes au cœur, dure à peine une demi-minute.

196. *La combustion lente des déchets est la cause de la chaleur animale.* — Nous avons vu (*22ᵉ leçon*) que les déchets de nos organes, formés surtout de carbone, se combinent avec l'oxygène apporté par le sang, et dégagent du gaz carbonique. C'est donc en réalité une *combustion lente* qui se fait continuellement dans toutes les parties de notre corps. Cette combustion est accompagnée d'un *dégagement de chaleur* extrêmement faible. C'est cette chaleur que l'on appelle *chaleur animale*. Ainsi le corps de l'homme bien

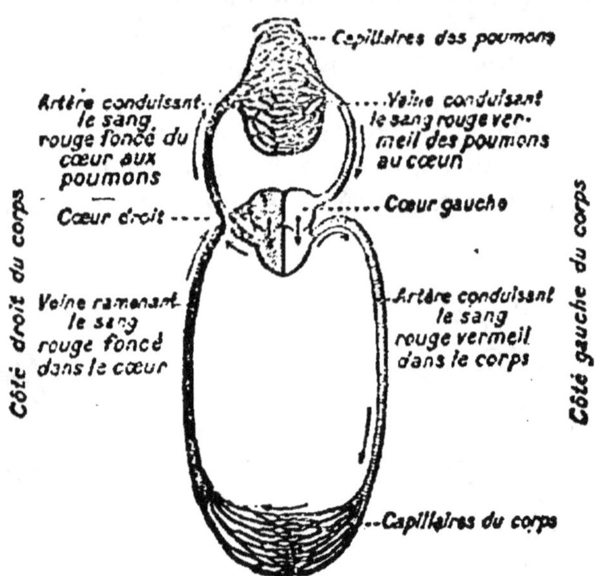

Fig. 113. — *Le sang passe dans les poumons avant d'être envoyé dans tout le corps.*

portant est toujours à une température moyenne de 37°.

QUESTIONNAIRE.

189. Comment reconnaît-on que l'air pur est nécessaire à la vie? — 190. Quel est le gaz contenu dans l'air qui a servi à la respiration? — 191. Quel est le chemin suivi par l'air dans l'appareil respiratoire? — 192. Où sont situés les poumons? — 193. Comment peut-on comparer les mouvements respiratoires à ceux d'un soufflet? — 194. Comment se fait la respiration? — En quoi consiste l'inspiration? — Quel est le gaz qui entre dans les poumons pendant l'inspiration? — Comment se fait l'expiration? — Quel est le gaz qui sort pendant l'expiration? — 195. Quel est le gaz que l'air cède au sang dans les poumons. — 196. Quelle est la cause de la chaleur animale?

RÉSUMÉ.

1. L'air pur est aussi nécessaire à la vie que les divers aliments.

2. L'air qui a servi à la respiration trouble l'eau de chaux. Il est donc chargé de gaz carbonique.

La respiration est la fonction par laquelle nous absorbons de l'air pur et rejetons ensuite de l'air vicié par le gaz carbonique.

3. L'appareil respiratoire comprend le nez et la bouche, la trachée-artère et les poumons.

4. Les poumons sont logés à droite et à gauche du cœur dans la poitrine qu'ils remplissent presque entièrement. Ils reposent sur le diaphragme.

5. La respiration se fait en deux temps : inspiration (entrée de l'air pur) et expiration (sortie de l'air vicié).

6. L'air introduit dans les poumons apporte son oxygène au sang. Cet oxygène brûle les déchets provenant de l'usure, en dégageant une chaleur constante (chaleur animale).

LECTURE.

La peau aussi respire

Nous respirons aussi par la peau et la peau, comme les poumons, exhale de l'acide carbonique et absorbe de l'oxygène. Si on arrête la respiration par les poumons, l'asphyxie survient : il peut en être de même quand la respiration par la peau ne peut s'effectuer. A ce propos, voici ce que raconte le savant français Fourcault : « A l'occasion d'une fête, on avait organisé dans une ville italienne une grande cavalcade. De nombreux chars formaient le cortège. Sur le premier était placé l'*enfant d'or*. C'était un garçon d'une douzaine d'années et sur tout son corps, en raison du personnage qu'il représentait, on avait collé très exactement du papier doré. La cavalcade mit six heures à suivre l'itinéraire tracé. Quand on arriva au but, on s'empressa de délivrer le malheureux patient de sa carapace dorée : on s'aperçut avec stupeur que l'*enfant d'or* était mort.

Frappé de ce fait, Fourcault entreprit plusieurs expériences sur des animaux. Il recouvrit toute la surface de leur corps de poix ou de goudron destiné à isoler complètement la peau de ces animaux de l'air environnant. Au bout d'une dizaine d'heures, les animaux mouraient et leur mort offrait tous les caractères de la mort par asphyxie.

DEVOIR ÉCRIT.

Que devient l'air introduit dans les poumons? (C. E. P. *Gironde*.)

HYGIÈNE DE LA RESPIRATION — ASPHYXIE

197. *On doit respirer par le nez.* — Il faut respirer par le nez. En effet, l'air passant dans le nez y dépose les poussières et les germes de maladies qu'il contient. Ces poussières sont éliminées ensuite quand on se mouche.

En hiver, l'air extérieur se réchauffe dans le nez avant d'arriver aux bronches, très sensibles au froid. Respirer par le nez est l'un des meilleurs moyens d'éviter les rhumes et les bronchites.

198. *Asphyxie.* — L'air pur est nécessaire à la santé. Le gaz carbonique, l'oxyde de carbone sont irrespirables. Ce dernier même est un poison.

On meurt asphyxié quand l'air pur ne peut plus pénétrer dans les poumons ou bien quand on respire un gaz dangereux.

L'asphyxie se produit aussi quand on se trouve dans un endroit renfermant de l'air chargé de gaz carbonique en grande quantité (7ᵉ *leçon*). Il en est de même si l'on reste dans une pièce fermée dans laquelle on brûle du charbon.

HYGIÈNE DE LA MAISON D'HABITATION

199. *Les appartements doivent être aérés.* — Les appartements doivent renfermer au moins quatorze mètres cubes d'air par jour pour chaque personne.

Les pièces doivent être hautes et grandes, avec de larges fenêtres, exposées au midi ou à l'est, afin que le soleil puisse pénétrer partout. Le soleil est le grand destructeur des microbes. Là où le soleil entre, dit un proverbe, le médecin n'entre pas.

Les chambres à coucher doivent, durant la nuit, être en communication constante avec l'extérieur soit par un vasistas, soit par la fenêtre entr'ouverte d'une pièce voisine. Pour favoriser le renouvellement constant de l'air dans la pièce, il est bon de laisser ouvert le tablier de la cheminée, même quand on n'y fait pas de feu.

FIG. 114. — UNE MAISON BIEN EXPOSÉE.

Les rideaux de lit et les alcôves empêchent le renouvellement de l'air. Il faut les supprimer.

200. *La maison ne doit pas être humide*. — Il faut éviter d'habiter dans des maisons non bâties sur cave : de telles maisons sont toujours humides et malsaines. Les personnes qui y habitent s'exposent à de douloureuses maladies.

Pour la même raison, il est très mauvais d'habiter immédiatement une maison nouvellement construite. *Essuyer les plâtres* est toujours funeste à la santé.

201. *Les appareils de chauffage altèrent la composition de l'air*. — Les poêles de fonte chauffés au rouge et les fourneaux, ainsi que les poêles mobiles, appelés aussi *poêles économiques* parce qu'ils brûlent lentement, ont pour propriété de dégager constamment un gaz dangereux, l'oxyde de carbone, qui est un poison. Même si la quantité d'oxyde de carbone est faible, elle suffit pour altérer la santé à la longue.

201[1]. *Les vêtements ne doivent gêner ni la respiration ni la circulation*. — Les vêtements trop serrés au corps, les cols et surtout les corsets trop étroits entravent les mouvements respiratoires et la circulation du sang : ils peuvent déterminer des suffocations.

Même pendant l'hiver, les vêtements assez amples emprisonnent une couche d'air mauvaise conductrice de la chaleur qui s'oppose au refroidissement du corps.

Les jarretières trop serrées compriment les gros vaisseaux de la jambe et peuvent, à la longue, déterminer des varices, c'est-à-dire des dilatations anormales des veines.

201[2]. *Linge de corps*. — La respiration s'effectue non seulement par les poumons mais aussi par la peau. C'est également par les pores très fins de la peau que nous rejetons la sueur. Les vêtements de dessous ou sous-vêtements, chemises et caleçons, par exemple, doivent être en coton. Le coton est perméable et laisse circuler l'air au voisinage de la peau tout en permettant l'évaporation de la sueur.

La flanelle est chaude et très perméable. Elle absorbe la sueur et la laisse évaporer lentement. Pour cette raison, elle est recommandée aux personnes qui ont des rhumatismes ou qui sont sensibles au refroidissement.

Les étoffes de toile, au contraire, moins perméables, surtout quand elles sont mouillées, s'opposent à l'évaporation de la sueur. Elles donnent ainsi une sensation de froid et peuvent déterminer des rhumes et des bronchites.

Les vêtements de dessous doivent être tenus très propres et changés souvent. Ils se chargent rapidement, en effet, de la sueur et de divers produits de déchet.

201[3]. *Caoutchoucs*. — Les vêtements de caoutchouc sont imperméables. Ils doivent être très amples pour faciliter la circulation de l'air sous les vêtements. Il ne faut les porter que pendant la pluie car ils sont lourds et s'opposent à l'évaporation de la sueur.

201[4]. *Premiers soins à donner en cas d'asphyxie*. —

L'asphyxie est l'arrêt de la respiration. Elle se produit par privation d'air (noyade, strangulation) ou bien par absorption d'un gaz dangereux (oxyde de carbone, gaz carbonique, gaz d'éclairage). Le froid subit peut également déterminer l'asphyxie.

Dans tous les cas, il faut d'abord appeler le médecin immédiatement. Lui seul sait *exactement* comment il est possible de rétablir la respiration à l'aide par exemple des tractions régulières de la langue ou de l'insufflation de l'air dans les poumons.

En attendant, on procède comme il suit : On porte le malade au grand air ou dans une chambre dont les fenêtres sont ouvertes. Trois ou quatre personnes seulement doivent rester dans cette chambre. On déshabille le malade. On le place sur un lit de sorte que sa tête et sa poitrine soient surélevées. On asperge son visage avec de l'eau vinaigrée ou de l'eau froide. On lui fait respirer de l'eau de Cologne ou bien de l'eau additionnée d'un peu d'alcali volatil. On lui chatouille les narines avec les barbes d'une plume pendant qu'une autre personne lui frictionne le corps avec une flanelle imbibée d'eau de Cologne ou de fort vinaigre. Toutes ces pratiques ont pour but de déterminer le retour des mouvements respiratoires et de rétablir la circulation du sang. Il faut agir *vite et longtemps.*

QUESTIONNAIRE.

197. Pourquoi doit-on toujours respirer par le nez? — 198. Quand dit-on qu'une personne est asphyxiée? — De quelle manière peut-on être asphyxié? — Quels sont les principaux gaz irrespirables? — 199. Comment doit-on exposer la maison d'habitation? — Pourquoi faut-il y faire pénétrer l'air et le soleil? — 200. Pourquoi les maisons dépourvues de caves sont-elles malsaines? — 201. Pourquoi ne faut-il jamais fermer la clé d'un poêle en se couchant? — 201¹. Pourquoi doit-on porter des vêtements amples? — Quels sont les inconvénients des corsets et des jarretières? — 201² Pourquoi doit-on changer souvent le linge de dessous? — Quels sont les avantages des étoffes de coton? — Quels sont les avantages des étoffes de flanelle? — Pourquoi les étoffes de toile sont-elles peu recommandables? — 201³ Pourquoi doit-on cesser de porter des vêtements imperméables dès qu'il ne pleut plus?

— 201⁴. Quels sont les soins à donner en cas d'asphyxie? — en attendant le médecin?

Pourquoi ne faut-il pas, pendant la nuit, laisser des plantes vertes dans une chambre à coucher? — Pourquoi les habitants des villes se portent-ils généralement moins bien que les habitants de la campagne?

RÉSUMÉ.

1. On doit respirer par le nez plutôt que par la bouche.

2. L'asphyxie peut se produire soit par privation d'air, soit par respiration d'un gaz dangereux comme le gaz carbonique ou l'oxyde de carbone.

3. Une maison d'habitation doit être bien exposée, au midi ou à l'est, être saine, très aérée et bâtie sur cave.

4. Il faut éloigner toutes les causes capables d'altérer l'air des appartements.

5. Les vêtements trop étroits doivent être rejetés, car ils empêchent la respiration et la circulation.

6. Les vêtements de dessous doivent être en étoffe de coton plus chaude et plus perméable que la toile.

7. La flanelle est chaude et perméable, est très recommandée pour les sous-vêtements.

8. Les sous-vêtements doivent être très propres et souvent renouvelés.

9. Les vêtements de caoutchouc sont imperméables; ils ne doivent être portés que pour se préserver de la pluie.

10. En cas d'asphyxie, il faut faire tout ce qu'on peut pour rétablir les mouvements respiratoires à l'aide de frictions énergiques en attendant le médecin.

DEVOIRS ÉCRITS.

Si vous aviez une maison à construire, comment voudriez-vous qu'elle fût construite ou exposée? (C. E. P. *Nord*.)

Quelles conditions doivent remplir les différents vêtements au point de vue de l'hygiène de la respiration et de la circulation?

IV. ANIMAUX

ANIMAUX À VERTÈBRES

25ᵉ LEÇON

MAMMIFÈRES : CARNIVORES ET INSECTIVORES

LE CHIEN

202. Les animaux sont trop nombreux pour qu'on les étudie bien tous. — Tous les animaux qui vivent à la sur-

Fig. 115. — *Le chien, la poule, le lézard, la grenouille, la carpe sont des vertébrés.*

face du globe sont extrêmement nombreux. Il en existe sous tous les climats depuis les pôles jusqu'à l'équateur; partout : dans les airs, sur terre et dans l'eau. Nous étudierons

Fig. 116 — *Le hanneton, le ver de terre, l'escargot, la moule, l'éponge sont des invertébrés.*

simplement ceux qui nous touchent de plus près, qu'ils soient utiles ou nuisibles. Mais, au lieu de les examiner au hasard, nous étudierons les uns avec les autres les animaux qui se ressemblent.

203. *Comment on classe les animaux pour les étudier.* — Nous diviserons d'abord les animaux en deux groupes importants. Les uns, en effet, ont comme l'homme ou le chien (*fig. 115*) des os et par suite des vertèbres qui soutiennent le corps : ce sont les *vertébrés*. D'autres, comme le hanneton ou le ver de terre (*fig. 116*), n'ont pas de vertèbres : on les appelle *invertébrés*.

Les vertébrés sont loin de se ressembler tous. Le chien, la poule, le lézard, la grenouille et la carpe (*fig. 115*) sont des vertébrés, mais la forme de leur corps est bien différente.

Les vertébrés qui, comme le chien, allaitent leurs petits avec leurs mamelles sont appelés *mammifères*. Ceux qui ont des plumes, comme la poule, sont des *oiseaux*. Les vertébrés qui, comme le lézard ou le serpent, ont le corps couvert d'écailles, ce sont des *reptiles*. La grenouille est un *batracien* et la carpe est un *poisson*.

Classer les animaux c'est, ainsi que nous venons de le faire, grouper ensemble ceux qui se ressemblent par des caractères importants. Quand on a ainsi classé les animaux, on peut, pour les étudier, n'examiner qu'un exemple important dans chaque groupe.

204. *Principaux groupes de mammifères. Mammifères à griffes.* — Tous les mammifères ne se ressemblent pas : il est donc nécessaire de les classer. Nous avons déjà étudié avec quelques détails l'homme qui est le mammifère le plus parfait. Aussi nous ne le classerons pas avec les autres.

Les membres des mammifères peuvent être terminés par des *ongles* (homme, singe) ou des *griffes* (chien) et enfin par des *sabots* (cheval).

Parmi les mammifères ayant des griffes, on peut distinguer :

1° Ceux qui se *nourrissent de chair*; ils ont trois espèces de dents; leurs canines sont très fortes. On les appelle les *carnivores*; le chien est un exemple de carnivore;

2° Les mammifères *qui se nourrissent d'insectes* appelés pour cette raison les *insectivores* (hérisson);

3° Ceux qui se *nourrissent en rongeant les matières vé-*

gétales, comme le lapin, et qu'on appelle des *rongeurs*. Le tableau ci-dessous résume ce qui précède.

Mammifères à griffes
- 3 sortes de dents
  - Mangent de la chair. *Carnivores* (Chien).
  - Se nourrissent d'insectes. *Insectivores* (Hérisson).
- 2 sortes de dents : Rongent de l'herbe. *Rongeurs* (Lapin).

LES CARNIVORES : LE CHIEN

205. *Le chien*. — Le chien a le corps couvert de poils. Il a des os. On sent très bien sa colonne vertébrale en lui passant la main sur le dos.

Il a quatre pattes : deux en avant et deux en arrière. Chaque patte antérieure a cinq doigts très courts. Les pattes de derrière en ont quatre seulement. Le chien marche sur le bout des doigts.

La tête porte au sommet deux oreilles, et, un peu au-dessous du front, deux yeux très expressifs.

La tête se prolonge en avant par le museau pourvu à son extrémité de deux narines largement ouvertes. Le chien a un odorat très fin. Il sent de loin le maître du logis ou bien le gibier qu'il est chargé d'atteindre.

La bouche ou gueule est constituée par deux mâchoires. Celle du bas seule est mobile. L'autre est soudée au crâne.

206. *Les dents du chien*. — Le chien a des dents très fortes (*fig. 117*). En avant, se trouvent les *incisives*, plates et tranchantes. De chaque côté des incisives sont les *canines* extrêmement fortes, qu'on appelle aussi des *crocs*. Au fond de la bouche sont les *molaires*, tranchantes et aiguës. Il a donc comme l'homme trois espèces de dents : incisives, canines et molaires. Seulement, il en a quarante-deux en tout tandis que l'homme n'en a que trente-deux. Cette puissante dentition montre que le chien est un mangeur de chair. C'est un *car-nivore*. Mais comme, depuis un temps très long, il vit avec l'homme dont il est le fidèle compagnon, il s'est accoutumé

Fig. 117.
TÊTE DU CHIEN

à la longue à manger toutes sortes d'aliments. Il n'en est pas moins un carnivore.

207. *Principales races de chiens*. — Tous les chiens n'ont pas le même aspect. Ainsi, le terre-neuve diffère du basset ou du bouledogue par la forme générale du corps. Le terre-neuve, le basset, le bouledogue appartiennent néanmoins tous à *l'espèce chien*.

Fig. 118. — Le chien.

208. *Utilité du chien*. — Toutes les races de chiens rendent à l'homme les plus grands services. Le chien de garde défend la maison ; le chien de berger, sans cesse en éveil, garde les troupeaux avec un grand soin. Le chien d'arrêt, le braque, le lévrier, le basset (*fig. 118*) sont utilisés à la chasse. Le terre-neuve fait preuve de l'intelligence la plus remarquable pour secourir l'homme en danger. Le chien des Esquimaux leur est d'un précieux secours dans les régions polaires soit pour tirer les traîneaux, soit pour chasser.

Quelle que soit sa race, le chien est pour l'homme un compagnon fidèle, un serviteur toujours prêt à rendre service.

Il faut bien soigner le chien. Maltraiter un serviteur aussi dévoué et aussi désintéressé, c'est faire preuve de lâcheté.

209. *Groupes de carnivores voisins du chien*. — Le loup et le renard (*fig. 119*) sont des mammifères sauvages qui ressemblent beaucoup au chien par leur forme

Fig. 119. — Le renard.

extérieure, mais ils sont nuisibles à l'homme. Le loup est de plus en plus rare en France et il a totalement disparu en Angleterre à cause de la guerre acharnée qu'on lui a faite,

LE CHAT

210. *Le chat.* — Le chat est un animal domestique, mais il ne s'attache à la maison que par nécessité et parce qu'il y trouve sa nourriture. Son corps est couvert de poils soyeux.

Ses quatre membres sont pourvus de griffes puissantes et aiguës qu'il peut faire rentrer ou sortir à volonté. Quand il les rentre, il fait *patte de velours*. Ses membres d'ailleurs sont solidement articulés au tronc de sorte que, très agile, il peut avec sûreté, faire des bonds extraordinaires pour surprendre sa proie. Il a les yeux perçants, ce qui lui permet de chasser

Fig. 120. — Le lion.

la nuit comme le jour. Ses mâchoires portent chacune des *incisives*, des *canines* très aiguës et des molaires très développées. C'est donc un *carnivore*.

Il n'est pas aussi fidèle que le chien. Il faut souvent se méfier de sa griffe acérée. Aussi on ne le tolère à la maison que parce qu'il fait une chasse incessante aux petits rongeurs, aux souris et aux rats.

211. *Autres mammifères carnivores.* — Dans le groupe des chats, il faut placer le lion (*fig. 120*), puis le tigre qui ressemble à un gros chat. On leur fait en Afrique une chasse acharnée. On a calculé qu'un lion et sa lionne peuvent faire en un an environ 50 000 francs de dégâts aux troupeaux des colons voisins.

Comme types de mammifères carnivores on peut encore citer le blaireau, la loutre, la fouine, la belette, la martre dont la fourrure est très recherchée. La fouine et la belette, communes en France, sont les ennemis de nos volailles don elles sucent le sang.

L'ours brun vit dans les montagnes (Alpes et Pyrénées), mais il est moins carnassier que les animaux précédents. Il est même très friand de miel.

LES INSECTIVORES : LE HÉRISSON

212. *Le hérisson.* — Le hérisson (*fig. 121*) a le corps couvert de piquants. Ses pattes sont très courtes. Au moindre danger il se roule en boule pour résister à son ennemi. Il se nourrit surtout d'insectes qu'il chasse dans nos jardins et nos bois. Il détruit aussi les vipères. On le range dans le groupe des mammifères

FIG. 121.
LE HÉRISSON ET SES PETITS.

insectivores. Ses molaires nombreuses et tranchantes lui permettent de broyer le corps assez dur des insectes comme le hanneton. — A côté du hérisson, on peut encore citer la *taupe* (*fig. 122*) qui, pour chercher les insectes, creuse sous terre des galeries très curieuses.

La *chauve-souris* (*fig. 123*) est encore un insectivore. Son corps est pourvu d'une

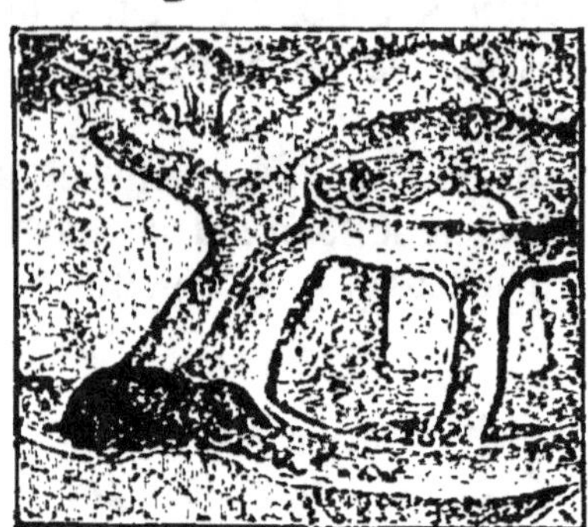

FIG. 122. — LA TAUPE.

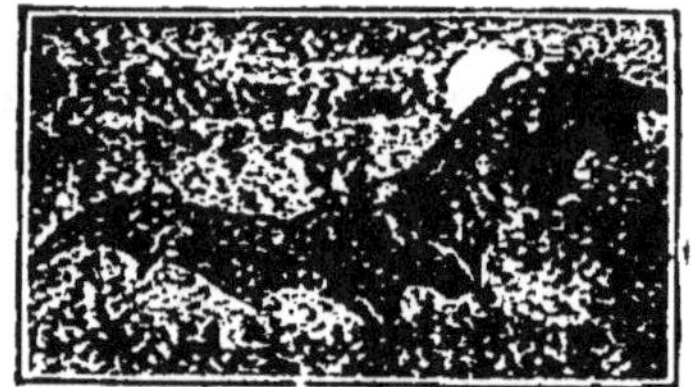

FIG. 123. — LA CHAUVE-SOURIS.

membrane mince qui lui fait office d'ailes. Mais comme elle allaite ses petits, c'est bien un mammifère.

Tous ces insectivores sont utiles en nous débarrassant des insectes qui ravagent nos récoltes.

QUESTIONNAIRE.

202. Pourquoi ne peut-on pas étudier tous les animaux? — 203. Comment doit-on procéder pour les étudier? — Qu'appelle-t-on mammifères? — Combien peut-on d'abord distinguer de groupes d'animaux chez les vertébrés? — 204. Quels sont les principaux groupes de mammifères? — 205. Comment peut-on reconnaître qu'un chien est pourvu de vertèbres? — Que savez-vous sur les membres du chien? — 206. Combien le chien a-t-il d'espèces de dents et nommez-les? — Où sont placés les crocs? — Pourquoi le chien est-il un carnivore? — 207. Quelles sont les principales races de chiens? — 208. Quelle est l'utilité du chien pour l'homme? — Pourquoi ne doit-on pas maltraiter les chiens? — 209. Citez des carnivores voisins du chien. — 210. Quelles particularités présentent les pattes du chat? — Comment le chat se nourrit-il? — 211. Citez d'autres carnivores voisins du chat. — Où vivent-ils? — L'ours est-il un carnivore? — 212. Que savez-vous sur le hérisson? — Citez d'autres insectivores.

Pourquoi le chien ne se perd-il pas facilement? — Pourquoi les jardiniers tuent-ils les taupes? — Que pensez-vous de ceux qui clouent une chauve-souris sur la porte de la grange? — Pourquoi dit-on parfois que la taupe est aveugle?

RÉSUMÉ.

1. Pour étudier les animaux, on groupe ensemble ceux qui se ressemblent le plus, c'est-à-dire qu'on les classe. Les mammifères sont des animaux qui allaitent leurs petits : l'homme et le chien sont des mammifères.

2. Le chien est un carnivore. Il a trois espèces de dents, incisives, canines très développées, molaires aiguës. Il est très utile à l'homme.

3. Le loup et le renard sont des mammifères nuisibles, très voisins du chien par leur organisation.

4. Le chat est également un mammifère carnivore. Il peut rentrer ses griffes à volonté. Le lion et le tigre appartiennent au groupe du chat. La fouine, la loutre et l'ours, dont les fourrures sont très estimées, sont aussi les mammifères carnivores.

5. Le hérisson, la taupe et la chauve-souris sont des mammifères qui se nourrissent d'insectes. Ils ont des molaires nombreuses. Ils sont utiles.

DEVOIRS ÉCRITS.

Comparez le chien et le chat (C. E. P., *Puy-de-Dôme.*)

Description du chien. Ses qualités, ses défauts. Services qu'il rend à l'homme. Soins et traitement (C. E. P., *Gard.*)

MAMMIFÈRES (*Suite*) : RONGEURS ET RUMINANTS

LES RONGEURS : LE LAPIN

213. *Le lapin est un rongeur*. — Le lapin, (*fig. 124*) a le corps couvert de poils fins et il allaite ses petits. Ses deux membres postérieurs sont plus développés que les membres antérieurs. Aussi est-il disposé pour sauter.

Fig. 124. — Le lapin.

Ses deux mâchoires ne fonctionnent pas à la manière d'une paire de ciseaux comme celles des carnivores; elles glissent au contraire l'une sur l'autre d'avant en arrière comme des limes. Le lapin possède des incisives très fortes (*fig. 125*) destinées à couper les matières végétales. Ses molaires ressemblent des limes. *Il n'a pas de canines.* Ce n'est donc pas un carnivore. Comme *il ronge* constamment les matières végétales, on dit que c'est un *rongeur*. Sa chair est bonne à manger.

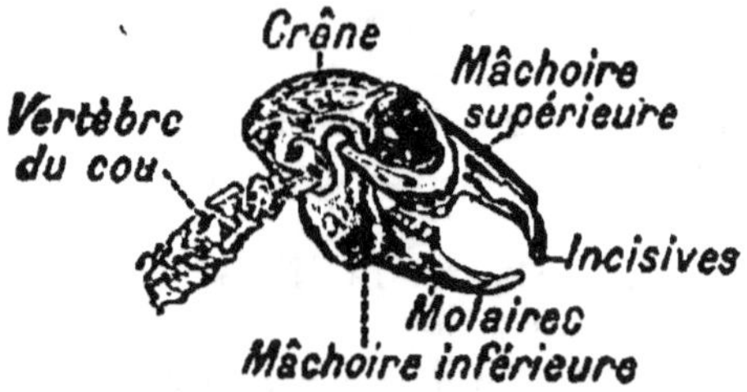

Fig. 125. — La dentition du lapin.

214. *Autres rongeurs*. — Dans ce même groupe des rongeurs, on place le lièvre, auquel on fait la chasse. Les rats, les souris, les mulots, les castors (Amérique) sont des rongeurs également nuisibles.

215. *Mammifères à sabots*. — Parmi les mammifères à

sabots, on distingue trois groupes principaux savoir : les vaches, les chevaux et les porcs. Leurs caractères importants sont résumés dans le tableau suivant.

Mammifères) Sabot fourchu à 2 doigts, estomac composé. *Ruminants* (Vache).
   à   ) Sabot à 1 seul doigt, estomac simple.   (Cheval).
 sabots (Sabot fourchu à 2 doigts, estomac simple.   (Porc).

LES RUMINANTS : VACHE. MOUTON. CHÈVRE.

216. *La vache est un ruminant*. — La vache (*fig. 126*) est

FIG. 126. — LA VACHE.

commune dans beaucoup de campagnes parce qu'elle nous donne son lait. Parfois même, on l'attelle à la charrue ou à la voiture.

Sa tête porte une paire de cornes creuses et recourbées. Elle a des incisives à la *mâchoire inférieure seulement* et des molaires aux deux mâchoires mais *pas de canines*. La vache ne se nourrit que d'herbe ou de matières végétales. C'est un mammifère herbivore.

Le pied de la vache est terminé par un sabot fourchu (*fig. 127*).

FIG. 127.
PIED DE LA VACHE.

217. *Quand la vache est au repos, elle rumine*. — Si l'on regarde une vache au repos, on voit que ses mâchoires sont sans cesse en mouvement bien qu'elle n'ait plus d'herbe devant elle. On dit alors qu'elle *rumine*.

La vache, en effet, commence par emmagasiner rapidement dans une partie de son vaste estomac appelée *panse* (*fig. 128*), l'herbe à peine mâchée. Quand l'animal est tranquillement au repos, accroupi dans le pré ou dans l'étable, il peut faire revenir à volonté, par petites portions, pour la mâcher complètement, l'herbe ainsi mise de côté dans la panse. Après avoir été mâchée une seconde fois, l'herbe est complètement transformée dans les autres parties de l'estomac. Ce phénomène s'appelle la rumination. La vache appartient au groupe des *ruminants*.

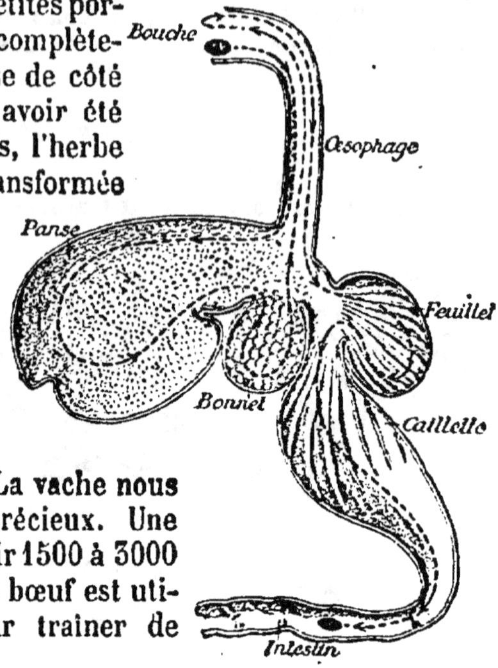

218. *Utilité de la vache et du bœuf*. — La vache nous fournit un lait très précieux. Une bonne vache peut fournir 1500 à 3000 litres de lait par an. Le bœuf est utilisé en agriculture pour traîner de lourds fardeaux.

La chair de la vache, du bœuf et du veau est très estimée. Avec leur peau on fait le cuir. Avec leurs cornes et leurs os, on fabrique divers objets (boutons, manches de couteaux, etc.). Leur fumier est indispensable au cultivateur.

Fig. 128.
ESTOMAC DE LA VACHE.

219. *Le lait et ses usages*. — Le lait renferme, avec de l'eau, une matière grasse, la *crème*; une matière azotée, la *caséine*; une substance sucrée, le *sucre de lait* et enfin des *sels*. Le lait est donc un *aliment à peu près complet* puisqu'il renferme presque toutes les espèces d'aliments.

Si on laisse reposer du lait dans un vase à une température modérée, il se forme à la surface une couche plus ou moins épaisse et jaune : c'est la *crème* (*fig. 129*). Si l'on extrait la crème et qu'on l'agite dans une *baratte*, les globules gras dont la crème est constituée forment le beurre qu'on égoutte et qu'on lave avant de le mettre en mottes pour le vendre.

Fig. 129.
La crème du lait monte à la surface.

Si au lieu d'enlever la crème, on abandonne le lait à lui-même, il *caille*. Le *caillé*, renfermant la caséine et la crème, sert à faire le *fromage*. Il reste un liquide appelé *petit-lait* qui retient presque tout le sucre de lait. Le lait écrémé peut servir à faire des fromages maigres.

LE MOUTON

220. *Le mouton est un ruminant.* — Le mouton est également un mammifère du groupe des ruminants. Ses cornes creuses sont enroulées (*fig. 130*).

Sa dentition ressemble à celle de la vache, c'est-à-dire qu'il a des *incisives* à la mâchoire inférieure et des *molaires* en haut et en bas, mais pas de *canines* (*fig. 131*). Son estomac est composé comme celui de la vache. Son pied fourchu est

Fig. 130. — Le mouton.

terminé par deux petits sabots cornés. C'est un animal timide et craintif à l'excès qui se laisse facilement conduire par le berger aidé de ses chiens.

Fig. 131.
Tête du mouton.

221. *Utilité du mouton.* — La chair du mouton est nourrissante et très recherchée. Sa peau fine et souple est employée dans la fabrication des gants et des chaussures. Sa toison sert à la fabrication des draps et des étoffes. On tond les moutons tous les ans au mois de juin.

LA CHÈVRE

222. *La chèvre est un ruminant.* — Dans le même groupe des ruminants, on place la chèvre qui, par son organisation, ressemble au mouton.

C'est un animal très agile qui grimpe aisément dans les montagnes et sur les rochers pour aller brouter les herbes qui lui conviennent (*fig. 132*).

Fig. 132. — La chèvre.

223. *Utilité de la chèvre.* — La peau de chèvre est, après tannage, employée pour la fabrication des chaussures. Avec son poil on tisse des étoffes estimées.

Son lait est recherché pour les jeunes enfants, mais sa chair est coriace. Celle du chevreau est pourtant assez utilisée.

224. *Autres ruminants.* — Le renne (*fig. 134*) et le chameau sont encore des ruminants domestiques. Le renne vit dans les régions polaires où il rend d'immenses services. Les Lapons s'en servent

Fig. 133. — Le cerf.

comme bête de trait et utilisent son lait, sa chair et sa peau.

Le chameau est la bête de somme des pays chauds. Son large pied fourchu s'enfonce difficilement dans le sable.

Il existe aussi des *ruminants sauvages* tels que le *chevreuil*, le *cerf* (*fig. 133*) et le *daim*, qui vivent dans nos

forêts. Leurs cornes pleines, appelées *bois*, tombent et repoussent chaque année.

La *gazelle* et la *girafe* sont encore des ruminants vivant en Asie ou en Afrique. Mais la girafe (4 m. de hauteur) est, comme le chameau, un ruminant *sans cornes*.

QUESTIONNAIRE.

213. Comment fonctionnent les mâchoires du lapin? — Combien le lapin a-t-il d'espèces de dents? — De quoi se nourrit le lapin? — Dans quel groupe range-t-on le lapin? — 214. Citez d'autres rongeurs voisins du lapin domestique. — 215. Quels sont les trois groupes principaux des mammifères à sabots? — 216 Combien la vache a-t-elle d'espèces de dents? — Comment est fait le pied de la vache? —

217. Comment la vache rumine-t-elle ? — Comment est constitué l'estomac des ruminants ? — 218. Pourquoi la vache est-elle utile à l'homme ? — 219. Pourquoi le lait est-il un aliment complet ? — 220. Que savez-vous sur le mouton ? — Comment sont disposées les dents du mouton ? — 221. Quelle est l'utilité du mouton ? — 222. Que savez-vous sur la chèvre ? — 223. Quelle est l'utilité de la chèvre ? — 224. Citez quelques autres ruminants. — Dans quel pays vit le renne ?

Pourquoi la vache et le mouton ne mangent-ils pas de viande ? — Pourquoi tond-on les moutons en été ? — Pourquoi dit-on « capricieux comme une chèvre ? »

RÉSUMÉ.

1. Le lapin est un rongeur. Il se nourrit de matières végétales qu'il ronge à l'aide de ses incisives très développées. Il a des molaires, mais pas de canines. Sa chair et sa peau nous sont utiles.

2. Le lapin de garenne et le lièvre, le rat, la souris et le mulot sont des rongeurs sauvages. Ils sont nuisibles. On chasse quelques-uns d'entre eux pour leur chair et leur peau.

3. La vache est un ruminant. Quand elle rumine, elle mâche une seconde fois ses aliments. Son pied est fourchu. La vache et le veau nous rendent de grands services dans l'alimentation, l'agriculture et l'industrie.

4. Le mouton et la chèvre sont des ruminants domestiques qui nous sont également très utiles.

5. Parmi les ruminants domestiques, il faut citer encore le renne et le chameau. Le cerf, la gazelle et la girafe sont des ruminants sauvages.

DEVOIRS ÉCRITS.

Animaux ruminants. Leurs caractères. Ruminants utiles. (C. E. P. *Seine.*)

La vache. Son portrait physique. Utilité. Soins. Nourriture. (C. E. P. *Pas-de-Calais.*)

Décrivez le mouton et la chèvre.

Différenciez notamment le caractère de chacun de ces deux animaux. (C. E. P. *Seine.*)

LE CHEVAL ET LE PORC

225. *Le cheval.* — Le cheval a une tête allongée surmontée de deux oreilles courtes et mobiles. Cette tête porte à son extrémité deux larges narines. Son corps, élégant et bien proportionné, est soutenu par quatre jambes à la fois fines et robustes. Le pied est terminé par un sabot unique, non fourchu, qu'on protège de l'usure en le ferrant.

Fig. 135. — Cheval de course.

Le cheval est aussi un herbivore, mais il possède un estomac simple et il digère immédiatement l'herbe ou l'avoine qu'il a mâchée. Sa dentition ressemble un peu à celle de la vache ; pourtant il a des incisives aux deux mâchoires et le mâle a parfois de petites canines. Les molaires du cheval sont très fortes. L'espace libre compris entre les molaires et les incisives s'appelle *la barre.* C'est là que l'on place le *mors.* Les bords de la bouche où est placé le mors sont chez le cheval extrêmement sensibles : c'est ce qui permet de le conduire avec les guides fixées au mors.

226. *Races de chevaux.* — On peut distinguer : 1º les *chevaux de trait* au corps massif, aux jambes épaisses, que nous utilisons pour tirer les lourds fardeaux, comme les chevaux boulonnais (race de Boulogne) et les chevaux percherons (race du Perche) ; 2° les chevaux de course au corps élancé et aux jambes fines (chevaux arabes, normands) (*fig. 135*).

227. *Animaux ressemblant au cheval.* — L'âne diffère un peu du cheval. Il est moins bon coureur mais son pied est très sûr. C'est, comme le *mulet* (*fig. 136*), un animal de montagne. L'âne est très sobre. Il est parfois têtu, surtout quand il est maltraité.

Le cheval,

Fig. 136. — Le mulet de montagne.

l'âne et le mulet ne sont jamais atteints de tuberculose. Aussi leur chair très saine et moins chère que celle du bœuf, peut être consommée en toute sécurité.

228. *Le porc.* — Le porc a le corps couvert de poils raides appelés *soies*. Sa tête se prolonge par un museau cylindrique massif et très résistant appelé le *groin* (*fig. 137*).

Il a une dentition complète, c'est-à-dire qu'il est pourvu de trois espèces de dents (incisives, canines très développées, parfois recourbées, et molaires). Il digère aisément toutes sortes de substances nutritives animales ou végétales.

Fig. 137. — Le porc.

Ainsi le porc, par sa dentition, diffère sensiblement du bœuf et du cheval. Le sanglier est une sorte de porc sauvage très nuisible à l'agriculture parce qu'il ravage les cultures en fouillant le sol où il cherche sa nourriture (*fig. 138*).

229. *Utilité du porc.* — La chair du porc est très nourrissante. Elle peut être conservée par *salage* ou *fumaison*.

FIG. 138. — LE SANGLIER.

Dans tous les cas, on doit toujours *la faire cuire convenablement* car elle peut provenir d'animaux malades et une cuisson prolongée seule peut détruire les germes de la maladie contenue dans la chair de l'animal (§ *233*).

230. *Soins à donner aux animaux domestiques.* — Le chien, la vache, le cheval, le porc, etc., sont élevés à la maison. Ces animaux domestiques sont pour nous de fidèles serviteurs. Nous allons examiner les soins qu'il importe de leur donner en échange des services qu'ils nous rendent.

231. *Les animaux doivent être logés convenablement.* — Les animaux, comme l'homme, ont besoin d'air pur pour respirer. Les écuries et les étables doivent être hautes, claires et spacieuses. Le sol, lavé fréquemment, doit être pourvu de rigoles destinées à l'écoulement des urines vers la fosse à purin. Il est nécessaire de passer, chaque année, les murs au lait de chaux. La chaux est caustique : elle tue les germes de maladies logés dans les interstices des murs.

232. *On doit bien nourrir les animaux domestiques.* — La question de la nourriture du bétail est l'une des plus importantes de l'agriculture. Un animal rend d'autant plus de services qu'il est mieux nourri. La quantité et la qualité de lait fourni par la vache, par exemple, dépendent de la nourriture qu'on lui donne. Le lait est meilleur dans la belle saison quand les vaches mangent l'herbe fraîche qu'en hiver où on les nourrit parfois de betteraves.

La nourriture des animaux doit être saine et abondante.
Il est indispensable que les animaux disposent d'une eau
claire en quantité suffisante. Les moutons se trouvent bien
d'avoir constamment à leur disposition dans l'étable un
bloc de sel gemme qu'ils
viennent lécher tour à
tour.

233. *La propreté est
nécessaire aux ani-
maux.* — La litière doit
être abondante et fré-
quemment renouvelée. Le
corps des animaux, comme
celui de l'homme, doit être
entretenu en état constant

Fia. 139. — *Il faut tenir proprement
les animaux domestiques.*

de propreté. On étrille les chevaux chaque jour (*fig. 139*); on les

Fig. 140. — L'éléphant (Hauteur 2 m 50).

bouchonne, c'est-à-dire qu'on les frictionne vigoureusement
avec un bouchon de paille quand ils rentrent mouillés. S'ils

doivent se reposer dehors, on a soin de les protéger par une couverture, surtout s'ils sont en sueur. Les chevaux se portent mieux quand on peut les baigner de temps en temps.

Les porcs engraissent rapidement quand ils peuvent se baigner dans l'eau claire. Il faut éviter de les laisser errer au voisinage du fumier, car en cherchant dans le fumier ils peuvent contracter certaines maladies telles que le *ver solitaire*. Ces maladies peuvent se transmettre aux personnes qui mangent de la viande de porc mal cuite.

234. *Maladies des animaux*. — Tous les animaux et surtout les moutons craignent l'humidité. Les moutons qui sont élevés dans des étables humides ou qui parquent dans des

Fig. 141. — La baleine (Longueur moyenne : 15 mètres).

terrains argileux contractent facilement *le piétin* (inflammation des muscles sous la corne du sabot).

Les vaches mal soignées et mal nourries peuvent contracter la *tuberculose*. Cette terrible maladie est due au développement d'un microbe qui vit dans le poumon. Elle se transmet aisément à l'homme, soit par le lait, soit par la viande. D'où la nécessité pour nous de faire bouillir le lait ou de ne manger que de la viande bien cuite, car la cuisson tue les germes des maladies.

Les chevaux sont exposés à *la morve* qui est aussi une maladie contagieuse.

Quand un animal a été atteint d'une maladie contagieuse, la loi exige que les étables, râteliers et ustensiles divers à l'usage des animaux soient bien nettoyés et énergiquement désinfectés. En tout cas, il faut appeler le vétérinaire.

235. *Autres mammifères.* — Il existe un grand nombre d'autres mammifères. Citons par exemple, le singe, l'éléphant (*fig. 140*) et la baleine (*fig. 141*).

QUESTIONNAIRE.

225. Que savez-vous sur le cheval? — Comment est fait le pied du cheval? — 226. Quelles sont les principales races de chevaux? — 227. Quels sont les animaux du groupe du cheval? — 227 *bis*. Pourquoi la viande de cheval, de mulet et d'âne peut-elle être utilisée dans notre alimentation? — 228. Que savez-vous de la dentition du porc? — De quoi se nourrit-il? — 229. Pourquoi le porc est-il un animal utile? — 230. Pourquoi doit-on bien soigner les animaux domestiques? — 233. Quels soins de propreté doit-on donner aux animaux? — 234. Que faut-il faire quand un animal est malade? — 235. Citez des mammifères.

Pourquoi le cheval court-il mieux que le bœuf? — Pourquoi le porc est-il parfois dangereux pour les enfants?

RÉSUMÉ.

1. Le cheval n'a qu'un sabot unique. C'est un très bon coureur. On distingue des races de chevaux de trait et de chevaux de course.

2. Le cheval, l'âne et le mulet sont des animaux qu'on classe dans le même groupe.

2. La viande de ces animaux n'est jamais tuberculeuse. Elle peut être consommée sans danger.

3. Le porc mange aussi bien des matières animales que des matières végétales.

La chair du porc doit être bien cuite car elle peut contenir les germes du ver solitaire.

4. Les animaux domestiques sont nos serviteurs dévoués. On doit les bien soigner et les bien nourrir. Il faut les entretenir toujours propres.

DEVOIR ÉCRIT.

Parmi les animaux domestiques, citez-en trois que vous préférez. Dites pourquoi. (C. E. P., *Haute-Savoie.*)

LES OISEAUX

236. *Caractères généraux des oiseaux*. — Les oiseaux
ont le corps couvert de plumes. Ils
ont des ailes pour voler et deux pattes
pour marcher. Tous les oiseaux ont
un bec. Ils pondent des
œufs qui, après avoir
été couvés par la mère,
donnent naissance aux
petits. La poule est un
oiseau très commun.
Pour cette raison, nous
commencerons par étu-
dier la poule.

FIG. 142.
LE COQ, LA POULE ET SES POUSSINS.

237. *La poule*. — Le
corps de la poule est
couvert de plumes (*fig. 142*). Parmi les plumes, on distingue
le duvet très fin et les plumes proprement dites.

Il y a quatre membres chez les oiseaux. Les deux membres
postérieurs (*fig. 145*) sont les pattes.

Les deux membres antérieurs ou bras sont transformés en

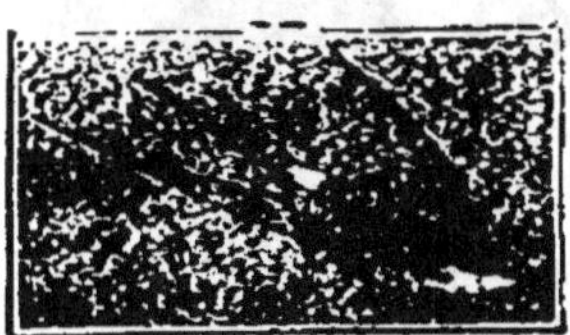

FIG. 143. — *L'hirondelle
est un bon voilier.*

ailes (*fig. 145*). Elles leur servent à
se déplacer dans l'air. La poule, néanmoins, ne vole pas aisément. Ses ailes sont arrondies : c'est un *mauvais voilier*. Chez les oiseaux qui
volent bien, comme le pigeon ou l'hirondelle, les ailes sont aiguës à leur
extrémité (*fig. 143*).

La poule se nourrit surtout de graines dures qui peuvent

Matériel à préparer. — Un oiseau empaillé. — Un œuf de poule.
— Une assiette. — Quelques plumes de poule.

être broyées dans une sorte de poche à parois très dures qui est appelée *gésier*.

La poule et tous les oiseaux respirent, comme les mammifères, à l'aide de *poumons* entre lesquels se trouve placé le cœur.

238. *Mode de reproduction.* — La poule pond des œufs. Elle les couve pendant trois semaines, en les échauffant sous ses ailes. Au bout de ce temps,

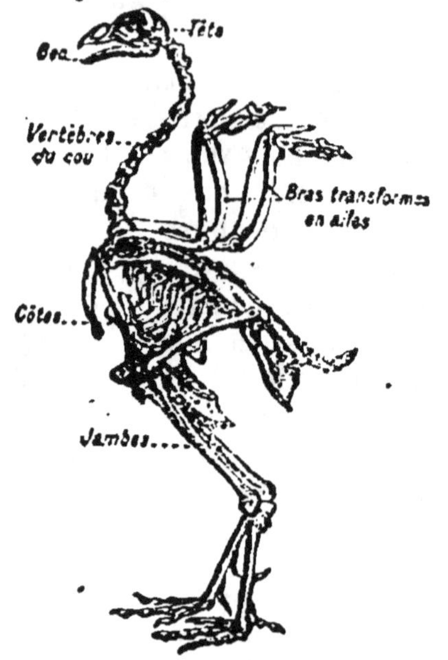

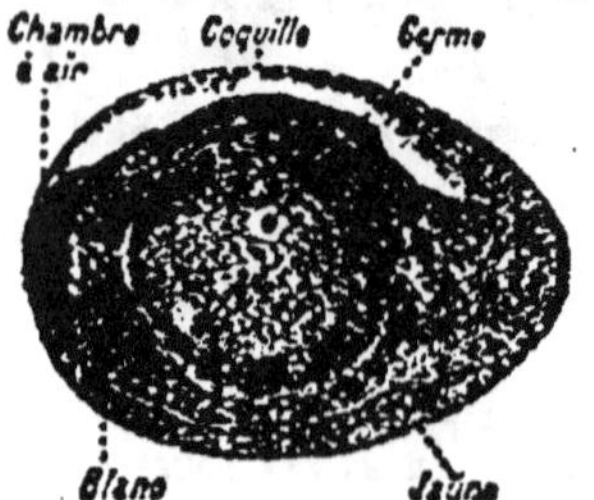

Fig. 144. — *Constitution d'un œuf de poule.*

Fig. 145. — Squelette de la poule.

de chaque œuf sort un petit poussin qui commence tout de suite à chercher sa nourriture.

239. *L'œuf contient le blanc et le jaune qui lui-même porte le germe (Exp. 63).* — L'œuf est protégé par une coquille calcaire (*fig. 144*). Il contient à l'intérieur le *blanc de l'œuf*. Au milieu du blanc flotte une boule jaune appelée le *jaune de l'œuf*. A la surface du jaune est une petite tache blanche, le *germe*. C'est le germe qui donnera naissance au

Fig. 146. — Le dindon.

petit poulet dans l'œuf. Pour se développer, le petit poulet utilise dans l'œuf le blanc et le jaune. L'œuf est donc un *aliment complet*, car il doit renfermer tous les aliments nécessaires au développement du jeune poulet.

A l'extrémité du gros bout de la coquille, on trouve, entre la coquille et le blanc, un espace rempli d'air et appelé *chambre à air*. Dans un œuf, la chambre à air est d'autant plus petite que l'œuf est plus frais pondu.

FIG. 147. — LA PERDRIX.

240. On peut faire éclore des œufs en les plaçant à une température convenable. — Si l'on place des œufs dans une boîte chauffée à une température convenable (38 à 39 degrés), c'est-à-dire la température du corps de la poule, les œufs éclosent d'eux-mêmes sans le secours de l'oiseau. Tel

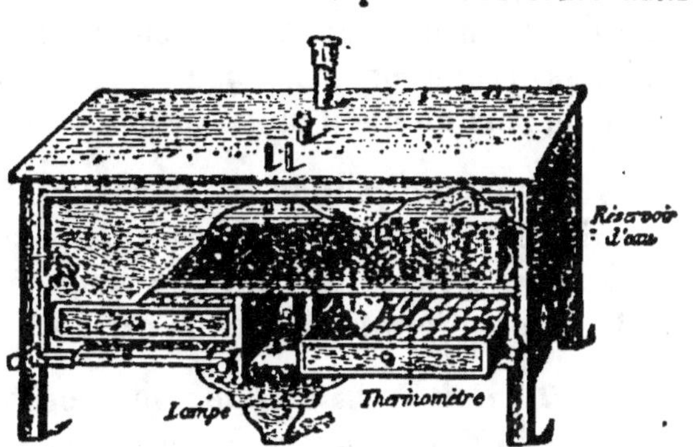

FIG. 148. — COUVEUSE ARTIFICIELLE.

est le principe des *couveuses artificielles* employées aujourd'hui dans les grandes exploitations (*fig. 148*).

240². Manière de reconnaître les œufs frais. — Dans l'œuf frais, la chambre à air est très petite ou nulle. Quand l'œuf vieillit, l'air extérieur pénètre par les pores de la coquille et s'accumule progressivement dans la chambre à air.

Pour reconnaître les œufs frais, on les *mire*, c'est-à-dire qu'on les place entre l'œil et une lumière vive. L'œuf frais est bien plein et tout l'intérieur présente une transparence uniforme. L'œuf vieux offre au contraire un vide plus sombre vers le gros bout.

Dans l'eau salée, à raison de 125 grammes de sel par litre d'eau, l'œuf frais tombe au fond. L'œuf vieux flotte dans le liquide et peut même atteindre la surface, s'il est très vieux.

240ᵇ. *Conservation des œufs.* — L'œuf est un aliment complet très précieux dans l'alimentation. Or, la ponte des poules cessant à l'automne, le prix des œufs augmente beaucoup en hiver. La bonne ménagère a donc intérêt à faire, à partir du mois d'août, sa provision d'œufs pour l'hiver.

Les œufs frais peuvent se conserver assez longtemps : 5 à 6 mois à condition qu'on les transporte avec soin sans les ballotter. Il suffit pour cela de les placer à l'abri de l'air, de la lumière, de la chaleur et de l'humidité. Pour réaliser ces conditions, on enveloppe soigneusement les œufs dans du papier propre et on les range en lits successifs dans une caisse de bois munie d'un couvercle.

241. *Races de poules.* — On distingue deux principales races de poules : 1° les *races pondeuses* (Crèvecœur, Houdan) ; 2° les *races d'engraissement* (Le Mans, Bresse). Une bonne pondeuse peut fournir 150 œufs par an.

242 *On doit bien soigner les poules dans la basse-cour.* — La basse-cour est l'endroit où l'on élève les poules à la ferme. Elle doit comprendre un poulailler, c'est-à-dire une petite construction bien exposée, au soleil, aux murs lisses et blanchis au lait de chaux. Dans le poulailler sont placés des *paniers* pour les pondeuses, et des *juchoirs* sur lesquels les poules perchent pendant la nuit.

Les poules se nourrissent des menus grains qu'on leur donne et des débris ou insectes de toute sorte qu'elles trouvent à terre quand elles vivent en liberté. Une petite auge remplie d'eau pure doit être placée à leur portée, surtout pour les pondeuses.

Quand les poulaillers sont mal tenus, les poules sont impatientées par la vermine ou bien elles sont sujettes à plusieurs maladies.

La poule et les oiseaux qui lui ressemblent forment le groupe des *gallinacés* (du mot latin *gallina*, poule).

243. *Oiseaux du groupe de la poule*. — Dans le même groupe que la poule on range d'autres oiseaux de la basse-cour : le dindon (*fig. 146*) et la pintade.

Le faisan, la perdrix (*fig. 147*) et la caille sont des gallinacés sauvages.

LE CANARD

244. *Le canard*. — Le canard est aussi un oiseau de basse-cour. Il diffère de la poule (*fig. 149*) par ses formes qui sont plus lourdes. Les pattes placées à l'arrière du corps

FIG. 149. — LE CANARD ET SES PETITS.

FIG. 150.
BEC ET PATTE
DE CANARD.

sont pourvues d'une petite membrane, d'*une palmure* (*fig. 150*) située entre les doigts. Pour cette raison on le classe dans le groupe des *palmipèdes*. Cette condition fait du canard un *excellent nageur*. Le *bec aplati* permet à l'animal de chercher dans la vase ou dans l'eau les petits animaux dont il se nourrit volontiers.

Il ne faut pas tenir enfermé le canard. Il doit toujours pouvoir se rendre dans une pièce d'eau naturelle ou artificielle.

Le canard est estimé pour sa chair.

245. *Autres palmipèdes.* — L'oie est un palmipède de la basse-cour. La *mouette*, oiseau de mer qui vit de poissons, est aussi un palmipède.

246. *On classe les oiseaux d'après la forme du bec et de la patte.* — On voit que les palmipèdes diffèrent des gallinacés par des caractères importants. Il existe donc des animaux qui, tout en possédant les caractères généraux des oiseaux, diffèrent les uns des autres par la forme du *bec* ou de la *patte*. On pourrait classer les oiseaux d'après ces deux caractères.

LE PIC VERT

247. *Le pic vert.* — Le *pic vert* (*fig. 151*) a deux doigts en avant et deux en arrière. C'est la meilleure condition pour que l'oiseau puisse grimper facilement sur les arbres où il cherche sous l'écorce, à l'aide de son bec fort et aigu, les insectes ou les larves dont il se nourrit. C'est donc un oiseau utile. On le range dans le groupe des grimpeurs (*fig. 152*).

Fig. 151. — Pic vert.

Fig. 152.
Bec et patte de grimpeur.

Le *coucou* et le *pic vert* sont de la famille des grimpeurs.

Le coucou est nuisible parce qu'il détruit parfois les œufs ou les petits d'autres oiseaux utiles.

QUESTIONNAIRE.

236. A quels caractères reconnaît-on un oiseau? — 237. Comment est couvert le corps de la poule? — Combien la poule a-t-elle de membres? — Comment sont disposés les membres antérieurs? — Et les membres postérieurs? — Quelle différence existe-t-il entre la forme des ailes de la poule et du pigeon? — Quel est le rôle du gésier de la poule? — Comment la poule respire-t-elle? — 238. Quel est le rôle des œufs des oiseaux? — 239. Quelles sont les diverses parties d'un œuf de poule? — 240. Est-il indispensable que l'œuf soit placé sous la mère pour éclore? — 240². Pourquoi la chambre à air de l'œuf

frais est-elle petite? — Comment peut-on reconnaître des œufs frais? — 240³. Pourquoi l'œuf frais est-il un aliment complet? — Quelles sont les conditions de la conservation des œufs? — Comment peut-on les conserver? — 241. Quelles sont les principales races de poules? — 242. Comment doit être entretenue une basse-cour? — 243. Quels sont les principaux gallinacés? — 244. Que savez-vous sur le canard? — Pourquoi le canard est-il bon nageur? — Comment appelle-t-on les oiseaux ressemblant au canard? — 245. Quels sont les principaux palmipèdes? — 246. Comment la poule diffère-t-elle du canard? — 247. Que savez-vous sur le pic vert? — Connaissez-vous d'autres grimpeurs?

Pourquoi la chauve-souris n'est-elle pas un oiseau?

RÉSUMÉ.

1. Les oiseaux sont des vertébrés disposés pour le vol. Leur corps est couvert de plumes. Leurs membres antérieurs sont transformés en ailes. Leur tête est terminée par un bec dont la forme varie suivant les espèces.

2. La poule, comme tous les oiseaux, pond des œufs d'où éclosent les petits quand la mère les a couvés pendant un certain temps sous ses ailes.

On peut faire éclore les œufs de la poule à l'aide d'une couveuse artificielle.

Dans l'œuf frais la chambre à air est très petite. On peut reconnaître les œufs frais soit en les mirant, soit en les plongeant dans l'eau salée.

Les œufs peuvent se conserver quand on les place sans choc à l'abri de l'air, de la lumière, de la chaleur et de l'humidité.

3. Le poulailler doit être propre et bien exposé.

4. La poule, le dindon, la pintade sont des gallinacés domestiques; le faisan, la perdrix et la caille sont des gallinacés sauvages.

5. Le canard, autre oiseau de la basse-cour, a un bec aplati.

DEVOIRS ÉCRITS.

Dites ce que vous savez sur l'oiseau que vous connaissez le mieux. (C. E. P. *Côtes-du-Nord*).

Les palmipèdes. Vous écrivez à un de vos camarades pour lui dire à quoi on reconnaît un palmipède. Vous lui parlerez des palmipèdes domestiques et des services qu'ils rendent. (C. E. P. *Isère.*)

Qu'est-ce qu'une basse-cour? Parlez des principaux oiseaux qu'on y élève. Importance de la basse-cour et soins qu'elle réclame. (C. E. P. *Seine-Inférieure.*)

LLS OISEAUX *(Suite)*.

LE PIGEON

248. *Le pigeon.* — Le pigeon est aussi un oiseau domestique (*fig. 153*). Il vole très bien. Aussi est-il parfois difficile de le retenir au colombier surtout si célui-ci n'est pas bien tenu et si la nourriture n'est pas suffisante.

FIG. 153.
LE PIGEON DOMESTIQUE.

Le *bizet*, le *ramier*, la *tourterelle* forment, avec le pigeon, les principaux types d'oiseaux de la famille du pigeon ou *colombins.* Le pigeon a une chair délicate.

L'ÉPERVIER

249. *L'épervier.* — L'épervier est un oiseau bien connu dans nos campagnes. Son *bec fortement crochu* est destiné à déchirer les chairs. Sa patte est pourvue de griffes puissantes très courbées, appelés aussi *serres*, à l'aide desquelles il emporte les petits oiseaux dont il se nourrit. Il vient même parfois, rapide comme une flèche, enlever les petits poussins dans la basse-cour.

Les oiseaux ayant des caractères analogues à ceux de l'épervier : *bec crochu, vattes pourvues de serres*, forment la famille des *rapaces* ou *oiseaux de proie* (*fig. 154*).

FIG. 154.
BEC ET PATTE
DE RAPACE.

250. *Autres rapaces.* — L'aigle, le milan, le *vautour*, le *faucon*, la *buse* sont aussi des rapaces. Comme ils chassent toujours pendant le jour, on les appelle rapaces *de jour*.

Il existe, en outre, des rapaces qui ne chassent que la nuit, comme le *hibou*, la *chouette*, l'*effraie* qui vivent dans nos pays : ce sont les rapaces *de nuit*. Ils font une chasse incessante aux rats, souris et mulots. Ce sont des *animaux très utiles* qu'on doit protéger. C'est un préjugé de croire que ces oiseaux portent malheur. C'est une pratique cruelle que de les clouer vivants à la porte des granges.

PASSEREAUX

151. *Les passereaux et leurs nids*. — Les plus petits et les plus gracieux des oiseaux appartiennent à la famille des passereaux. La plupart d'entre eux ne viennent dans nos pays que pour y passer la belle saison : c'est pourquoi on les appelle des *passereaux*. A l'automne ils émigrent dans les pays plus chauds. Pour couver les œufs et abriter leur couvée, les passereaux construisent des nids qui sont souvent de petits chefs-d'œuvre d'architecture (*fig. 155, 157*).

Fig. 155. — LE NID.

252. *Les passereaux sont utiles*. — Leurs chants variés égaient les bois, les buissons et les champs. Tous nous rendent les plus grands services en faisant une guerre acharnée aux insectes ennemis de nos récoltes.

L'insecte, en effet, se glisse partout sur la feuille et sur le rameau, dans le grain et sous l'écorce. Partout il accomplit sournoisement son œuvre de destruction. Il coupe la feuille dans le bourgeon et tue le fruit dans la fleur. L'oi-

seau seul a la vue assez perçante et le vol assez rapide pour
faire la guerre à ces infiniment petits. Aussi les oiseaux
sont-ils les auxiliaires précieux du cultivateur. C'est donc
une cruauté et une bien mauvaise action que de détruire le
nid, ce berceau de l'oiseau.

253. *Principaux passereaux.* — L'*hirondelle*, cet hôte
charmant et familier, met sa couvée à
l'abri de notre toit, dans un nid qui est
une petite merveille de construction.

Fig. 156.
Le rossignol.

Le *rossignol* (*fig. 156*) fait le sien dans
le buisson, la vive *bergeronnette* suit
constamment le berger et son troupeau
pour faire la chasse aux insectes qui vivent sur la toison du mouton.

Les *chardonnerets*, les *pinsons*, les
verdiers égaient nos
jardins et se consti-
tuent les gardiens de nos arbres fruitiers.

Les *fauvettes*, les *merles*, les *mésanges*,
les *rouges-gorges*, les *roitelets* construisent
leur demeure sur les arbres de nos bois et
nous débarrassent des insectes nuisibles.

L'effronté *moineau* fait aux insectes
une chasse active pour nourrir ses petits. Il est vrai qu'en hiver il se paie
lui-même de ses services en rendant
visite à nos greniers. Mais ses services
compensent bien la dîme si faible qu'il
prélève sur le blé.

**254. *Il faut protéger tous les
passereaux.*** — Tous les passereaux
sont utiles à l'homme parce qu'ils font
une chasse incessante aux insectes. Tout
au plus peut-on excepter les corbeaux,
les pics et les geais qui, parfois, causent à nos récoltes

Fig. 157.
Nid de la fauvette
des roseaux.

d'assez graves dégâts, ou même détruisent les nids des petits oiseaux dont ils mangent les œufs.

255. *Gibier*. — Quelques oiseaux sont considérés comme gibier. De ce nombre sont la perdrix, la caille, la bécasse, l'alouette, le faisan. Mais, sauf l'alouette, ils ne rentrent pas dans le groupe des passereaux.

NOTIONS D'ÉCONOMIE DOMESTIQUE ET D'HYGIÈNE

255². ***Le gibier dans l'alimentation*** — Le gibier (lapin, lièvre, chevreuil, perdreaux, cailles, faisans) doit être consommé frais. La viande de ces animaux est bonne quand elle provient d'animaux jeunes.

Le *gibier faisandé* est celui qui a déjà subi un commencement de fermentation. Il renferme alors des substances très dangereuses pour la santé et appelées *toxines*.

Le gibier frais mis à mariner dans le vin blanc ou le vinaigre additionné d'épices : sel, citron, thym, clou de girofle peut, sans danger, être consommé au bout de quelques jours.

QUESTIONNAIRE.

248. Que savez-vous sur le pigeon? — Quels sont les principaux oiseaux de la famille du pigeon? — 249. Quelle est la forme du bec et de la patte chez l'épervier? — Dans quel groupe range-t-on les oiseaux qui ressemblent à l'épervier? — 250. Comment peut-on classer les rapaces? — Citez les principaux rapaces de jour de nos pays. — Quels sont les principaux rapaces de nuit? — Pourquoi ne faut-il pas les détruire? — 251. Que savez-vous sur les passereaux? — 252. Comment les passereaux sont-ils utiles? — 253. Citez les principaux passereaux. — 254. Pourquoi faut-il protéger leurs nids? — 255². Quel est le gibier qui peut être consommé? — Pourquoi le gibier faisandé est-il mauvais dans l'alimentation? — Dans quel cas le gibier peut-il être consommé au bout de quelques jours?

Pourquoi certains passereaux nous quittent-ils à l'automne pour revenir au printemps suivant? — Où vont-ils?

RÉSUMÉ.

1. Le pigeon est un oiseau domestique. Il a le vol très rapide. On ne peut le retenir au pigeonnier qu'en le soignant convenablement. Le bizet, le ramier et la tourterelle appartiennent au même groupe que le pigeon.

2. L'épervier est un rapace au bec crochu et aux pattes armées de serres.

3. L'aigle, le milan, l'épervier, le vautour, le faucon sont des rapaces de jour, tous très nuisibles parce qu'ils détruisent nos auxiliaires, les petits oiseaux.

Le hibou et la chouette sont des rapaces de nuit qui sont utiles car ils font une chasse incessante aux rats, souris et autres rongeurs nuisibles.

4. Les passereaux, ainsi appelés parce qu'ils ne font généralement que passer la belle saison dans nos pays, sont très utiles à cause de la guerre continuelle qu'ils font aux insectes dont ils se nourrissent.

Il est maladroit et cruel de les tuer ou de détruire leurs nids.

5. L'hirondelle, le rossignol, le chardonneret, la mésange, la fauvette, la bergeronnette, le rouge-gorge, le merle et le moineau sont des passereaux utiles.

6. Il ne faut pas consommer le gibier faisandé : il est préférable de manger le gibier frais ou simplement mariné.

DEVOIRS ÉCRITS.

Vous rapporterez les conseils qui vous ont été donnés par votre maître à propos des oiseaux et des nids. Pourquoi faut-il se garder de détruire les oiseaux? Quelle conduite avez-vous résolu de suivre à leur égard? (C. E. P. *Oise.*)

Les oiseaux utiles et les oiseaux nuisibles à l'agriculture. Enumérez et décrivez brièvement ceux d'entre eux que vous connaissez. (C. P. E. *Seine-et-Oise.*)

Qu'appelle-t-on oiseaux rapaces? Quelles sont les particularités du bec et de la patte de ces oiseaux? Quels sont ceux qui sont utiles à l'homme?

REPTILES — BATRACIENS — POISSONS

LES REPTILES : LE LÉZARD

256. Animaux à sang froid. — Tous les animaux dont nous avons parlé jusqu'ici ont le sang chaud. Si l'on touche avec la main un lézard, une grenouille ou un poisson qui sont également des animaux à vertèbres, on éprouve une sensation de froid. En effet, leur corps prend la température du milieu dans lequel il se trouve. S'il fait chaud, leur corps

Fig. 158. — LE LÉZARD DES MURAILLES.

est légèrement chaud. S'il fait froid, leur corps est légèrement froid. Ce sont donc des animaux *à température variable* ou, comme on dit parfois, des animaux *à sang froid*.

Le lézard, la grenouille et la carpe sont des animaux à sang froid.

Il existe donc des vertébrés à sang chaud comme le chien et des vertébrés à sang froid comme le lézard.

Fig. 159. — LA COULEUVRE.

257. Le lézard est un reptile. — Le lézard a quatre pattes si courtes qu'il *paraît ramper sur le ventre*. On dit pour cette raison qu'il est un reptile (en latin *repere* : ramper).

Son corps est couvert de petites écailles (*fig. 158*).

Le lézard est un animal très vif, tout à fait inoffensif, qui

Matériel à préparer. — Une couleuvre dans l'alcool.

aime à demeurer au soleil où il se met à l'affût des mouches ou des insectes dont il se nourrit.

258. *La couleuvre est un reptile* (*Exp. 64*). — La couleuvre est aussi un reptile. Elle n'a pas de membres pour marcher (*fig. 159*), cependant elle se déplace très vivement sur le sol en rampant.

La couleuvre n'est pas dangereuse. Il n'en est pas ainsi de tous les serpents. Ainsi la vipère porte dans sa bouche *deux dents recourbées* en crochets communiquant avec une *poche à venin*. La piqûre de la vipère est parfois mortelle.

FIG. 160. — LA TORTUE.

259. *Autres reptiles.* — Les tortues sont aussi des reptiles. Leurs pattes sont très courtes. Leurs écailles, extrêmement grosses, sont soudées entre elles pour former la carapace (*fig. 160*).

Certaines espèces de tortues sont utiles dans les jardins parce qu'elles font la chasse aux limaces.

LES BATRACIENS :
LA GRENOUILLE ET SES MÉTAMORPHOSES

260. *La grenouille.* — La grenouille vit en France au bord des eaux. Elle a le corps nu, sans écailles. La tête porte deux gros yeux saillants. Ses deux pattes postérieures sont plus longues que celles de devant : c'est un animal disposé pour le saut. D'ailleurs elle peut nager, car ses pattes sont palmées (*fig. 161*).

261. *Reproduction et métamorphoses de la grenouille.* — La grenouille pond des œufs sans coquille, ayant à peu près la grosseur d'un petit pois (*fig. 161*). Ces œufs

forment des paquets qui flottent à la surface des étangs ou des mares. De l'œuf sort au printemps un animal qui ne ressemble nullement à la grenouille : c'est *le têtard* (*fig. 161*). Le têtard n'a pas de membres. Il est constitué presque en entier par une tête globuleuse qui porte en arrière

Fig. 161. — MÉTAMORPHOSES DE LA GRENOUILLE

une queue aplatie très mobile servant au déplacement de l'animal.

Dans les premiers jours de sa naissance, l'animal respire d'abord dans l'eau à l'aide d'organes spéciaux appelés des *branchies*. A l'aide de ces branchies, l'animal utilise l'oxygène de l'air dissous dans l'eau. Quand il est plus âgé, il respire dans l'air avec des poumons.

Le têtard se transforme progressivement pour devenir une grenouille. A cet effet, il se forme d'abord une première paire de pattes (*fig. 161*) en arrière du corps, puis un peu plus tard une seconde paire de pattes en avant. La queue diminue progressivement.

Le têtard se nourrit d'herbes : il est herbivore. La grenouille mange des petits insectes : elle est carnivore.

Les animaux du groupe de la grenouille s'appellent des *batraciens*.

Le crapaud ressemble à la grenouille. C'est un animal utile, car c'est un grand chasseur d'insectes et de limaces. Il ne faut pas le détruire. Il n'est pas dangereux pour l'homme.

LES POISSONS : LA CARPE

262. La carpe. — La carpe, que nous prendrons comme exemple, est un poisson qui vit dans nos étangs et nos rivières.

Son corps, couvert d'écailles, est allongé en fuseau. Cette forme particulière permet à l'animal de se déplacer aisément dans l'eau. Sa queue est fourchue.

Sa tête porte de chaque côté une sorte de petit volet appelé *opercule*, qui s'élève et s'abaisse alternativement pendant la respiration (*fig. 162*).

263. La carpe respire à l'aide de branchies. — En soulevant un de ces opercules, on voit dans l'intérieur du corps des espèces de lamelles rouges qui sont *les branchies*. A l'aide de ces branchies, l'animal respire en utilisant l'oxygène de l'air dissous dans l'eau (*fig. 162*).

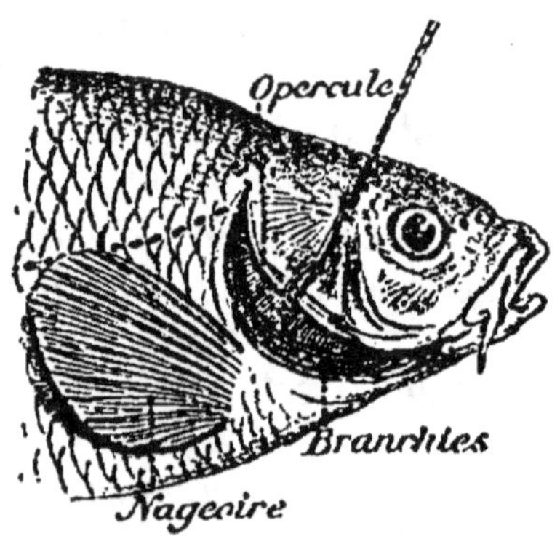

Fig. 162. — Tête de carpe.

264. Les poissons se déplacent à l'aide de leurs nageoires. — Le corps de la carpe porte des nageoires qui correspondent les unes aux bras, les autres aux jambes des autres animaux vertébrés. Ces nageoires leur servent à se déplacer dans l'eau.

265. Les poissons se reproduisent à l'aide d'œufs. — Les poissons pondent des œufs sans coquille. Ces œufs sont en nombre considérable; la carpe, par exemple, en pond plusieurs centaines de mille, mais un grand nombre des petits qui en proviennent sont la proie des autres poissons. Le plus souvent, l'animal dépose ses œufs sur le bord du rivage, à des endroits tranquilles où ils éclosent d'eux-mêmes.

266. *Principaux poissons.* — On peut distinguer parmi
les poissons d'eau douce (*fig. 163*), la carpe, la tanche, le
goujon, qui sont insectivores. La perche, le brochet et l'an-

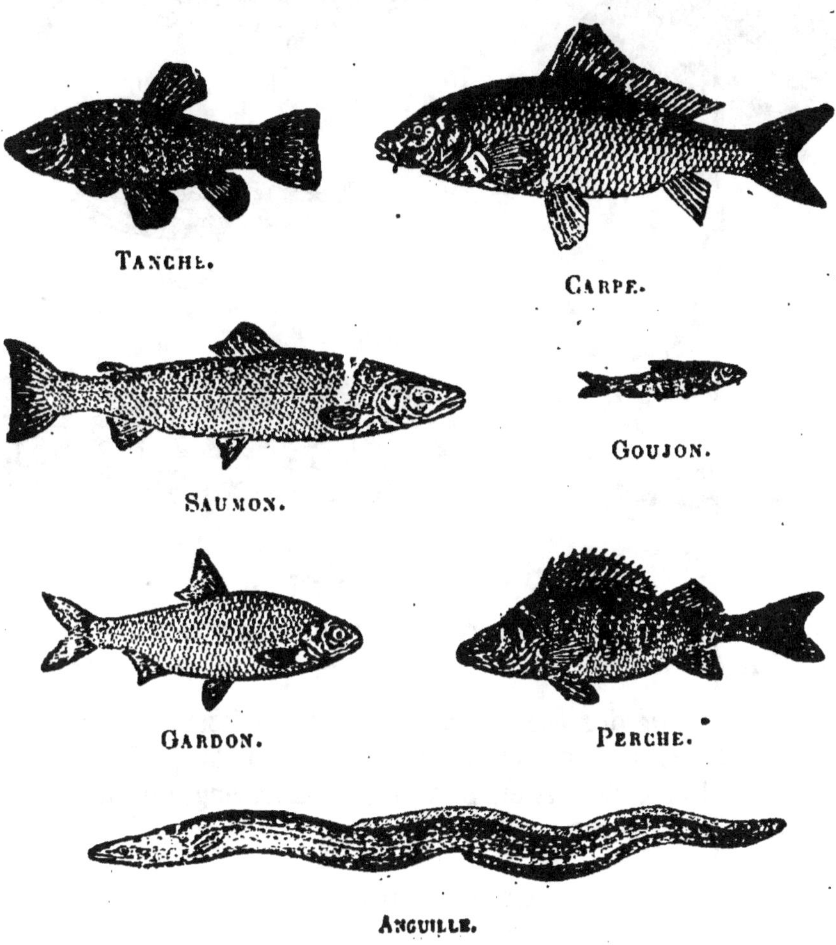

FIG. 163. — POISSONS D'EAU DOUCE.

guille, au contraire, sont carnivores. Ils ont des dents aiguës
et nombreuses.

Les principaux poissons de mer sont : le *hareng* qui circule dans les mers froides en bancs immenses; la *morue*

qui se pêche sur les côtes de Terre-Neuve ; la *sardine* qui vit

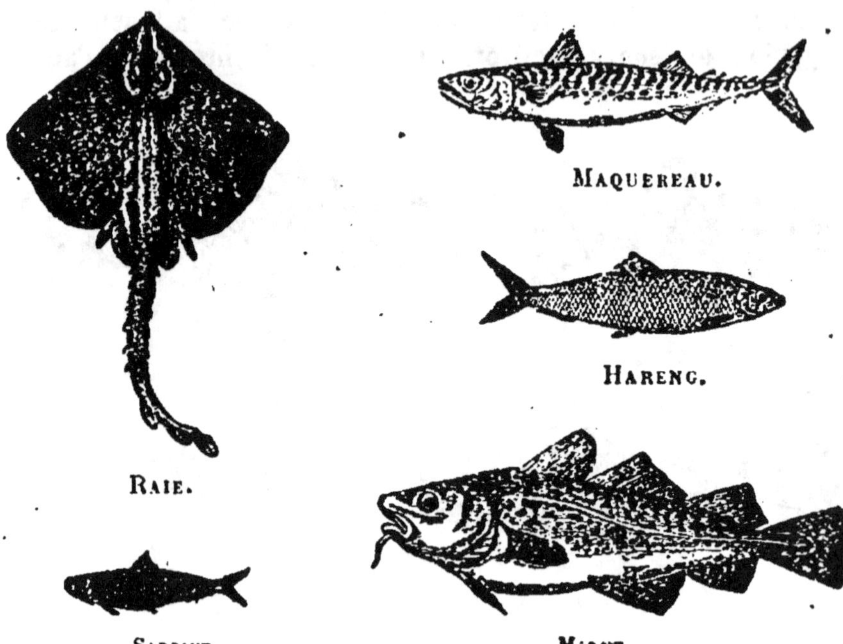

Fig. 164. — Poissons de mer.

sur nos côtes ; le *maquereau*, l'*anguille de mer*, la *raie* (*fig. 164*).

267. *Usage des poissons*. — Tous ces poissons sont partout l'objet d'un commerce considérable, à l'état *frais*, *fumé* ou *salé*. Il en est ainsi en particulier du hareng, du maquereau et de la morue.

QUESTIONNAIRE.

256. Pourquoi dit-on que le lézard est un animal à sang froid ? — Citez quelques vertébrés à sang chaud. — 257. Que savez-vous du lézard ? — 258. Que savez-vous de la couleuvre ? — Dans quel groupe range-t-on la couleuvre ? — Que savez-vous de la vipère ? — 259. Quels sont les reptiles que vous connaissez ? — 260. Que savez-vous sur la forme du corps de la grenouille ? — Comment la grenouille se déplace-t-elle ? — 261. Comment la grenouille se reproduit-elle ? — Comment appelle-t-on l'animal qui sort de l'œuf de grenouille ? — Comment respire le têtard dans son jeune âge ? — Comment

respire le têtard quand il est un peu plus âgé? — Comment se nourrit le têtard? — Citez un autre batracien de nos pays. — 262. Que savez-vous de la carpe? — 263. Comment la carpe respire-t-elle? — 264. Comment les poissons se déplacent-ils dans l'eau? — 265. Comment les poissons se reproduient ils? — 266. Quels sont les principaux poissons d'eau douce et d'eau de mer? — 267. Que savez-vous de l'usage des poissons?

Pourquoi la grenouille reste-t-elle si souvent au bord de l'eau ou à la surface? — La grenouille peut-elle être noyée? — Pourquoi les écailles d'un poisson sont-elles disposées comme les tuiles d'un toit?

RÉSUMÉ.

1. La couleuvre, la grenouille et la carpe sont des vertébrés à sang froid.

2. Les reptiles comme le lézard, la couleuvre ou la tortue ont sur le corps des écailles plus ou moins grosses.

Les serpents n'ont pas de membres, mais le lézard et la tortue en ont quatre. Il existe des serpents venimeux, comme la vipère, et des serpents non venimeux, comme la couleuvre.

3. Les tortues sont des reptiles dont le corps est protégé par une carapace dure et résistante.

4. La grenouille vit au bord des eaux. Elle se reproduit en pondant des œufs. De ces œufs sortent des têtards qui, après plusieurs changements ou métamorphoses successives, deviennent des grenouilles.

5. Les poissons ont le corps allongé et couvert d'écailles. Ils respirent dans l'eau à l'aide de leurs branchies.

Ils se déplacent à l'aide de leurs nageoires. Ils se reproduisent par des œufs.

6. La carpe, la tanche, le goujon, la perche, le brochet et l'anguille qui vivent dans nos rivières; le hareng, la morue, la sardine et le maquereau qui vivent dans la mer, servent à notre nourriture.

DEVOIRS ÉCRITS.

La grenouille. Ses métamorphoses. Son utilité pour l'agriculture. (C. E. P. *Yonne.*)

Vous écrivez à un camarade; vous lui parlerez des reptiles. A quels caractères les distingue-t-on? Vous citerez quelques reptiles parmi les plus gros, mais vous citerez surtout ceux du pays. Sont-ils utiles ou nuisibles? (C. E. P. *Isère.*)

ANIMAUX SANS VERTÈBRES

31ᵉ LEÇON
LES INSECTES NUISIBLES : LE HANNETON

268. *Le hanneton est un insecte. Il a le corps divisé en trois parties, tête, poitrine et ventre (Exp. 65).* — Examinons un hanneton : son corps est dur à l'extérieur, au moins du côté du dos, mais il ne renferme pas d'os à l'intérieur; par conséquent pas de vertè-bres. Le hanneton est un *invertébré*.

Le corps du hanneton est divisé en trois par-ties : la tête, la poitrine (ou thorax) et le ventre (ou abdomen) (*fig. 165*).

La tête porte les an-tennes, organes du tou-

FIG. 165. — HANNETON ET SA LARVE.

cher, situées en avant et les yeux très gros sur les côtés. Le thorax porte, du côté du dos, deux paires d'ailes dont la première forme une sorte d'étui résistant, et, au-dessous, six pattes robustes.

Le dessus de l'abdomen porte de petites ouvertures, cachées sous les ailes qui, appelées *stigmates*, servent à la respiration de l'animal.

269. *Reproduction du hanneton. Métamorphoses.* — La femelle du hanneton pond, au milieu du printemps, une tren-taine d'œufs qu'elle dépose dans le sol. Quatre à cinq semaines après, ces œufs éclosent et donnent chacun naissance à une sorte de petit ver appelé *larve* ou *ver blanc* ou *man* qui grossit rapidement. Ce ver d'un blanc sale, vit trois ans dans le sol

---

Matériel à préparer. — Un hanneton conservé et autres insectes communs.

en rongeant sans relâche les racines les plus tendres. En hiver, il s'enfonce plus avant dans le sol pour éviter le froid.

Au mois de mars de la troisième année, il se construit avec de la terre humectée d'une sorte de salive, une coque ou cocon dans laquelle il s'enferme. Il devient alors *nymphe* ou

FIG. 166. — NID DE CHENILLES.

chrysalide. Cette nymphe, dépourvue d'ailes, reste six semaines absolument immobile. Pendant ce temps, tous ses organes se modifient complètement. L'animal est devenu un *insecte parfait* : le *hanneton* qui perce le cocon pour s'envoler dans les airs et dévorer les jeunes pousses. En résumé, *larve, nymphe, insecte parfait* : telles sont les trois formes successives que prend toujours le hanneton.

Le hanneton est extrêmement nuisible. Les dégâts qu'il cause à l'agriculture se chiffrent annuellement par plusieurs millions de francs.

Dans les régions du Nord et de l'Ouest de la France, la récolte des betteraves est toujours compromise, et parfois nulle, quand les hannetons sont très nombreux.

270. *Tous les insectes pondent des œufs d'où il sort une larve qui se transforme en chrysalide, puis en insecte parfait* (*Exp.* 66). — En ouvrant avec précaution des cocons fins et soyeux qu'on trouve souvent en été sur les feuilles, on y trouve des insectes sous forme de chrysalide.

Chez certains insectes appelés papillons, les larves s'appellent chenilles.

Les chenilles sont souvent rassemblées dans une sorte de toile fine formant ce qu'on appelle communément un *nid de chenilles* (*fig.* 166).

AUTRES INSECTES NUISIBLES

271. *Insectes nuisibles aux plantes potagères*. — La larve de la *bruche* se développe dans la graine de certaines légumineuses (pois, fève, etc.);

Les *pucerons* vivent en troupes innombrables sur beaucoup de plantes et en sucent la sève;

FIG. 167. — LA COURTILIÈRE.
(Grandeur naturelle.)

La *courtilière* fait de grands dégâts aux jeunes racines qu'elle coupe en creusant des galeries dans le sol (*fig. 167*);

La chenille du *papillon du chou* en ronge rapidement les feuilles.

272. *Insectes nuisibles aux céréales*. — La larve du *charançon* se développe particulièrement . dans les grains de blé. Pour l'éloigner des tas, on y répand un lait de chaux qui tue l'insecte sans altérer

FIG. 168. — CRIQUET D'AFRIQUE.
(Grandeur naturelle.)

le blé. Citons encore les *criquets* (*fig. 168*) qui, en Afrique, dévastent non seulement les champs de céréales, mais aussi toutes les cultures. Ils se déplacent en bandes considérables. En peu de temps, ils causent la ruine du pays où ils s'abattent.

273. *Insecte nuisible à la vigne*. — Le *phylloxera* (*fig. 169*) cause à la vigne un tort immense. Il y a plusieurs années, il a failli ruiner tous les vignobles français. Cet insecte très petit, s'attaque à la racine de la vigne. A l'aide d'un suçoir très long qu'il y plonge, il se nourrit de la sève

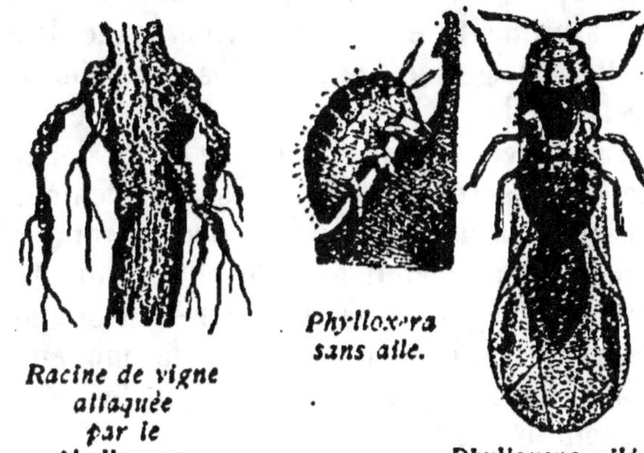

Fig. 169. — PHYLLOXERA.
(Figure très grossie.)

de la plante qu'il épuise promptement. Des œufs pondus par les femelles peuvent éclore, soit des individus qui restent sur la racine, soit des individus ailés qui propagent la maladie dans tout le vignoble voisin.

On lutte contre le phylloxera en utilisant les plants de vigne américains qui résistent plus facilement à l'insecte et sur lesquels on greffe du plant français.

274. *Insectes nuisibles aux arbres*. — Le *lucane* ou cerf-volant creuse ses galeries sous l'écorce des arbres des forêts (*fig. 170*).

Les *fourmis* et les *guêpes* se nourrissent de nos fruits qu'elles altèrent.

Enfin les *chenilles* font de tels ravages en dévorant les

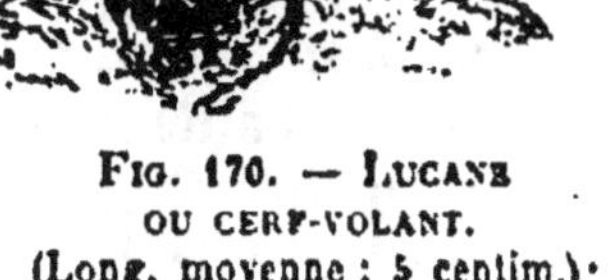

Fig. 170. — LUCANE
OU CERF-VOLANT.
(Long. moyenne : 5 centim.)·

jeunes pousses au printemps qu'elles compromettent considérablement la récolte des fruits. Pour prévenir ces ravages la loi exige qu'avant le 20 février de chaque année, tous les propriétaires d'arbres aient enlevé les nids ou bourses de chenilles (échenillage).

274². *Insectes nuisibles à l'homme*. — Les mouches sont extrêmement nuisibles à l'homme. Elles se posent sur les substances malpropres, sur les détritus divers ; elles se posent aussi sur les aliments et y transportent avec leur trompe ou leurs pattes des germes de maladies contagieuses telles que la fièvre typhoïde.

Pour éviter ce grave inconvénient, on essaie de se débarrasser de ces insectes en suspendant dans les appartements des bandes d'un papier spécial appelé *tue-mouches*, auquel les mouches viennent s'engluer. Il faut de plus laver plusieurs fois à grande eau les légumes destinés à être consommés crus. Enfin on préserve les aliments de l'atteinte des mouches en les mettant à l'abri dans un garde-manger dont les côtés sont garnis de fine toile métallique.

D'autre part, les mouches et les moustiques pondent leurs œufs en été sur le bord des eaux stagnantes. En répandant sur ces œufs une petite quantité de pétrole qui se dissémine en couche très mince sur toute la surface du liquide, on tue les larves qui éclosent des œufs.

274³. *Piqûres d'insectes*. — On peut toujours traiter une piqûre d'insecte par des compresses d'alcali volatil (qui est du gaz ammoniac dissous dans l'eau) après avoir, s'il s'agit par exemple d'une piqûre de guêpe, extrait le dard en pressant la plaie avec les doigts. Si l'on craint que la piqûre soit causée par une mouche charbonneuse, c'est-à-dire par une mouche qui se serait posée sur le cadavre d'un animal atteint du charbon (maladie mortelle), il est toujours préférable de consulter le médecin.

274⁴. *Destruction ou éloignement de divers insectes*. — Les guêpes altèrent souvent les fruits sucrés au moment de la maturité. On peut y remédier en abritant les fruits encore fixés sur la branche, dans de petits sacs de crin ou même de papier ou en détruisant les nids de guêpes situés dans le voisinage. Dans ce dernier cas, il suffit, *à la tombée de la nuit*, quand tous les insectes sont rentrés, d'introduire dans l'ouverture du nid un tampon imprégné d'essence de térébenthine et d'y mettre le feu.

Il est souvent très difficile de se débarrasser des fourmis dans les appartements. Néanmoins on peut préserver à coup sûr les aliments de leur visite en les plaçant sur une table dont les pieds reposent dans des verres remplis d'eau : les fourmis ne peuvent pas monter sur la table.

La *destruction des punaises* dans les appartements peut être obtenue en y brûlant de la fleur de soufre dans des godets de terre. La pièce à desinfecter devra rester hermétiquement close pendant un ou plusieurs jours. Remarquons néanmoins qu'il n'y a jamais de punaises dans un appartement tenu soigneusement. En particulier, les parquets doivent être bien propres et passés à l'encaustique à l'essence de térébenthine.

QUESTIONNAIRE.

268. Comment se divise le corps du hanneton? — Le hanneton a-t-il des vertèbres? — Quels sont les organes fixés à la poitrine? — 269. Comment se reproduit le hanneton? — Pendant combien de temps la larve reste-t-elle sous terre? — 270. Comment se reproduisent tous les insectes? — 271. Quels sont les insectes nuisibles aux plantes potagères? — 272. Où se développe le charançon? — Comment peut-on s'en débarrasser? — 273. Que savez-vous sur le phylloxera? — Quel est le meilleur moyen de combattre le phylloxera? — 274. Citez d'autres insectes nuisibles aux arbres. — 274². Quels sont les dangers que présentent les mouches dans nos appartements? — Comment peut-on les combattre? — 274³. Comment traite-t on les piqûres d'insectes? — 274⁴. Comment peut-on, dans le jardin, préserver les fruits des attaques des guêpes ou des fourmis? — Comment détruit-on un nid de guêpes? — Quel est le meilleur moyen d'éloigner les fourmis des aliments? — Comment peut-on détruire les punaises dans un appartement?

Pourquoi doit-on écheniller les arbres? — Comment la larve d'un insecte s'introduit-elle dans le fruit? — Pourquoi la mouche pond-elle ses œufs dans la viande? — D'où viennent les vers du fromage? — Pourquoi y viennent-ils?

RÉSUMÉ.

1. Les insectes ont le corps dur à la surface, mais ils n'ont pas d'os à l'intérieur. Ce sont des invertébrés.

Leur corps est divisé en trois parties : la tête, la poitrine ou thorax et le ventre ou abdomen.

Le thorax porte sur le dos deux paires d'ailes et en dessous trois paires de pattes.

2. Les insectes pondent des œufs. De l'œuf sort la larve qui se transforme en nymphe, puis en insecte parfait.

3. Les principaux insectes nuisibles sont : le hanneton, les pucerons. les charançons, les criquets, le phylloxera et les chenilles de toutes sortes

4. Il est indispensable d'éloigner, autant que possible, les mouches des appartements. Elles peuvent. en effet, apporter sur nos aliments, des germes de maladies contagieuses.

5. On traite les piqûres d'insectes par des compresses d'alcali volatil. On détruit les nids de guêpes en y mettant le feu à la tombée de la nuit.

On se débarrasse des punaises à l'aide des vapeurs de fleurs de soufre.

LECTURE.

Un grand mangeur : le ver blanc.

Tout lui est bon ; les racines des herbes et des arbres, des céréales et des fourrages, des plantes potagères et des végétaux d'ornement. L'hiver, il s'enfonce profondément en terre et s'engourdit ; au printemps, il remonte dans les couches supérieures, s'installe aux racines et passe d'une plante à l'autre à mesure que le mal est fait. Vous avez dans le jardin un beau carré de laitues ; sans motif apparent, un jour tout se flétrit ; vous tirez à vous : le plant fané vient sans racine, le ver blanc l'a tranchée. Vous avez une pépinière d'arbustes que vous choyez comme vos yeux ; l'affreux ver a passé par là : la pépinière n'est plus bonne qu'à faire des fagots. Vous avez semé quelques hectares de froment ou de colza ; vous avez dépensé en engrais et en labours des sommes considérables, mais la récolte promet d'être belle et de vous dédommager largement ; le ver monte de terre, adieu la récolte ; les tiges se dessèchent sur place, elles n'ont plus de racines.   H. FABRE, *Nos auxiliaires.*

[Delagrave, édit.]

DEVOIR ÉCRIT.

Le hanneton. Définition. Description et histoire de cet insecte. Ravages qu'il commet sous ses différentes formes. Comment peut-on le détruire ? Vous raconterez à ce propos, s'il y a lieu, comment on s'y est pris dans votre école pour le chasser ? (C. E. P. *Ille-et-Vilaine.*)

INSECTES UTILES

275. *L'abeille.* — En tête des insectes utiles, on peut citer l'abeille qui est un insecte domestique.

La tête de l'abeille porte en dessous une bouche à l'aide de laquelle elle peut sucer le nectar des fleurs dont elle fait le miel. Le thorax porte en dessus deux paires d'ailes fines et transparentes et en dessous trois paires de pattes. Les pattes postérieures sont, du côté du corps, couvertes de poils durs appelés *brosses.* Les brosses servent à l'abeille à recueillir le *pollen* des fleurs avec lequel elle nourrit les jeunes abeilles.

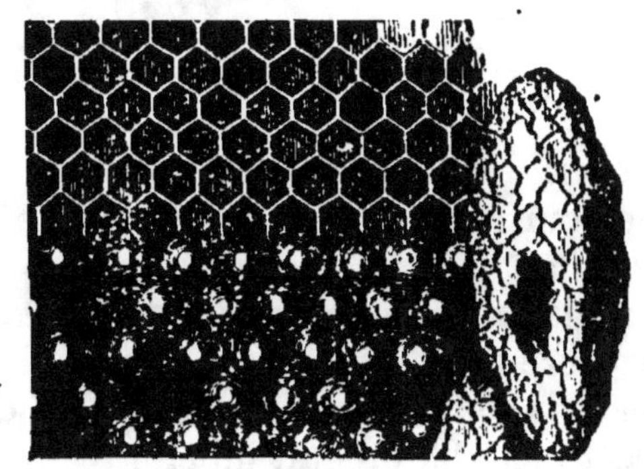

Fig. 171.
FRAGMENT DE RAYON D'ABEILLE.

L'abeille porte à l'extrémité de son abdomen un *aiguillon* extrêmement aigu communiquant avec une *poche à venin.* La piqûre de l'abeille est très douloureuse.

276. *La ruche.* — Les abeilles vivent en colonies appelées ruche. Une ruche peut renfermer de 15 à 20 000 individus ou même plus. Dans chaque ruche on distingue trois sortes d'individus : la *mère* ou reine, les *ouvrières* et les *bourdons* ou mâles (*fig. 172*).

Les ouvrières sont chargées de construire, avec la cire les *alvéoles*, c'est-à-dire de petites chambrettes très régulières, de forme hexagonale, dans lesquelles elles déposeront le *miel* qu'elles feront.

Ces alvéoles sont associés pour former des *gâteaux* ou *rayons* (*fig. 171*). Dans certains alvéoles, la mère pond ses œufs. Il n'existe qu'une seule mère dans chaque ruche. Parmi les ouvrières, il en est qui sont spécialement chargées de

FIG. 172. — ABEILLES. *Mère, ouvrières, bourdon.*

nourrir les *larves.* C'est dans les alvéoles que les larves se transforment en *nymphes,* puis en *insectes parfaits* ou *abeilles.*

A la fin de la belle saison, l'*apiculteur* enlève un certain nombre de rayons de miel, mais il en laisse suffisamment pour la nourriture de la colonie pendant l'hiver. La cire est également un produit utile.

L'*apiculture* ou élevage des abeilles peut, quand elle est bien conduite, être la source de produits très lucratifs.

VER A SOIE

277. *Le ver à soie.* — Le ver à soie est la larve d'un gros papillon blanc jaunâtre appelé *bombyx du mûrier.* Le mûrier blanc est un arbre qui vit dans les régions tempérées ou chaudes (vallées du Rhône et de la Loire). Le ver à soie ou *magnan,* élevé dans des établissements appelés *magnaneries,* se nourrit des feuilles de cet arbre qu'on lui fournit régulièrement.

Les œufs du bombyx soumis à une température convenable donnent naissance aux vers à soie qui grossissent très rapidement (*fig. 173*).

Au bout de quelques semaines, le ver se file un cocon de soie de la grosseur d'un œuf de pigeon. Dans ce cocon, le ver se transforme en un insecte adulte qui est le papillon du bombyx. Le papillon peut alors sortir du cocon en le perçant avec sa bouche.

Si on laissait sortir les papillons des cocons, ceux-ci seraient percés. La soie qui les entoure serait coupée en morceaux et serait donc inutilisable.

Pour éviter cet inconvénient,

FIG. 173. — PAPILLON.
Papillon, larve et nymphe du bombyx du mûrier avec son cocon

FIG. 174.—CARABE DORÉ.
(Long. moyenne : 3 cent.)

on plonge les cocons dans l'eau bouillante. Les papillons sont étouffés. Alors on dévide le fil des cocons. Un cocon peut fournir parfois un kilomètre de soie.

L'industrie de la soie est une des richesses de la France (Lyon, Saint-Étienne).

278. *Insectes utiles à l'agriculture.* — Un assez grand nombre d'insectes nous rendent service en faisant la chasse à d'autres insectes nuisibles à nos récoltes. Citons entre autres :

FIG. 175. — COCCINELLE.

Le carabe doré qui détruit les hannetons, les chenilles et les limaces (*fig. 174*); la *coccinelle* ou couturière qui mange les pucerons (*fig. 175*); le *ver luisant* ennemi des chenilles et des limaces; la *libellule* ou demoiselle dont la larve se nourrit d'insectes.

QUESTIONNAIRE.

275. Que savez-vous du corps de l'abeille? — 276. Comment vivent les abeilles? — Combien distingue-t-on de sortes d'individus dans une ruche? — Où les ouvrières déposent-elles le miel? — Quel est le rôle de la mère? — 277. Que savez-vous du ver à soie? — Comment est fait le cocon du bombyx? — 278. Citez quelques autres insectes utiles à l'agriculture.

RÉSUMÉ.

1. L'abeille est un insecte utile qui nous donne du miel et de la cire.

2. Les abeilles vivent en colonies ou ruches. Chaque ruche renferme des ouvrières, une mère ou reine qui pond les œufs et des bourdons ou mâles.

3. Le ver à soie est la larve du bombyx du mûrier. De son cocon on tire la soie.

4. Certains insectes nous rendent service en faisant la chasse à d'autres insectes. Les principaux sont : le carabe doré, la coccinelle, le ver luisant et la libellule.

LECTURE.

La distribution du travail dans une ruche.

Des abeilles arrivent des champs, chargées de matériaux et de provisions; d'autres partent en expédition. Ici des sentinelles vigilantes contrôlent tout ce qui entre : là, des pourvoyeuses pressées de retourner au travail s'arrêtent à l'entrée de la ruche, déposent leur tribut et repartent; de toutes parts, entrants et sortants se pressent aux portes, l'activité est générale, chacun concourt avec ardeur à la prospérité commune.

A. RENDU.
[Hachette et Cie, édit.].

DEVOIR ÉCRIT.

Choisissez deux insectes utiles, deux insectes nuisibles et dites ce que vous savez sur chacun d'eux. (C. E. P. *Marne.*)

AUTRES ANIMAUX SANS VERTÈBRES : L'ARAIGNÉE, L'ÉCREVISSE, LE VER, L'ESCARGOT

279. *L'araignée est un invertébré.* — L'araignée est dépourvue de vertèbres. Elle rentre donc dans le groupe des invertébrés. Elle est pourvue de quatre paires de pattes. L'araignée n'a jamais d'ailes. Par ces deux derniers caractères, elle diffère donc d'un insecte.

L'araignée file une toile destinée à arrêter au passage les mouches dont elle se nourrit (*fig. 176*).

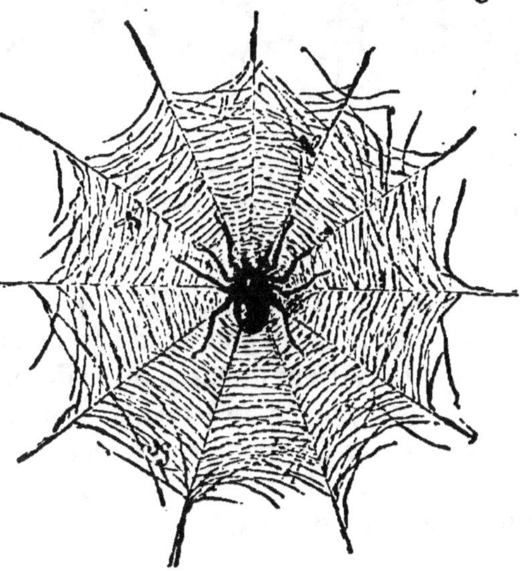

Fig. 176. — *La toile de l'araignée est remarquable par sa finesse et sa régularité.*

Le faucheur aux grandes pattes, si commun dans les champs au moment de la moisson, est aussi une araignée.

280. *L'écrevisse est un invertébré.* — L'écrevisse (*fig. 177*) est un invertébré qui vit dans l'eau douce. Son corps dépourvu d'os est protégé à l'extérieur par une couche calcaire plus ou moins épaisse appelée aussi la *carapace*. C'est cette croûte calcaire qui a fait donner le nom de *crustacés* aux animaux de ce groupe (*crusta*, croûte).

Matériel à préparer. — Un squelette d'écrevisse. — Un escargot ri sa coquille. — Une moule. — Une éponge. — Une étoile de mer.

A côté de l'écrevisse, on range dans ce groupe des crustacés : le *homard* ou écrevisse de mer, le *crabe* et la *crevette* qui vivent aussi dans la mer.

FIG. 177. — *L'écrevisse est un crustacé.*
(Long. moyenne : 10 cent.)

281. *Le ver de terre est un invertébré.* — Le corps du ver de terre est mou. Il est constitué par un certain nombre d'anneaux tous semblables, emboîtés les uns dans les autres. Le ver de terre rampe, car il est dépourvu de membres.

Pour se nourrir, le ver de terre avale de petits fragments de terre. C'est son estomac qui choisit les matières animales ou végétales contenues dans cette terre et qui peuvent lui convenir. Le reste est rejeté à l'extérieur sous forme de ces petits tortillons, si abondants à la surface du sol après la pluie.

Ainsi le ver de terre qui vit sous terre, ramène à la surface du globe une certaine quantité de terre qui subit alors l'action de la chaleur ou de l'humidité.

282. *Ver solitaire ou ténia.* — Le ténia est un ver en forme de ruban d'un blanc jaunâtre de quelques mètres de longueur. Il vit dans l'intestin de l'homme où il se nourrit des matières alimentaires contenues dans notre tube digestif. C'est donc un parasite. Il pond des œufs qui éclosent pour donner naissance à des *embryons*. Ces embryons, rejetés à l'extérieur avec les excréments, sont introduits dans le corps du porc quand cet animal cherche dans les ordures. Alors ces embryons se développent et vont se fixer dans les différents muscles du corps du porc.

283. ***Le ver solitaire peut passer du corps du porc dans celui de l'homme.*** — Le porc atteint par le ténia est dit *ladre* et sa maladie est la *ladrerie*. Si nous mangeons ce porc bien cuit, les embryons sont tués et il n'en résulte pour nous aucun inconvénient. Dans le cas contraire, la viande du porc ladre est extrêmement dangereuse, car l'embryon introduit dans notre corps peut y terminer son développement et donner naissance à un ver solitaire.

Fig. 178. — *L'escargot est un mollusque.*
(Long. moyenne : 7 cent.)

En résumé, le ver solitaire peut passer du corps du porc dans celui de l'homme et s'y développer.

284. ***L'escargot est un invertébré.*** — Le corps de l'escargot est mou, et l'on a donné le nom de *mollusques* aux animaux de ce groupe (*fig. 178*).

Son corps est protégé par une coquille calcaire en spirale.

Fig. 179. — *La moule est un mollusque qui vit dans la mer.*

L'animal se déplace en rampant. Sa tête porte en avant deux cornes ou *tentacules* qui sont les organes du toucher et deux autres portant les yeux à leur extrémité.

Parmi les mollusques, citons les *escargots* et les *limaces* si nuisibles dans nos jardins; la *moule* (*fig. 179*) et l'*huître* qui vivent dans la mer.

Les escargots, les huîtres et les moules sont utilisés dans l'alimentation.

NOTIONS D'HYGIÈNE ET ÉCONOMIE DOMESTIQUE

284ᵉ. Mollusques comestibles. — Les huîtres sont un aliment léger et nutritif. Les moules et les escargots sont moins digestibles.

On élève les huîtres dans de vastes espaces appelés *parcs* situés au bord de la mer. Les huîtres se fixent d'elles-mêmes, dans les parcs, sur des supports en bois ou en tuiles disposés à cet effet et submergés à marée haute. Les parcs doivent être éloignés des endroits où, sur les côtes, viennent aboutir les conduites d'égouts des villes voisines. Les huîtres pêchées au voisinage de ces conduites peuvent transporter des germes de différentes maladies comme la fièvre typhoïde.

Les huîtres ne peuvent être consommées que du mois d'octobre au mois d'avril. A toute autre époque, leur chair est douteuse ou nuisible. Les moules et les escargots sont également mauvais en été.

285. Autres invertébrés : l'étoile de mer et l'éponge. — L'étoile de mer vit sur les côtes de notre pays. Son

Fig. 180. — *L'étoile de mer vit sur nos côtes.*

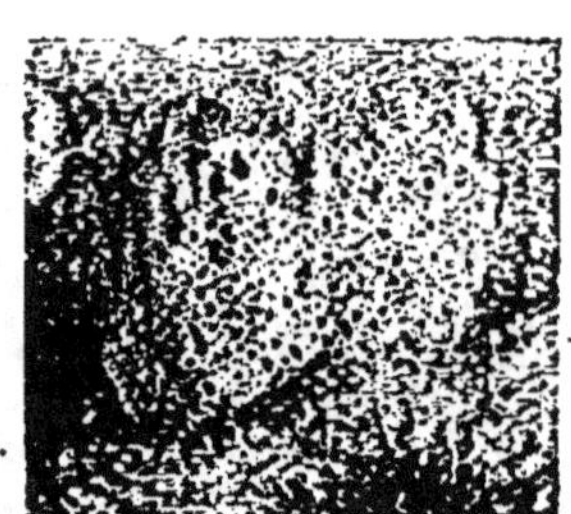

Fig. 181. — *L'éponge est fixée au fond de la mer.*

corps est constitué par une partie centrale d'où rayonnent cinq bras (*fig. 180*).

Le corps des *éponges* est fait d'une substance molle soutenue par une matière cornée. Les éponges vivent fixées au fond de la mer (*fig. 181*). Elles sont utilisées dans l'économie domestique pour les soins de toilette et de propreté.

QUESTIONNAIRE.

279. Que savez-vous de l'araignée? — Comment se nourrit l'araignée? — 280. Décrivez le corps de l'écrevisse. — Citez quelques crustacés. — 281. Que savez-vous du ver de terre? — 282. Qu'est-ce que le ver solitaire? — Comment et où se développe le ver solitaire? — 283. Qu'est-ce qu'un porc ladre? — 284. Quelle est la forme de l'escargot? — Comment se déplace l'escargot? — Citez quelques mollusques que vous connaissez. — 284². Où élève-t-on les huîtres? A quelle époque peut-on les consommer? — Dans quel cas les huîtres sont-elles mauvaises? — A quelle époque de l'année peut-on consommer des moules ou des escargots? — 285. Où vit l'étoile de mer? — L'éponge peut-elle se déplacer?

Pourquoi l'araignée file-t-elle sa toile? — Pourquoi le corps de l'écrevisse est-il recouvert d'une carapace? — Pourquoi ne doit-on pas laisser les porcs chercher leur nourriture dans les ordures? — Comment peut-on se procurer les éponges?

RÉSUMÉ.

1. Les araignées ont huit pattes et n'ont pas d'ailes.

2. Les crustacés ont le corps recouvert d'une carapace ou croûte calcaire. L'écrevisse, le homard, le crabe et la crevette sont des crustacés comestibles.

3. Les vers de terre ont le corps formé par une suite d'anneaux tous semblables. Parmi les animaux du groupe des vers, il faut citer le ténia ou ver solitaire, qui peut passer du corps du porc dans celui de l'homme. Pour éviter les maladies dont ce parasite est la cause, il faut faire bien cuire la viande de porc destinée à notre consommation.

4. Les mollusques ont le corps mou protégé par une coquille. L'escargot, l'huître et la moule sont comestibles.

5. L'étoile de mer et l'éponge sont aussi des animaux sans vertèbres qui vivent dans la mer.

DEVOIR ÉCRIT.

Expliquez ce qu'on entend par animal invertébré. — Nommez des animaux invertébrés. — Parlez plus spécialement des mollusques.

V. LE SOL ET LES PLANTES

34ᵉ LEÇON

LE SOL

286. *Terre arable. Terre végétale. Sous-sol.* — La *terre arable* est la portion de l'écorce terrestre qui peut être cultivée et qu'on remue avec les instruments agricoles.

La terre arable elle-même repose sur une couche plus ou moins profonde dans laquelle les végétaux peuvent enfoncer leurs racines, c'est la *terre végétale*.

Enfin au-dessous de la terre végétale est le *sous-sol* (*fig.* 182).

287. *Composition du sol.* — Le sol renferme quatre matières principales : l'argile, le sable, le calcaire et le terreau. Ces corps y existent en quantité variable. Quand c'est l'argile qui domine, on dit que la terre est *argileuse*; quand c'est le sable, le

FIG. 182. — LE SOL ET LE SOUS-SOL.

Matériel à préparer. — Verres. — Terre du jardin. — Échantillons des diverses espèces de sol de la région. — Vase en poterie. — Fragment de tuile.

sol est dit *sablonneux*. Quand le sol renferme de l'argile et du sable en quantité assez grande il est appelé argilo-sablonneux. Avec du sable et du calcaire on a un terrain *sablo-calcaire*, etc.

ARGILE — MARNES

288. *Argile*. — L'argile, appelée aussi *terre glaise*, avec laquelle on fait des briques et des tuiles, est souvent colorée en rouge ou en jaune par de l'oxyde de fer (rouille). C'est sous cette forme qu'elle existe dans presque tous les sols. Quand elle est fine et blanche, elle peut servir alors à la fabrication des faïences.

Fig. 183. — *On peut donner à l'argile toutes les formes possibles en la moulant.*

Mélangée avec le calcaire, elle forme la *marne*. Si la marne renferme plus d'argile que de calcaire, elle est dite *marne argileuse*. Si elle renferme plus de calcaire que d'argile, elle est dite *marne calcaire*. Les marnes sont utilisées en agriculture pour amender le sol (*35ᵉ leçon*).

289. *L'argile forme avec l'eau une pâte liante qu'on peut pétrir (Exp. 67).* — Mélangeons de l'argile avec un peu d'eau, nous obtiendrons une pâte liante que nous pourrons pétrir et à laquelle nous pourrons donner toutes les formes, soit à la main, soit à l'aide de moules (*fig. 183*).

290. *L'argile moulée durcit par la chaleur et conserve la forme qu'on lui a donnée (Exp. 68).* — Mettons dans le poêle une galette d'argile pétrie à la main : elle durcit sous l'action de la chaleur en conservant la forme qu'elle avait avant la cuisson.

C'est pour cette raison qu'elle est employée à la fabrication des briques et des poteries communes.

Fig. 184. — *L'argile est imperméable.*

291. *L'argile est imperméable (Exp. 69).* — Tassons de l'argile dans un entonnoir et versons de l'eau dessus (*fig. 184*) : le liquide passe très difficilement parce que l'argile est imperméable. Cette imperméabilité de l'argile explique pourquoi les terrains argileux sont humides. L'eau y séjourne souvent en flaques abondantes. Les racines des

Fig. 185. — *Les terres argileuses retiennent l'eau.*

plantes y pourrissent souvent ou bien s'y développent mal. De plus, comme l'argile se dessèche sous l'action de la chaleur, les terrains argileux sont compacts et difficiles à travailler.

SABLE

292. *Le sable est perméable à l'eau et à l'air (Exp. 70).*
— Le *sable* est constitué presque uniquement par des
fragments d'un corps très dur, appelé *silice*,
qui se trouve parfois en grains arrondis plus
ou moins gros (sable de rivière) et parfois
en fragments à arêtes vives (silex ou pierre
à feu). Les terres renfermant beaucoup de
sable s'appellent aussi terres siliceuses.

Mettons du sable dans un entonnoir, et versons de l'eau dessus (*fig. 186*) : le liquide
passe très facilement parce que les grains
de sable, de forme irrégulière, laissent
entre eux des intervalles livrant passage à
l'eau. L'air circule de même très facile-

Fig. 186. — *Le sable
es. perméable.*

ment dans les terrains sablonneux. D'ailleurs, les grains
de sable sont très mobiles et glissent facilement les uns sur
les autres. On dit pour cette raison que les terrains sablonneux sont *meubles*.

Le terrain sablonneux ou siliceux est donc très perméable,
très meuble et aussi très sec, puisqu'il ne retient pas l'eau.
Aussi les plantes s'y dessèchent aisément et y poussent mal
quand il ne pleut pas.

CALCAIRE

293. *Calcaire.* — La *craie* ou *calcaire* se rencontre
dans le sol sous forme de pierres à bâtir, de craie ou de
marbre, ou enfin sous forme de fragments plus ou moins
gros.

294. *Le calcaire est perméable à l'eau (Exp. 71).* — Versons un peu d'eau sur un morceau de craie : l'eau pénètre
très facilement dans la craie. Le calcaire ou craie adhère
facilement à l'argile et retient l'eau avec lui dans le sol.

Le calcaire mélangé à l'argile (marne) rend donc la terre argileuse un peu plus perméable et plus facile à travailler.

TERREAU OU HUMUS

295. Terreau. — Le *terreau* ou *humus* est constitué par des débris de plantes qui, sous l'action de l'oxygène de l'air, ont subi un commencement de décomposition.

296. Le terreau renferme surtout des débris de végétaux (*Exp. 72*). — Brûlons du terreau sur une pelle placée dans le foyer : nous percevons une odeur d'herbes brûlées.

Les anciennes couches des jardiniers, faites de vieux fumier mélangé de terre, sont formées presque entièrement de terreau.

Le terreau, constitué par des débris végétaux, renferme beaucoup d'éléments nécessaires à la nourriture des plantes

TERRE FRANCHE

297. Une bonne terre renferme de l'argile, de la silice, du calcaire et de l'humus: c'est une terre franche. — Un sol qui serait composé seulement de l'un ou de l'autre de ces quatre éléments ne serait pas propre à la culture. En effet, un terrain exclusivement argileux est trop humide et trop compact. Un terrain très sablonneux est brûlant et un terrain trop calcaire est trop sec.

Le meilleur sol renferme de l'*argile*, de la *silice*, du *calcaire* mélangés en proportion convenable et additionnés de *terreau*. Une telle terre s'appelle *terre franche*.

La terre franche est la meilleure, car elle possède à la fois les avantages de chaque terrain séparé et elle n'en a pas les inconvénients. En particulier, la terre franche n'est pas trop humide, puisqu'elle renferme du sable; elle n'est pas trop sèche, car elle contient de l'argile. De plus, elle est perméable à l'air et à l'eau.

Les terres franches existent surtout dans les vallées, car

les eaux de ruissellement y amènent des éléments provenant
de toutes les collines avoisinantes.

QUESTIONNAIRE.

286-287. De quoi est formé le sol? — 288. Quelles sont les propriétés
de l'argile pure? — Qu'est-ce que la marne? — 289. Pourquoi peut-
on mouler l'argile? — 290. Que se passe-t-il quand on fait cuire de
l'argile? — Dans quelle industrie fait-on cuire de l'argile? — 291.
Comment prouve-t-on que l'argile est imperméable? — 292. Pourquoi
le sable est il perméable à l'eau et à l'air? — 293. Sous quelles formes
trouve-t-on le calcaire? — 294. Prouvez que le calcaire laisse passer
l'eau. — 295. Qu'est-ce que l'humus? — 296. Quels éléments doit renfermer une bonne terre? — 297. Qu'appelle-t-on terre franche? —
Quelle est l'importance d'une terre franche? — Où se trouve surtout
la terre franche?

*Pourquoi, après la pluie, l'eau séjourne-t-elle sur certains
terrains et non sur d'autres? — Pourquoi peut-on creuser des
mares dans certains pays seulement?*

RÉSUMÉ.

1. La terre arable, c'est-à-dire celle qu'on travaille avec
les instruments agricoles, est formée d'argile, de silice, de
calcaire et d'humus.

2. L'argile mélangée avec de l'eau peut être pétrie. On peut
mouler et cuire la pâte ainsi obtenue. L'argile est imperméable.
Associée au calcaire, l'argile forme la marne.

3. Le sable est meuble, perméable à l'air et à l'eau.

4. Le calcaire ou craie est également perméable à l'eau.

5. L'humus ou terreau est formé par des débris de matières
végétales ou animales.

6. Les terres franches sont les meilleures : elles renferment
en proportion convenable du sable, de la silice, du calcaire
et de l'humus.

DEVOIRS ÉCRITS.

1. Quelles sont les différentes sortes de terre? Composition de chacune d'elles. (C. E. P. *Haute-Garonne.*)

2. Qu'est-ce que la terre arable? — Qu'est-ce que la terre végétale?
— Qu'est-ce que le sous-sol? — De quoi se compose la terre arable?
(C. E. P. *Yonne*).

AMENDEMENTS

298. *Le sol a souvent besoin d'être amendé.* — Le sol n'est pas toujours propre à la culture. Il peut être trop sec ou trop humide, trop compact ou trop léger. On est donc obligé souvent de l'améliorer.

On appelle *amendements* des substances que l'on ajoute au sol pour en modifier la composition.

Ainsi, on amende une terre siliceuse en lui ajoutant de l'argile ou plutôt de la marne argileuse qui la rend moins friable et plus fraîche (*3ᵉ leçon*).

Pour amender les terres argileuses, on y ajoute de la marne calcaire. A l'automne, on conduit les tas de marne dans les champs. Pendant l'hiver la marne se délite, c'est-à-dire se réduit, sous l'action de la gelée et de l'humidité, en petits fragments qu'on répand, au printemps suivant, sur le sol avant les labours.

299. *Différence entre les amendements et les engrais.* — Quand le sol renferme trop peu d'engrais, c'est-à-dire de substances pouvant servir à la nourriture des plantes, il n'est pas propre non plus à la culture. On est obligé de lui ajouter du fumier ou des engrais chimiques. Il y a une différence importante entre les amendements et les engrais.

Les amendements ont pour but de modifier la composition du sol : on ajoute, par exemple, du sable au terrain trop argileux.

Les engrais ont pour rôle d'introduire dans le sol sous forme de fumier, par exemple, les aliments nécessaires aux plantes.

300. *Le plâtre est un stimulant des prairies artificielles.* — C'est le savant américain Franklin qui a vulgarisé l'usage du plâtre en agriculture. Il répandit, au printemps, du plâtre cru sur un champ de trèfle, étagé sur une colline, de manière à former les mots suivants : *Ceci a été plâtré (fig. 187).* Au bout de quelque temps, la végétation

FIG. 187. — EXPÉRIENCE DE FRANKLIN.

était beaucoup plus active aux endroits où le plâtre avait été semé. Les lettres, d'un vert foncé, se détachant, se lisaient bien de fort loin sur la colline. Franklin montra ainsi le rôle que peut jouer le plâtre dans la culture des prairies artificielles (luzerne, trèfle, etc.). En réalité, le plâtre joue ici le rôle d'un stimulant et non d'un engrais proprement dit.

301. *Les labours ameublissent le sol; ils y facilitent la circulation de l'air et de la chaleur.* — Les labours, les hersages et toutes les façons données au sol, en remuant la terre, la rendent plus *meuble* et plus légère. Les racines des plantes peuvent alors s'y développer plus facilement.

Par le labour, on ramène à la surface les couches plus profondes. Là elles subissent l'action de la gelée, de l'air, de la chaleur et de la lumière. Or les *racines respirent.* Quand on facilite l'accès de l'air dans le sol, on favorise donc, en définitive, le développement des plantes qui y vivent.

On laboure toujours le sol une ou plusieurs fois et on le herse avant de l'ensemencer. Ces opérations ont également pour but de détruire les mauvaises herbes.

302. *L'eau en assez grande quantité est nécessaire à la nourriture des plantes.* — L'eau est nécessaire au développement des graines. Sans eau, une plante ne peut germer. D'ailleurs les matières nutritives du sol, nécessaires à la plante, ne peuvent pénétrer dans la racine que grâce à l'eau.

Dans un terrain trop sec, les végétaux s'étiolent, croissent difficilement et finalement se dessèchent et meurent.

Mais il ne faut pas non plus que l'eau soit en excès. Dans un terrain trop humide, les plantes jaunissent, les fruits qu'elles portent mûrissent difficilement. Parfois même les racines de certaines plantes pourrissent dans le sol.

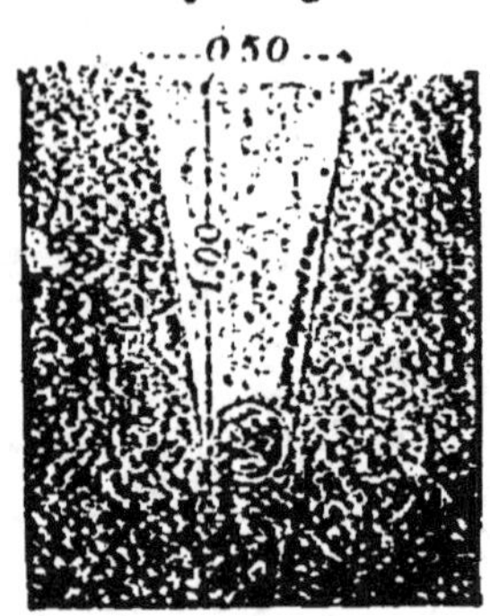

Fig. 188.
Fossé de drainage
(*vu en coupe*).

Pour remédier à ces inconvénients, on *irrigue* les terrains trop secs et on *draine* les terrains trop humides.

IRRIGATION

303. *On irrigue les terrains trop secs.* — Quand un ter-

Fig. 189. — *On irrigue les terrains trop secs.*

rain trop sec est situé à proximité d'un cours d'eau (*fig. 189*), on peut y amener l'eau par des rigoles disposées de telle sorte que toutes les parties du champ puissent recevoir une quantité d'eau suffisante.

L'irrigation est surtout utile et pratique dans les prairies dont elle augmente notablement la valeur et le rendement.

DRAINAGE

204. *On draine les terrains trop humides.* — Le drainage a pour but d'enlever au sol l'excès d'eau qu'il contient.

On creuse dans le sol (*fig. 190*) des fossés convenablement disposés dans *le sens de la pente du sol* et qui viennent tous aboutir à un autre fossé transversal situé dans la partie la plus basse du champ.

Fɪɢ. 190. — *On draine les terrains trop humides.*

On place, au fond des fossés, des tuyaux en terre cuite *très poreuse* appelés *drains*, réunis deux par deux à l'aide d'un *manchon* (*fig. 190 bis*) et s'emboîtant les uns dans les

Fɪɢ. 190 bis. — Tuyau de drainage (1/10ᵉ de grandeur).

autres. L'eau pénètre à travers la terre, filtre à travers les drains, puis est entraînée dans le sens de la pente.

QUESTIONNAIRE.

298. La terre est-elle toujours propre à la culture? — Qu'appelle t-on amendement? — Comment amende-t-on une terre siliceuse? — 299. Quelle différence y a-t-il entre les amendements et les engrais? — 300. Que savez-vous sur le plâtre? — 301. Quel est le rôle des labours et des hersages? — Quand laboure-t-on le sol? — 302. Quel est le rôle

de l'eau en agriculture? — 303. Quel est le rôle de l'irrigation? — Quand et comment peut-on la pratiquer? — 304. Quel est le but du drainage? — Comment s'opère le drainage? — Pourquoi dans le drainage se sert-on de tuyaux en poterie poreuse?

Dans quels cas le drainage n'est-il pas possible? — Peut-on toujours irriguer un champ trop sec? — Pourquoi l'eau entrée dans le drain n'en sort-elle pas par le même chemin?

RÉSUMÉ.

1. Les amendements ont pour but de modifier la nature du sol et d'en corriger les défauts, tandis que les engrais donnent au sol les matières nutritives nécessaires aux plantes. Le plâtre est un stimulant de la luzerne.

2. Les labours et les hersages améliorent le sol en le rendant plus meuble, en facilitant le développement des racines et la pénétration de l'air et de la chaleur.

3. L'eau est indispensable aux plantes, à condition qu'elle ne soit pas trop abondante.

4. Il est indispensable d'irriguer les terrains trop secs et les prairies naturelles quand on se trouve à proximité d'un petit cours d'eau.

5. On draine les terrains trop humides en disposant, dans des fossés, des tuyaux en terre poreuse appelés drains.

DEVOIRS ÉCRITS.

Qu'appelle-t-on sol et sous-sol? Quels sont les éléments du sol? Espèces de terres. Comment corrige-t-on les défauts d'un sol? (C. E. P Yonne.)

Rôle de l'eau en agriculture. Inconvénients dus à l'excès ou à l'insuffisance d'eau. Moyens employés par le cultivateur pour y remédier? (C. E. P. *Yonne.*)

LES ALIMENTS DES PLANTES — ENGRAIS — FUMIERS

305. *La terre ne peut pas seule suffire à la nourriture des plantes.* — L'alimentation des plantes est, comme celle des animaux, soumise à certaines règles. Certains aliments, qui conviennent à certaines plantes, peuvent ne pas convenir à d'autres.

La terre à elle seule ne saurait subvenir à l'alimentation des végétaux pas plus que l'air qui nous environne ne saurait suffire à notre nourriture. Il faut aux plantes, comme aux animaux, les aliments nécessaires à leur développement et à l'entretien de la vie. Ces aliments qu'on doit fournir aux plantes s'appellent des *engrais*.

306. *Les plantes se nourrissent à la fois dans l'air par les feuilles et dans le sol par les racines.* — Les plantes puisent dans l'air de *l'oxygène* qui sert à leur respiration et du *carbone* avec lequel elles forment le bois. Ce carbone lui-même est, par les feuilles, extrait du gaz carbonique de l'air.

Les plantes puisent dans le sol par leurs racines des *substances minérales* dont les principales sont :

1º *L'azote* contenu dans les azotates ou nitrates.

Néanmoins certaines plantes légumineuses, comme la luzerne ou la vesce, peuvent prendre directement l'azote contenu dans l'air, par l'intermédiaire d'un microbe qui se développe dans les racines; ce microbe s'empare de l'azote de l'air et le fixe sur la plante;

2º *La potasse* contenue dans les sels de potasse;

3º *L'acide phosphorique* des phosphates.

Pour être utilisés par la plante, les engrais doivent donc contenir ces trois corps.

La chaux est également indispensable aux plantes, mais le sol en renferme généralement une quantité suffisante.

307. *Engrais.* — On distingue trois sortes d'engrais : les *engrais verts*, les *engrais animaux* et les *engrais chimiques*.

308. *Engrais verts*. —Dans les terres d'un accès difficile, on ne peut pas toujours conduire les engrais en temps voulu, quand le temps est pluvieux par exemple.

Pour y remédier, on y sème dans l'intervalle de deux récoltes consécutives, des plantes légumineuses comme les vesces, par exemple. Quand les vesces sont en fleurs, on les enfouit dans le sol. Elles s'y décomposent. Elles rendent ainsi lentement à la terre l'azote qu'elles ont puisé directement dans l'air. Les vesces sont, pour cette raison, appelées des *engrais verts*.

Le cultivateur a aussi recours aux engrais verts quand il n'a pas assez de fumier.

309. *Engrais animaux*. — Les principaux engrais animaux sont : le *fumier*, le *purin*, la *poudrette* ou excréments humains desséchés, et enfin le *guano*. Le guano, dont il existe d'énormes gisements au Pérou, est formé d'excréments d'oiseaux et de débris de poissons.

FUMIERS

310. *Le fumier est une des richesses du cultivateur*. — Le fumier est formé par la litière mélangée aux excréments des animaux. Il renferme de l'azote, sous forme de gaz ammoniac, des sels de potasse et de l'acide phosphorique. Ces corps existent en quantité d'autant plus grande dans le fumier que les animaux qui le produisent sont mieux nourris.

Le fumier renferme donc toutes les substances nécessaires au développement des plantes : c'est un *engrais complet*.

Sans fumier, pas de bonne récolte. C'est pourquoi le fumier est une des richesses de la ferme.

311. *Soins à donner au fumier*. — Quand le fumier est en tas, il laisse dégager le *gaz ammoniac* qu'il renferme. Or, le gaz ammoniac contient de l'azote, aliment de première nécessité pour la plante. Il est donc très important pour le cultivateur d'empêcher la perte du gaz ammoniac.

Trop souvent le fumier est laissé à l'abandon dans la cour, devant la porte de la maison d'habitation (*fig. 191*). En été, le soleil le dessèche en activant considérablement l'évaporation des gaz ammoniacaux. La pluie le lave constamment et le purin qui s'en écoule va souiller les ruisseaux ou les puits voisins en risquant de propager partout les germes

FIG. 191. — FUMIER MAL TENU.

de maladies contagieuses qui y abondent tel que le microbe de la *fièvre typhoïde*, par exemple (*fig. 55*).

Le fumier perd ainsi la moitié de sa valeur. On a calculé que la France perd ainsi tous les ans un demi-milliard de francs par suite de la négligence de beaucoup de cultivateurs ignorants ou insouciants.

312. ***Le fumier doit être abrité légèrement et placé assez loin de la maison d'habitation.*** — Le fumier doit être placé près des écuries ou des étables, mais aussi éloigné que possible des habitations. S'il se peut, le fumier sera abrité sous un toit mobile construit économiquement en menus branchages, par exemple. On l'établira sur un sol bien battu d'argile imperméable qui s'oppose à l'infiltration du purin dans le sol. Tout autour du tas, à sa base, on entassera de la terre qui recueillera le purin. De temps à autre, on recouvrira le fumier avec cette terre imbibée de purin et on la remplacera par de la nouvelle.

Dans les exploitations bien installées, on construit une fosse étanche dans laquelle se rend le purin venant des écuries, des étables ou du fumier. En temps de sécheresse

FIG. 192. — FUMIER BIEN TENU.

on arrose le tas avec le purin, soit à l'aide d'un seau, soit à l'aide d'une pompe disposée auprès de la fosse (*fig. 192*).

313. *Le fumier conduit dans les champs doit être enfoui le plus tôt possible.* — Tous ces soins donnés au fumier deviendraient inutiles si on le laissait séjourner trop longtemps dans les champs et exposé aux intempéries.

Il importe donc d'enfouir le fumier dans le sol aussi rapidement que possible après l'avoir conduit dans les champs.

314. *Le purin est un engrais très précieux.* — Le purin étendu de son volume d'eau peut, à l'aide d'un tonneau spécial, être répandu sur les prairies où il produit des effets remarquables.

315. *Compost.* — On appelle ainsi un mélange formé de

débris divers (feuilles, bois, ordures ménagères, boue des fossés) que l'on met en tas pour les faire fermenter. On ne mélange pas généralement ces débris aux fumiers parce que la fermentation des composts est moins rapide et leur décomposition plus lente que celle du fumier. Néanmoins, les composts sont des engrais qu'il ne faut pas négliger.

QUESTIONNAIRE.

306. — Comment la plante se nourrit-elle? — 307. Quels sont les différents engrais? — 308. Quel est l'élément restitué au sol par les engrais verts? — Pourquoi choisit-on surtout les légumineuses pour faire des engrais verts? — 309. Quels sont les principaux engrais animaux? — 310. Quels sont les éléments nutritifs très précieux renfermés dans le fumier? — Quels sout les éléments volatils du fumier? — 311. Quels sont les soins à donner au fumier? — Pourquoi le fumier ne doit-il pas être situé près des habitations? — 312. Pourquoi doit-on le garantir du soleil et de la pluie? — 313-314. Comment peut-on utiliser le purin? — 315. Comment fait-on des composts?

Pourquoi les tas de fumier doivent-ils être placés loin des puits?

RÉSUMÉ.

1. On distingue trois sortes d'engrais : les engrais verts: les engrais animaux et les engrais chimiques.

2. Les engrais verts sont constitués par des plantes à feuillage abondant que l'on sème entre deux récoltes. Ces plantes sont le plus souvent des légumineuses. Elles emmagasinent l'azote de l'air ou du sol qu'elles restituent lentement au sol quand elles y sont enfouies.

3. Les principaux engrais animaux sont : le fumier, le purin, la poudrette et le guano.

4. Le fumier est une des richesses de la ferme. Il fermente en dégageant du gaz ammoniac qui s'évapore rapidement.

5. On doit prendre grand soin du fumier. A cet effet, on l'abrite sous un toit léger, loin des habitations. On l'arrose de temps en temps avec le purin soigneusement recueilli. Quand on l'a conduit aux champs, on doit l'enfouir aussitôt que possible.

6. Les composts, formés de boues et de débris divers, constituent également un bon engrais.

DEVOIR ÉCRIT.

Importance du fumier dans une exploitation agricole. Indiquer comment on doit aménager le fumier dans la cour. (C. E. P. *Marne.*)

ENGRAIS CHIMIQUES OU COMPLÉMENTAIRES

316. *Une exploitation agricole ne produit jamais assez de fumier.* — La récolte provenant d'une exploitation est, en partie, rendue au sol sous forme de fumier (paille, feuilles) et en partie enlevée définitivement sous forme de grains, de fruits, de fourrages, que l'homme emploie pour son usage ou pour celui des animaux domestiques. Le fumier à lui seul ne rend donc à la terre qu'une partie de ce qu'il lui a pris.

S'il était assez abondant, il pourrait suffire à la nourriture des plantes, puisqu'il rendrait à celles-ci, sous une autre forme, les éléments qui entrent eux-mêmes dans la constitution des plantes c'est-à-dire l'*azote*, la *potasse*, l'*acide phosphorique*.

317. *Il faut employer des engrais chimiques.* — La plupart des cultivateurs perdent environ la moitié du fumier de leurs fermes parce que les tas de fumier sont mal soignés.

Heureusement, avec des engrais chimiques de composition connue, on peut donner à volonté à la terre de l'azote, de la potasse ou de l'acide phosphorique en vue d'une récolte donnée et favoriser le développement de telle ou telle plante.

318. *Le fumier est indispensable.* — Même quand on a recours aux engrais chimiques, il ne faut jamais négliger

---

Matériel à préparer. — Formule d'un liquide nutritif pour les cultures démonstratives du haricot sur milieu stérile.

Phosphate d'ammoniaque . .	30 gr.	
Nitrate de potasse.	45 gr.	} 100 gr.
Nitrate de soude.	15 gr.	
Sulfate d'ammoniaque. . . .	10 gr.	

Dissoudre le tout dans un litre d'eau. Cette liqueur concentrée doit être étendue de 20 fois son volume d'eau. Employée telle quelle et non étendue d'eau, elle serait dangereuse pour la plante.

d'employer du fumier autant qu'on le peut, et ceci pour deux raisons :

1° Le fumier divise le sol, il l'ameublit, le rend plus perméable à l'air et à la chaleur;

2° La décomposition du fumier ne se fait qu'assez lentement. Les racines des plantes ont pendant assez longtemps des matières nutritives à leur disposition.

319. *Il faut employer à la fois le fumier et les engrais chimiques.* — Les *engrais chimiques*, convenablement employés *avec du fumier*, permettent donc de demander à la terre tous les produits qu'on veut obtenir. Ainsi, on sait que ce sont surtout les engrais phosphatés qui déterminent une bonne récolte de grains chez les céréales. Les engrais azotés favorisent le développement des feuilles.

Les engrais chimiques sont appelés parfois *engrais complémentaires*, parce qu'ils complètent l'action du fumier, ainsi que nous venons de le montrer.

320. *Les engrais minéraux n'épuisent pas le sol.* (*Exp. 73.*) — Après avoir préalablement fait germer des hari-

FIG. 193. — CULTURE DÉMONSTRATIVE EN POT.

cots sur de l'ouate humide placée à une température modérée, repiquons la jeune plantule dans le sable. Les haricots se développent très bien si nous avons soin de les arroser de temps à autre avec un liquide nutritif composé d'après la formule indiquée au bas de la page précédente (fig. 193).

C'est donc un tort de croire que les engrais chimiques appauvrissent le sol. La terre n'est que le support sur lequel les végétaux se nourrissent et se développent. *Si l'on a soin de varier les cultures* qui se succèdent dans un même sol, on peut toujours avoir de bonnes récoltes en employant le fumier et les engrais chimiques d'une façon convenable.

PRINCIPAUX ENGRAIS CHIMIQUES

321. *Engrais azotés.* — Le principal engrais azoté est le *nitrate de soude* qui existe à l'état naturel, en bancs immenses, au Pérou et au Chili.

Après les hivers rigoureux, on peut en répandre, à la volée, sur les blés souffreteux, dont il accroît très rapidement le développement. Il est utile également dans la culture de la betterave.

322. *Engrais potassiques.* — Le *chlorure* et le *sulfate de potassium* se trouvent en gisements énormes en Prusse. C'est même la découverte de ces sels potassiques qui a permis de relever la culture de la betterave en Allemagne dont le sol était très appauvri en potasse.

Les sels de potasse sont indispensables à la culture de la vigne, de la betterave.

323. *Engrais phosphatés.* — Parmi ceux-ci, on peut citer :
Le *phosphate de chaux* naturel dont il existe de grands gisements dans les Ardennes et le Pas-de-Calais et le *superphosphate d'os.* Leur emploi est particulièrement recommandable dans la culture des céréales et des betteraves.

324. *Le cultivateur doit rechercher lui-même les engrais chimiques qui conviennent à chaque sol.* — Le cultivateur doit rechercher lui-même quelle est la nature de l'engrais qui, *dans son sol,* peut convenir à *telle ou telle plante.* Il peut demander conseil au professeur départemental d'agriculture ou bien faire des essais lui-même *dans les champs.*

En tout cas, il importe d'observer qu'il *n'existe pas d'engrais chimique complet* qui puisse, dans *tous les sols*, être utile à *toutes les plantes* sans exception. Le fumier seul peut être appelé *engrais complet*. Malheureusement on n'en a pas toujours assez.

QUESTIONNAIRE.

316. Le fumier peut-il rendre à la terre toutes les matières nutritives que la culture lui a enlevées? — Dans quel cas le fumier pourrait-il suffire à la nourriture des plantes? — 317. Pourquoi le fumier est-il souvent insuffisant? — 318. Quels sont les principaux avantages du fumier dans le sol? — 319. Comment les engrais chimiques peuvent-ils compléter l'action du fumier? — Quel est l'engrais chimique qui favorise la production de grain chez les céréales? — Quel est le corps qui favorise le développement des feuilles? — Pourquoi les engrais chimiques sont-ils aussi appelés engrais complémentaires? — 320. Les engrais chimiques appauvrissent-ils la terre? — 321-324. Quels sont les principaux engrais chimiques?

RÉSUMÉ.

1. Une exploitation agricole ne produit jamais assez de fumier. Il est donc indispensable d'avoir recours aux engrais chimiques.

2. Le fumier divise le sol, il le rend plus perméable et il ne s'y décompose que lentement.

3. Les engrais minéraux n'épuisent pas le sol, à condition qu'on varie les cultures qui se succèdent dans un même sol.

4. Les principaux engrais chimiques sont les engrais azotés (nitrate de soude); les engrais potassiques (chlorure et sulfate de potassium); les engrais phosphatés (phosphates et superphosphates).

5. Le cultivateur doit rechercher lui-même quels sont les engrais chimiques qui conviennent le mieux à chaque sol.

DEVOIR ÉCRIT.

Qu'appelle-t-on engrais complémentaires? Quels sont les principaux? Quand et comment les emploie-t-on? (C. E. P. *Pas-de-Calais.*)

LA PLANTE — LA RACINE — DES ASSOLEMENTS

325. Une plante est formée de la racine, de la tige, et des feuilles (Exp. 74). — Examinons une plante de nos pays, comme la giroflée. Nous voyons qu'elle est formée de trois parties importantes : *la racine* qui plonge dans le sol, *la tige* qui se développe dans l'air et *les feuilles (fig. 194)* portées par la tige.

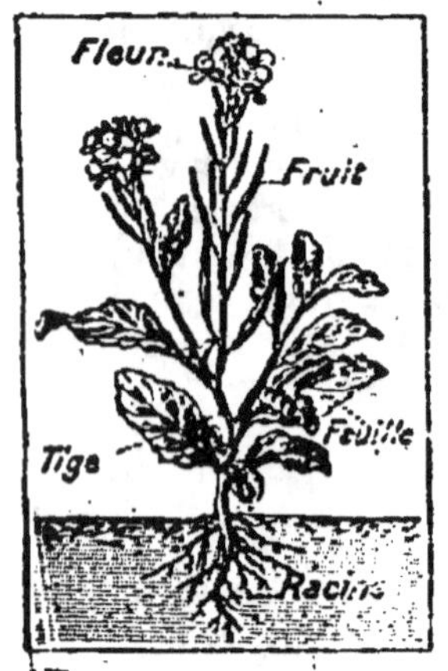

Fig. 194.
Une plante est formée de la racine, de la tige, des feuilles.

326. La racine est formée d'une racine principale et de nombreuses racines secondaires (Exp. 75.) — Observons la racine d'un haricot germé depuis une huitaine de jours sur de l'ouate humide. Cette racine se dirige verticalement et elle s'accroît de *haut en bas*. La racine, située dans le prolongement de la tige, s'appelle *racine principale*. Cette racine principale porte d'autres racines plus petites qui se dirigent obliquement dans tous les sens et qu'on appelle *racines secondaires*. Leur ensemble s'appelle parfois chevelu chez les jeunes plantes à cause de leur finesse comparable à celle des cheveux.

327. La carotte a une racine pivotante. (Exp. 76.) — Examinons la racine d'une carotte (fig. 195) : nous voyons que la racine principale est beaucoup plus longue et plus grosse que les racines secondaires. C'est ce qu'on appelle une

---

Matériel à préparer. — Un pied complet d'une plante usuelle (racine, tige, feuilles) (moutarde ou haricot). — Pied de carotte. — Pied de blé ou d'avoine. — Pied de luzerne. — Une bouture de laurier-rose ou de saule dans l'eau d'une bouteille. — Quelques tubercules de pomme de terre en voie de germination, etc.

racine pivotante. La carotte, la betterave, la luzerne et le chêne ont une racine pivotante.

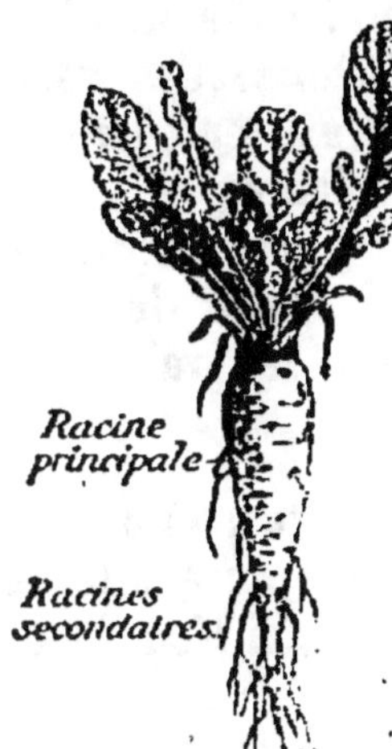

FIG. 195.
RACINE PIVOTANTE
DU NAVET.

328. *Le blé a une racine fasciculée* (*Exp.* 77.) — Dans le blé (*fig.* 196), nous voyons, au contraire, que les racines secondaires sont aussi longues que la racine principale. C'est ce qu'on appelle une *racine fasciculée,* c'est-à-dire qu'elle est constituée par un *faisceau* de racines secondaires. Le blé, l'avoine, le seigle, le peuplier ont des racines fasciculées.

FIG. 196.
RACINE FASCICULÉE
DU BLÉ.

329. *La racine fixe la plante au sol.* — La plante tient d'autant mieux dans le sol que les racines sont plus longues. Une plante à racine pivotante est beaucoup mieux fixée dans le sol qu'une plante à racine fasciculée. Il est beaucoup plus facile, par exemple, d'arracher un pied de blé ou d'avoine qu'un pied de luzerne ou de salsifis, parce que ces dernières racines sont pivotantes, tandis que les premières sont fasciculées. Le peuplier, à racines fasciculées, est renversé par l'ouragan plus aisément que le chêne.

330. *La racine absorbe la sève et la conduit dans la tige et les feuilles* (*Exp.* 78.) — Examinons de nouveau assez près de son extrémité la racine d'un haricot (*fig.* 197), germé depuis quelques jours sur de l'ouate humide. Nous voyons qu'elle porte un manchon de petits poils blancs extrêmement fins. Ces poils sont appelés *poils absorbants* parce qu'ils absorbent dans le sol l'eau chargée des matières nutritives nécessaires à la plante.

Ce liquide, absorbé par les poils de la racine, s'appelle la *sève*. La sève est transportée dans la tige et dans les feuilles par des canaux très fins appelés aussi *vaisseaux*. Ces vaisseaux, visibles seulement au microscope, existent dans la racine, la tige et les feuilles de toutes les plantes.

La sève peut donc être comparée au sang qui, dans le corps des animaux, circule dans les vaisseaux sanguins.

331. Racines adventives. — Quand une racine se trouve altérée ou brisée dans le sol, il s'en déve-

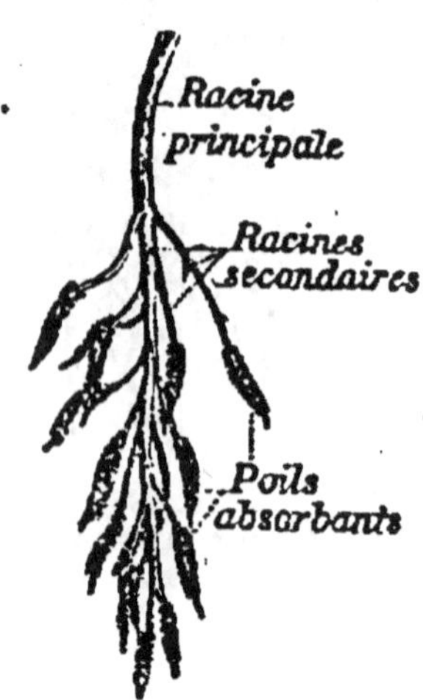

FIG. 197. — POILS ABSORBANTS DE LA RACINE.

FIG. 198. — RACINES ADVENTIVES DU FRAISIER.

loppé bientôt de nouvelles au-dessus de la blessure. Parfois même de telles racines remplaçantes se développent d'elles-mêmes sur la tige au voisinage du sol : on les appelle *racines adventives*. Le fraisier, par exemple, a des racines adventives tout le long de sa tige rampante (*fig. 198*).

APPLICATIONS A L'AGRICULTURE

332. *Le roulage des blés.* — Au printemps, on passe sur les champs de blé un lourd rouleau de bois ou de fonte qui froisse les jeunes tiges en les appuyant contre le sol (*fig. 203*). La tige, mise de la sorte en contact avec le sol, donne alors naissance à des racines adventives plus ou moins nombreuses. Les tiges étant ainsi pourvues d'un plus grand nombre de racines sont nourries plus abondamment, deviennent

plus vigoureusés et le rendement en grains sera considérablement augmenté. C'est ce qu'on appelle le *tallage du blé*.

Fig. 199. — *On roule les blés pour les faire taller.*

333. Buttage des pommes de terre. — Le buttage des
pommes de terre produit des effets analogues. Mais le tuber-

Fig. 200. — Pied de pomme de terre butté.

Fig. 201.
Bouture
de laurier-rose
dans l'eau.

cule que nous appelons pomme de terre n'est pas une
racine ; c'est un *renflement* de la tige souterraine (*fig. 200*).

334. *Bouturage*.—Quand on met dans une bouteille contenant de l'eau un jeune rameau de laurier-rose ou de saule récemment coupé, il se développe *près de l'endroit coupé* de petites racines adventives (*fig. 201*). Celles-ci deviennent bientôt assez fortes pour qu'on puisse repiquer le rameau dans le sol et obtenir ainsi un nouveau pied de laurier-rose avec racines, tiges, feuilles, qui peut vivre comme une autre plante. Ce jeune rameau s'appelle une *bouture* et l'opération est le *bouturage*.

Certaines plantes, telles que le saule, le géranium, peuvent même se bouturer directement dans le sol.

335. *Marcottage*.—On peut obtenir la production de racines adventives en recourbant dans le sol un rameau de vigne

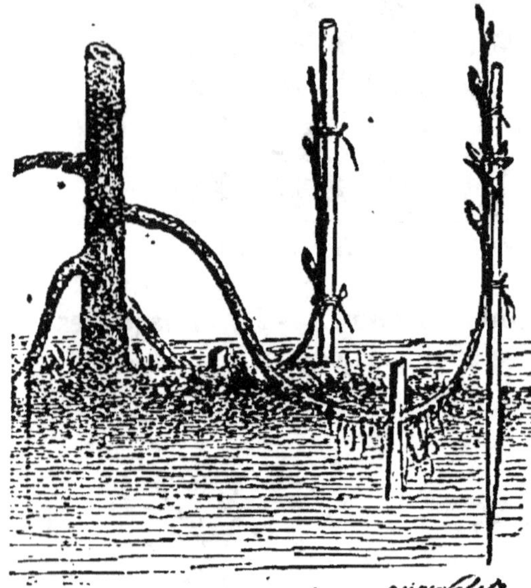

Fig. 202. — MARCOTTAGE DE LA VIGNE.

qu'on y maintient à l'aide d'un piquet. Quand les racines sont assez développées sur le rameau enterré, on sépare celui-ci du pied mère en le coupant court (*fig. 202*). On a ainsi un cep rajeuni et vigoureux.

ASSOLEMENTS

336. *Il faut varier les récoltes*. —De ce que les racines ne pénètrent pas toutes dans le sol à une même profondeur, il résulte qu'il est nécessaire de faire succéder à une plante à courte racine comme le blé — qui se nourrit dans les régions superficielles du sol — une plante à longue racine comme la betterave (ou inversement) qui se nourrit dans les régions profondes. C'est ce qu'on appelle *assolement* ou *rotation.*

Pour la même raison, on ne peut mettre deux années successives dans un champ une même culture. Au blé, par exemple, semé une année, on ne peut faire succéder du blé semé dans le même champ l'année suivante. En effet, la plante ne trouverait plus dans le sol certains éléments qui, avant de lui servir, doivent subir pendant un certain temps l'action de l'air, de la chaleur et de l'humidité. La même plante ne peut, même avec de bonnes fumures, revenir dans un même sol qu'après trois ou quatre ans. L'assolement est donc de trois ou quatre ans.

Dans le nord de la France, par exemple,

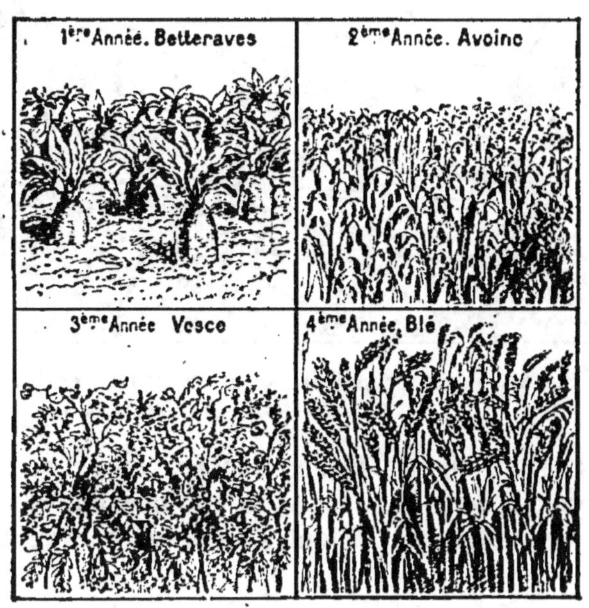

FIG. 203. — ASSOLEMENT QUADRIENNAL.

où l'agriculture est particulièrement développée, l'assolement est quadriennal, c'est-à-dire de quatre ans. On sème successivement dans un même champ : la première année, des betteraves; la seconde, de l'avoine; la troisième, du trèfle ou de la vesce et enfin la quatrième, du blé (*fig.* 203).

337. *L'assolement varie suivant le climat.* — Il n'y a pas de règles absolues pour l'assolement. Il varie naturellement suivant le climat, la nature du sol, son exposition, et surtout suivant la culture que l'on veut faire.

338. *La terre arable doit être bien façonnée*. — Pour que les racines puissent se développer convenablement dans le sol, il faut que celui-ci soit bien ameubli par les façons.

Fio. 204. — *En remuant le sol par les labours, on le rend plus léger et on y favorise la circulation de l'air.*

Les principales façons données au sol sont le labour et le défonçage à la charrue ou à la bêche (*fig. 204*), le roulage et le hersage qui se font à l'aide de chevaux. Les sarclages

Fio. 205. — *Le chardon, le coquelicot, la moutarde des champs, le chiendent sont des plantes nuisibles.*

ou binages et buttages se font de main d'homme à l'aide de la houe ou binette.

La terre remuée dans tous les sens est plus friable. Elle laisse circuler aisément l'air, la chaleur et l'eau, ce qui est la condition indispensable pour le développement des plantes.

D'ailleurs, ces façons ont aussi pour but de détruire quantité de mauvaises herbes très nuisibles aux cultures, telles
que les chardons, les pavots ou coquelicots, la moutarde, la
nielle des blés dont la graine est vénéneuse, et enfin le
chiendent si commun (*fig. 205*).

APPLICATIONS PRATIQUES

339. *Racines utiles*. — Parmi les racines utiles, on peut
distinguer les suivantes :

Les *racines alimentaires*, comme la carotte, le navet, le
panais et le salsifis;

Ces racines riches en amidon sont très recommandables.

Les *racines fourragères*, comme la betterave, le navet et
la carotte;

Les *racines industrielles*, telles que la betterave à sucre.

QUESTIONNAIRE.

325. Quelles sont les parties principales d'une plante commune? —
326. Quelle est la forme extérieure d'une racine en général? —
Qu'appelle-t-on racines secondaires? — 327. Qu'appelle-t-on racine
pivotante? — Citez des exemples. — 328. Qu'est-ce qu'une racine fasciculée? — Citez des exemples. — 329. Quelles sont les racines qui
fixent le mieux la plante au sol? — Qu'appelle-t-on poils absorbants? —
— Qu'est-ce que la sève? — Comment est-elle conduite sur la racine?
— 330. Comment se produisent les racines adventives? — 331. Quel est
le rôle du roulage des blés? — 332. Pourquoi butte-t-on les pommes
de terre? — 333. Qu'arrive-t-il si l'on plonge dans le sol ou dans l'eau
un jeune rameau de saule ou de laurier-rose fraîchement coupé? —
334. Si une tige ou un rameau d'une plante se trouve plongé dans
le sol, que se produit-il? — 335. Qu'est-ce que le marcottage? —
336. Pourquoi doit-on varier les récoltes? — Qu'est-ce qu'un assolement? — Citez un exemple d'assolement. — 337. Le même assolement
convient-il dans tous les sols? — 338. Pourquoi les racines se déve-
loppent-elles mieux dans un sol meuble que dans un sol compact? —
339. Quelles sont les principales racines utiles?

*Pourquoi arrache-t-on plus facilement un pied de blé qu'un
pied de luzerne? — Comment vit le cresson de fontaine?*

RÉSUMÉ.

1. Une plante comprend trois parties principales : la racine, la tige, les feuilles.

2. La racine principale est située dans le prolongement de la tige. Les racines secondaires sont rattachées à la racine principale.

3. Il existe des racines pivotantes comme celle de la carotte et des racines fasciculées comme celle du blé.

4. La racine fixe la plante au sol. Elle absorbe la sève et la conduit dans la tige et les feuilles.

5. Quand la racine ou la tige même se trouve altérée, elle donne naissance à des racines adventives. Le roulage des blés, le buttage des pommes de terre déterminent, sur la tige, la naissance de racines adventives.

6. Dans certains autres cas, la tige peut produire également des racines adventives, comme dans le bouturage ou le marcottage.

7. L'assolement consiste à faire succéder dans un même sol des plantes différentes n'ayant pas besoin des mêmes principes nutritifs.

8. Les racines se développent plus facilement dans un sol bien façonné que dans un sol compact.

9. Parmi les racines cultivées, on distingue des racines alimentaires, des racines fourragères et des racines industrielles.

DEVOIRS ÉCRITS.

Citez quelques plantes dont les racines servent à notre alimentation. Dites quelques mots de leur culture et des services qu'elles nous rendent. (C. E. P. *Seine.*)

Qu'est-ce qu'un assolement? Pourquoi faut-il varier les récoltes? Quels sont les assolements que vous connaissez? (C. E. P. *Yonne.*)

Décrivez une charrue; passez en revue ses différentes parties : coutre, soc, versoir, cadre, mancherons, etc. et indiquez l'objet de chacune.

Quelles sont les principales plantes nuisibles qu'on doit détruire dans les champs? Comment et pourquoi les détruit-on?

LA TIGE DES PLANTES

340. *La tige porte les feuilles et les fleurs* (Exp. 79.) — Examinons un pied de haricot, de giroflée ou de moutarde des champs (*fig.* 206).

Nous voyons que la *tige* située dans le prolongement de la racine s'élève verticalement. Cette tige porte des *rameaux* qui, comme la tige elle-même, portent des feuilles et des

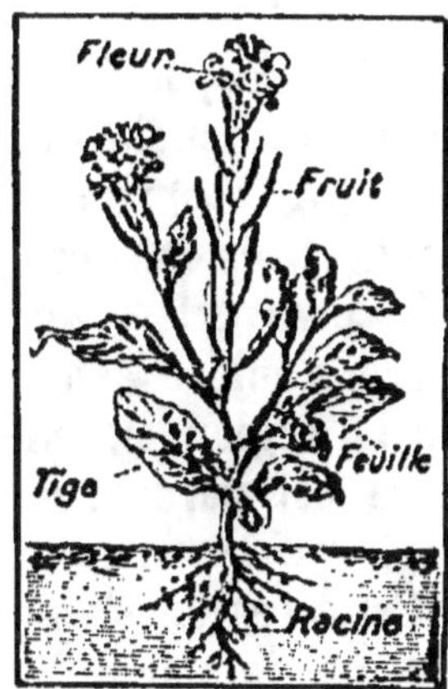

Fig. 206.
MOUTARDE DES CHAMPS.

fleurs. Les rameaux des arbres s'appellent aussi des *branches*. Leur tige est le *tronc*.

Les tiges des plantes de nos pays sont, en majeure partie, aériennes, c'est-à-dire qu'elles se développent dans l'air comme le chêne, le

Fig. 207.
Le haricot grimpe en s'enroulant autour de son support.

Fig. 208.
Le lierre grimpe le long des murailles ou des arbres à l'aide de ses crampons.

Matériel à préparer. — Un pied complet d'une plante usuelle. — Branche de sureau. — Branche de chêne. — Branche de noisetier (en sève). — Une bûche de bois sciée en travers.

haricot ou la moutarde. Quelques-unes sont souterraines comme le chiendent et la pomme de terre. Chez ces plantes à tige souterraine, nous n'apercevons dans l'air que les feuilles portées par les rameaux.

Les tiges aériennes s'élèvent en se dressant d'elles-mêmes, comme le chêne ou la moutarde, ou bien en grimpant le long d'un appui (haricot, pois, lierre) (*fig. 207 et 208*).

341. *La jeune tige est constituée par l'écorce, le bois et la moelle (Exp. 80).* — Regardons une jeune branche de sureau coupée en travers (*fig. 209*) : nous y distinguons nettement trois parties. En dehors se trouve l'*écorce* grise. Au printemps, cette écorce s'enlève assez facilement parce que la région située entre l'écorce et le bois est parcourue par un grand nombre de *vaisseaux con-ducteurs* de la *sève*. Cette région s'appelle le *cambium*. Sous le cambium, se trouve la partie la plus résistante, c'est le *bois*. Tout au centre, on voit un

Fig. 209. — *La jeune tige est formée par de l'écorce, le bois et la moelle.*

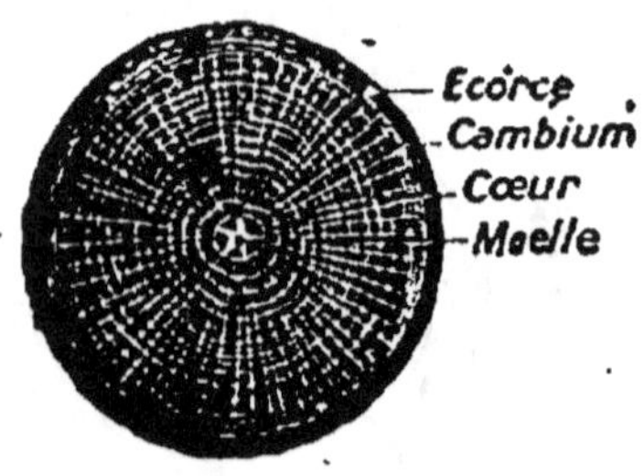

Fig. 210. — *Le chêne âgé a une tige ligneuse, il ne renferme presque pas de moelle.*

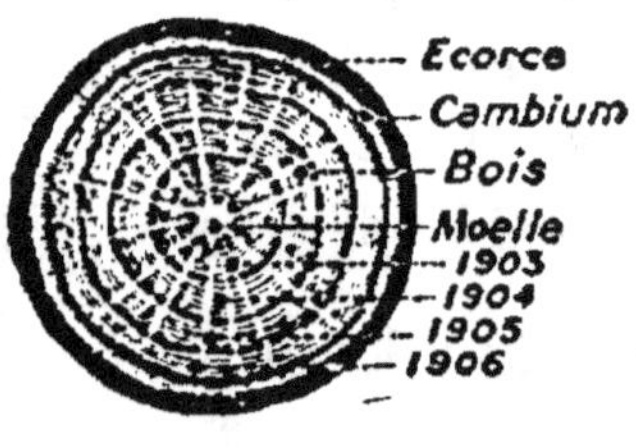

Fig. 211. — *On peut évaluer l'âge d'un arbre en comptant le nombre des couches de bois.*

tissu mou qui est la *moelle. En résumé,* la tige est formée, du dehors en dedans, par l'*écorce*, par le *bois* et par la *moelle*. Entre le bois et l'écorce se trouve le *cambium*.

La moelle est très visible aux extrémités des petits rameaux coupés sur de jeunes plantes. Chez les plantes vivant plusieurs années comme le chêne, elle disparaît généralement à mesure que la plante avance en âge. Ainsi dans la tige ou les branches du chêne, on ne trouve plus que du bois et pas de moelle. On dit alors que la tige du chêne est une tige *ligneuse* (*fig. 210*).

Au contraire, chez les plantes ne vivant qu'un an, il n'y a que très peu de bois. Souvent même la moelle aussi a disparu. La tige est alors appelée *herbacée* (blé, pois).

342. *On peut évaluer l'âge d'un arbre en comptant les couches de bois* (*Exp. 81*). — A mesure que la plante grandit, sa tige devient de plus en plus grosse, c'est-à-dire qu'elle s'accroît en épaisseur.

C'est par le cambium que la tige s'accroît ainsi en épaisseur. Pour cela le cambium forme chaque année, *en dedans*, une nouvelle *couche de bois* et, *en dehors*, une nouvelle *couche d'écorce*.

Fɪɢ. 212. — *Le chêne a le bois dur.*

Les couches successives de bois formées chaque année sont faciles à distinguer les unes des autres, parce que le bois formé en automne est plus sombre que le bois formé au printemps précédent. Ces couches de bois sont donc alternativement *claires au printemps* et *sombres en automne.*

Examinons une bûche sciée régulièrement (*fig. 211*) : nous pouvons aisément compter le nombre de couches concentriques de bois qu'il renferme. *Autant de couches sombres* dans la tige, *autant d'années* pour l'arbre. Ainsi la bûche de la figure 211 est âgée de quatre ans.

APPLICATIONS PRATIQUES

343. *Tiges alimentaires.* — Le tubercule de la pomme de terre est une tige souterraine, et la preuve c'est que ce tubercule porte des yeux ou bourgeons destinés à se développer en rameaux. La pomme de terre est un aliment précieux.

Elle contient, en effet, de la fécule : 15 % et de l'eau 70 %. Légère et digestible, elle constitue une ressource très précieuse dans notre alimentation à cause de son abondance et de son prix modéré. Néanmoins, il faut éviter de consommer des pommes de terre *vertes* ou *germées* : elles peuvent donner la diarrhée.

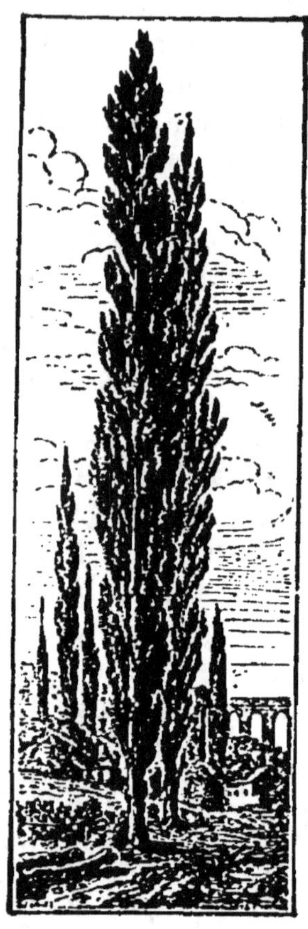

Fig. 213. — *Le peuplier a un bois blanc et tendre.*

La tige de l'asperge est également alimentaire.

344. *Tiges fourragères.* — Les tiges des plantes légumineuses (trèfle) ou de certaines graminées (paturin) qu'on sème dans les prairies artificielles ou naturelles forment le *foin* utilisé dans l'alimentation du bétail.

345. *Tiges industrielles.* — Les bois de nos forêts sont utilisés dans la charpente, la menuiserie et l'ébénisterie.

On distingue : 1° des bois durs (chêne, hêtre, frêne,

orme); 2° des bois blancs ou tendres (peuplier, sapin);
5° des bois résineux (pin, sapin).

QUESTIONNAIRE.

340. Quelles sont les parties du végétal fixées sur la tige ou les
rameaux? — Citez une tige aérienne. — Citez une tige souterraine.
— Citez une plante grimpante. — 341. Quelles sont du dehors en
dedans les diverses parties d'une tige? — Dans quelles plantes peut-
on le mieux voir la moelle? — Où est situé le cambium? —
Quel est son rôle? — 342. Comment peut-on connaître l'âge d'un
arbre coupé? — 343. Quelles sont les tiges alimentaires? — Quels
sont les avantages de la pomme de terre dans l'alimentation? —
344. Citez des tiges fourragères. — 345. Quelles sont les principales
tiges industrielles?

*Pourquoi écorce-t-on le chêne au printemps et non en hiver? —
Pourquoi le tubercule de pomme de terre est-il une tige?*

RÉSUMÉ.

1. La tige d'une plante est la partie du végétal qui pousse
hors de terre; elle porte les feuilles et les fleurs. Les tiges
peuvent être aériennes (chêne), souterraines (pommes de terre).
Les tiges aériennes se dressent d'elles-mêmes dans l'air (arbres)
ou grimpent le long d'un appui (haricots).

2. La tige est formée de trois parties principales : l'écorce,
je bois et la moelle. On distingue la moelle surtout dans les
jeunes tiges. Entre l'écorce et le bois est situé le cambium.

3. C'est dans la région du cambium que la tige s'accroît
en épaisseur.

4. Chaque année le cambium forme en dedans une nouvelle
couche de bois et une couche d'écorce en dehors. On peut
compter ces couches de bois sur un arbre coupé en travers et
trouver ainsi l'âge de l'arbre : autant de couches sombres ap-
paraissent sur la section de la tige, autant d'années d'existence
compte l'arbre.

5. Il existe des tiges alimentaires (pommes de terre, asper-
ges), des tiges fourragères (fourrages) et des tiges industrielles
(bois divers).

DEVOIR ÉCRIT.

Décrivez un arbre que vous connaissez. Quels sont les arbres le
plus utiles? (C. E. P. *Vosges.*)

40ᵉ LEÇON

LA FEUILLE

346. Une feuille usuelle est formée de deux parties, le limbe et le pétiole ou queue (*Exp. 82.*) — Examinons cette feuille de chêne (*fig. 215*). Elle est fixée sur le rameau. Elle est formée d'une partie aplatie, qui est la feuille proprement dite ou *limbe* et d'une *queue* que l'on appelle encore *pétiole*. La face supérieure du limbe est lisse et d'une couleur vert foncé; la face inférieure, plus claire, porte des *nervures* plus ou moins accentuées dans lesquelles sont situés les vaisseaux conducteurs de la sève.

Le limbe est *simple* sur les bords comme dans le lilas ou le muguet (*fig. 214*). Le limbe est *denté*, c'est-à-dire qu'il porte des dents plus ou moins profondes, comme dans le chêne ou l'orme (*fig. 215*).

Fig. 214. — *Le muguet a une feuille simple.*

347. La face inférieure des feuilles porte des stomates invisibles à l'œil nu. — Si l'on examine au microscope la face inférieure d'une feuille, on y distingue de petites ouvertures extrêmement nombreuses (plusieurs centaines dans un millimètre carré), en forme de boutonnières et appelées *stomates*. C'est par les stomates que l'air pénètre dans l'épaisseur de la feuille.

348. Rôle des feuilles. — Les feuilles ont trois rôles principaux : elles *respirent*, elles *transpirent* et elles *fixent sur la plante le carbone* contenu dans le gaz carbonique de l'air.

Fig. 215. — *La feuille du chêne a des dents profondes mais peu nombreuses.*

Matériel à préparer. — Une branche d'arbre fraîchement coupée, avec ses feuilles.

349. *Les feuilles respirent.* — Comme tous les animaux, elles prennent l'oxygène de l'air et elles rejettent du gaz carbonique. La respiration des feuilles, comme celle des animaux, a lieu *continuellement, aussi bien le jour que la nuit.*

350. *Les feuilles rejettent de la vapeur d'eau : elles transpirent (Exp. 83.)* — Couvrons d'un bocal de verre une plante ou un rameau feuillé fraîchement coupé. Nous verrons au bout de quelques heures, une buée plus ou moins abondante qui ternira le verre et ruissellera même en gouttelettes dans l'intérieur du bocal (*fig. 216*).

Donc la plante transpire, c'est-à-dire qu'elle rejette de la vapeur d'eau.

351. *Les feuilles décomposent le gaz carbonique de l'air. Elles fixent sur la plante le carbone et laissent dégager l'oxygène.* — Cette fonction s'appelle encore la *fixation du carbone.*

Fig. 216. — *Le bocal se couvre intérieurement de vapeur d'eau La feuille transpire.*

On sait (7ᵉ *leçon*), que le gaz carbonique est formé de carbone et d'oxygène. *Sous l'influence de la lumière solaire*, la matière verte contenue dans la feuille décompose le gaz carbonique. Elle s'empare du carbone. Elle l'incorpore à la sève et elle laisse dégager l'oxygène. C'est précisément le charbon puisé dans le gaz carbonique de l'air qui sert à la plante pour former le bois. D'ailleurs, nous retrouvons ce charbon quand on brûle le bois dans des conditions convenables (6ᵉ *leçon*).

352. *Il ne faut pas confondre la respiration des plantes avec la fixation du carbone.* — Ces deux fonctions, *respiration* et *fixation du carbone*, sont très importantes.

Par la respiration, la plante absorbe l'oxygène et dégage du gaz carbonique et cette fonction s'accomplit *jour et nuit.*

Par la fixation du carbone, la plante absorbe le carbone du gaz carbonique et dégage de l'oxygène. Cette fonction s'accomplit *pendant le jour seulement.* Il ne faut donc pas confondre ces deux fonctions qui, en réalité, produisent des résultats contraires en ce qui concerne l'oxygène.

APPLICATIONS PRATIQUES

353. *On ne doit jamais effeuiller une plante*. — La feuille est, en quelque sorte, l'estomac de la plante. C'est dans l'épaisseur de la feuille que la sève subit certaines transformations. Là, en effet, elle perd de l'eau et, par conséquent elle s'épaissit. En même temps, elle prend le carbone contenu dans le gaz carbonique de l'air. Ce carbone est destiné à former les parties dures de la plante comme le bois.

Aussi l'arbre dont les feuilles ont été mangées par les chenilles dépérit rapidement

Pour la même raison, l'enlèvement des feuilles de betteraves est toujours nuisible aux plantes, surtout quand la celles-ci ne sont pas complètement développées.

354. *Il est imprudent de laisser des plantes dans les appartements*. — On ne doit jamais, *pendant la nuit* surtout, laisser des plantes vertes dans un appartement puisqu'elles dégagent *constamment* du gaz carbonique nuisible à notre respiration. En effet, pendant la nuit, la plante respire mais elle ne décompose pas le gaz carbonique puisque cette décomposition ne peut se faire que sous l'action de la lumière solaire. Le dégagement de gaz carbonique est donc, pendant la nuit, plus abondant que le dégagement d'oxygène.

355. *Les plantes vertes assainissent l'air*. — Les végétaux verts assainissent l'air en nous débarrassant *pendant le jour* du gaz carbonique provenant de la respiration des animaux et des végétaux. Si tous les arbres disparaissaient à la surface du globe, la quantité de gaz carbonique contenue dans l'air serait bientôt telle que l'air deviendrait irrespirable. Aussi l'air des champs et des forêts est-il plus pur que celui des villes.

356. *Feuilles utiles*. — Les feuilles d'épinards et de salade (laitue, chicorée, endive, cresson) contiennent de l'amidon. Ces feuilles cuites sont très recommandées. Celles de l'épinard en particulier, renferment des sels de fer utiles à notre santé.

Le cresson est un dépuratif. Le chou est parfois indigeste.
Quelques feuilles sont employées en infusion comme celles
de la menthe et de la bourrache.

QUESTIONNAIRE.

346. Combien distingue-t-on de parties dans une feuille? — Quelle
est la partie la plus importante? — 347. Quel est le rôle des stomates?
— 348. Quelles sont les trois fonctions des feuilles? — 349. Comment
les feuilles respirent-elles? — 350. Comment peut-on montrer qué les
feuilles transpirent? — 351. Comment les feuilles décomposent-elles le
gaz carbonique de l'air? — A quel moment de la journée les feuilles
fixent-elles le carbone? — 352. Pourquoi ne doit-on pas confondre la
respiration avec la fixation du carbone? — 353. Pourquoi ne doit-on pas
effeuiller une plante? — 354. Peut-on laisser des plantes la nuit dans
une chambre à coucher? — 355. Comment les plantes vertes assai-
nissent-elles l'air? — 356. Quelles sont les principales feuilles alimentaires? — Quelles sont les propriétés des épinards?

RÉSUMÉ.

1. La feuille est formée d'une lame verte, aplatie, appelée
le limbe, attachée à la tige ou au rameau par le pétiole ou queue.

Le limbe porte les nervures abritant les vaisseaux conducteurs de la sève.

2. Les stomates situés à la face inférieure de la feuille sont
de petites ouvertures par lesquelles l'air pénètre dans la feuille.

3. Les feuilles respirent jour et nuit en absorbant de l'oxygène et en dégageant du gaz carbonique.

Elles transpirent en dégageant de la vapeur d'eau.

Les feuilles prennent le carbone contenu dans le gaz carbonique de l'air et en laissent dégager de l'oxygène pendant le
jour seulement.

4. Un végétal dont les feuilles sont enlevées se développe mal.

5. Les végétaux verts assainissent l'air en décomposant le
gaz carbonique qu'il contient. Néanmoins, il est imprudent de
laisser des plantes vertes pendant la nuit dans un appartement parce qu'en l'absence des rayons du soleil, les plantes
vertes ne peuvent pas décomposer le gaz carbonique, et qu'au
contraire elles en laissent dégager par leur respiration.

6. Certaines feuilles sont utilisées dans l'alimentation ou
dans la médecine.

DEVOIR ÉCRIT..

Un poirier, dépouillé de ses feuilles par les chenilles, dépérit. Expliquez pourquoi. Comment aurait-on pu l'éviter?

LA FLEUR

357. Il existe des plantes à fleurs et des plantes sans fleurs (Exp. 84). — Les plantes de nos pays sont, pour la majeure partie, pourvues de fleurs comme la giroflée (*fig. 217*) ou la carotte (*fig. 218*).

D'autres, comme le champignon (*fig. 219*), n'en ont jamais.

Les plantes qui fleurissent dans l'année du semis sont appelées plantes *annuelles* : la giroflée est une plante annuelle. Celles qui en général ne produisent des fleurs qu'au bout de la deuxième année, comme la carotte (*fig. 218*) par exemple, sont dites *plantes bisannuelles*.

FIG. 217. — GIROFLÉE.   FIG. 218. — CAROTTE.

Enfin il existe des plantes qui, comme le fraisier, le pommier ou le chêne, produisent des fleurs tous les ans : ces plantes sont dites *vivaces*.

Les *fleurs* de formes et de couleurs très diverses ne sont que des *feuilles modifiées, destinées à reproduire le végétal qui les porte.*

358. La fleur de giroflée comprend le calice, la corolle, les étamines et le pistil (Exp. 85). — Prenons comme exemple une fleur très connue : celle de la giroflée.

Dans une fleur de giroflée, nous trouvons, en regardant, du dehors en dedans :

Une première enveloppe, appelée *calice*, située à la base de la fleur et formée de quatre feuilles vertes qui sont des *sépales* (*fig.* 220);

Une seconde enveloppe, appelée la *corolle*, et formée de quatre feuilles colorées en jaune brun, qui sont les *pétales* (*fig.* 221).

FIG. 219.
CHAMPIGNONS DE COUCHE.

On trouve ensuite six étamines rangées en cercle. Ces étamines portent au sommet

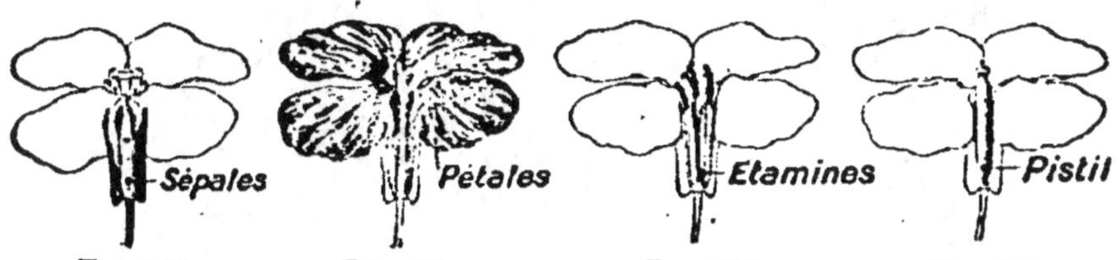

FIG. 220.   FIG. 221.   FIG. 222.   FIG. 223.

La fleur de la giroflée a 4 sépales, 4 pétales, 6 étamines, 1 pistil.

un renflement renfermant une poussière jaune appelée le *pollen* (*fig.* 222).

Tout au centre de la fleur se trouve le *pistil* formé d'une tige portant à sa base un renflement très accentué nommé *ovaire* (*fig.* 223).

Beaucoup de plantes de nos pays sont ainsi formées par un calice, une corolle, des étamines et un pistil. Seulement le nombre et la disposition de ces diverses parties varie suivant les espèces.

359. *L'ovaire de la giroflée contient des ovules qui forment les graines (Exp. 66).* — Si nous coupons l'ovaire

de la giroflée suivant sa longueur, nous voyons qu'il renferme de petits corps arrondis appe-
lés *ovules* (*fig. 224*).

Quand la giroflée mûrit, les enveloppes et les étamines tombent. On dit
alors que la fleur est passée. Seul le
pistil et l'ovaire, au lieu de se faner,
continuent à se développer. L'ovaire
situé à la base du pistil devient alors
le *fruit* et les ovules qu'il renferme
deviennent les *graines*.

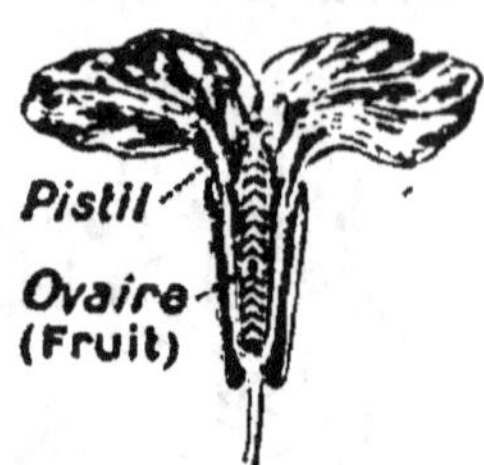

Fig. 224. — *L'ovaire de la giroflée renferme les ovules.*

Quand on sème les graines dans des conditions convenables
de chaleur et d'humidité, chacune
d'elles peut germer et donner naissance à une nouvelle giroflée semblable
à la première.

Fig. 225. — Rameau fleuri d'œillet.

Fig. 226. — La rose.

*La fleur est donc bien l'organe de reproduction de lo
plante. La graine est en quelque sorte l'œuf de la plante.*

APPLICATIONS PRATIQUES

360. **Fleurs ornementales.** — Les fleurs sont la parure
des jardins et des champs. Elles réjouissent la vue. Aussi
beaucoup d'entre elles sont-elles cultivées comme ornement.

Citons par exemple : la giroflée, l'œillet (*fig.* 225), la rose (*fig.* 226), la marguerite, le soleil, le lis.

Un bouquet de fleurs gentiment disposé sur le buffet ou sur la table de la salle à manger, ou bien une plante verte contribuent à égayer l'intérieur même le plus modeste et à le faire aimer par tous les membres de la famille.

361. *Fleurs alimentaires.* — Le chou-fleur (*fig.* 227) et

Fig. 227.
*Les bourgeons à fleurs
du chou-fleur
sont comestibles.*

Fig. 228. — Pied fleuri
de violette.

l'artichaut sont employés dans l'alimentation.

362. *Fleurs médicinales.* — Un grand nombre de fleurs sont utilisées en médecine quand elles sont séchées. Il en est ainsi de la bourrache, du pas-d'âne, de la violette (*fig.* 228) et de la guimauve dont la réunion forme *les quatre fleurs* utilisées pour calmer le rhume; on emploie également en médecine domestique, les fleurs de camomille et d'oranger ainsi que les tiges de menthe ou de mélisse garnies de leurs feuilles pour favoriser la digestion.

Ces fleurs, comme d'ailleurs la plupart des plantes utilisées en médecine domestique, sont récoltées au moment de la floraison.

Pour les conserver, on en fait de petites bottes qu'on suspend à l'aide de ficelles dans le grenier bien aéré et à l'abri du soleil. On les garde ensuite à l'abri de l'humidité.

QUESTIONNAIRE.

357. Citez des plantes à fleurs; des plantes sans fleurs. — Qu'appelle-t-on plantes annuelles et bisannuelles? — Les fleurs ont-elles un certain rapport avec les feuilles? — Quelles sont les différentes parties d'une fleur? — **358.** Qu'appelle-t-on calice? — De quelles parties est formée la corolle? — Comment est formée une étamine? — Quelle est la forme du pistil? — **359.** Qu'est-ce que l'ovaire? — Comment est constitué l'ovaire? — Que devient l'ovaire quand le fruit mûrit? — Que deviennent les ovules? — **360.** Citez des fleurs ornementales. — **361.** Citez des fleurs alimentaires. — **362.** Citez des fleurs médicinales.

RÉSUMÉ.

1. Les fleurs sont destinées à reproduire la plante qui les porte.

2. Une fleur est généralement constituée du dehors en dedans par deux enveloppes, le calice et la corolle. A l'intérieur des pétales de la corolle, on trouve les étamines portant le pollen à leur extrémité, et au centre le pistil pourvu à sa base d'un renflement qui est l'ovaire. L'ovaire renferme les ovules.

3. L'ovaire en mûrissant devient le fruit et les ovules deviennent les graines. Une graine peut en germant donner naissance à une plante semblable à celle qui l'a produite. La fleur est donc l'organe de reproduction de la plante.

4. Les fleurs sont utilisées dans l'ornementation, l'alimentation et la médecine.

LECTURE.

Les fleurs du printemps.

L'anémone si mobile,
Frêle tribut du printemps.
Courbe sa tige débile,
Sous ses pétales flottants.
La primevère avec joie
Brise ses langes dorés;
La violette déploie
Sa robe aux pans azurés.
Voici la noble pensée
Avec ses trois écussons;

Voici l'épine élancée
Qui blanchit sur les buissons,
La véronique étoilée
Aux yeux bleus et languissants,
Et la pervenche étalée
Sur les gazons renaissants.
La gentille pâquerette
S'égaye aux feux du matin,
Et, comme une collerette,
Ouvre ses plis de satin.

D'après Ch. Nodier.

DEVOIR ÉCRIT.

1. Parlez de la fleur en général; de ses parties essentielles. Dites ce qu'on fait des fleurs et pourquoi on les aime (C. E. P.)

LE FRUIT

363. Le fruit de la giroflée contient des graines (*Exp. 87*). — La fleur a pour rôle de former le fruit. Le fruit lui-même sert à reproduire la plante (*41ᵉ leçon*).

Ouvrons le fruit mûr d'une giroflée : (*fig. 229*) nous voyons qu'il est formé de deux valves recouvrant une mince cloison de chaque côté de laquelle sont symétriquement alignées les petites graines.

Fig. 229.—*Le fruit de la giroflée renferme les graines.*

364. Pour que le fruit se forme il faut que le pollen des étamines tombe sur le pistil. — Le calice et la corolle ne servent qu'à protéger les étamines et le pistil.

Les étamines et le pistil sont les parties essentielles de la fleur. Sans elles, les graines ne pourraient se former.

Le pollen des étamines tombe sur l'extrémité du pistil sous form d'une fine poussière. A partir de ce moment, l'ovaire peut grossir et commencer à se transformer en fruit. Le contact du grain de pollen avec l'extrémité du pistil est donc la condition indispensable pour que le fruit puisse se former et mûrir.

Mais toutes les fleurs ne sont pas pourvues d'étamines et de pistil. Il y a des végétaux dont certaines fleurs ne possèdent

Fig. 230. — *Les abeilles, butinant sur les fleurs, transportent le pollen d'une fleur à l'autre.*

Matériel à préparer. — Quelques fruits secs ou charnus. — Gousse de haricot ou de pois. — Fruit de giroflée ou de chou. — Epi de blé. — Un gland de chêne. — Cerises.

que des étamines, tandis que d'autres n'ont que le pistil.
C'est alors le vent qui transporte le pollen d'une fleur à l'autre ou encore ce sont des insectes qui, sans le vouloir, remplissent cette fonction. Ainsi les abeilles (*fig. 230*), butinant sur la fleur, transportent le pollen d'une fleur à étamines sur une autre fleur à pistil.

Fig. 231.   Fig. 232.   Fig. 233.

Le pois, le chêne et le blé ont un fruit sec.

365. La pluie fait couler les fruits. — Quand il pleut au moment de la floraison, le pollen est entraîné par l'eau de pluie et ne peut se fixer sur l'extrémité du pistil. Alors le fruit ne peut se former. On dit dans ce cas que le fruit *coule*. Cet inconvénient se produit souvent dans les années pluvieuses chez nos arbres fruitiers tels que le pommier, le cerisier, la vigne..

Fig. 234.   Fig. 235.

La cerise et la pomme ont un fruit charnu.

366. Fruits secs et fruits charnus (*Exp. 88*). — Tous les fruits ne ressemblent pas à ceux de la giroflée. Quand les fruits de la giroflée, du haricot ou du blé sont mûrs, ils sont secs. D'autres, comme ceux du cerisier ou de la vigne, sont mous et charnus (*fig. 234, 235*).

Il existe donc des *fruits secs* et des *fruits charnus.*

Parmi les fruits secs, on peut citer, en dehors de celui de la giroflée (*fig 229*), la gousse du pois ou du haricot (*fig. 231*) le gland du chêne (*fig. 232*), l'épi du blé (*fig. 233*).

Parmi les principaux fruits charnus, on remarque la cerise (*fig. 234*) dont la graine est cachée dans un noyau, la pomme (*fig. 235*) ou le raisin

Fig. 236.   Fig. 237.
Le raisin et la châtaigne sont des fruits utiles.

dont les graines s'appellent les pépins (*fig. 236*). Les fruits secs (giroflée, haricot) laissent tomber leurs graines à terre où elles peuvent germer tout de suite si les conditions sont favorables.

Les fruits charnus (cerise, pomme), tombés à terre, commencent par pourrir pour mettre en liberté les graines qu'ils renferment.

367. *Fruits utiles.* — Les fruits sont recherchés dans l'alimentation. Les principaux arbres ou arbustes fruitiers

sont : le pommier, le poirier, dont les fruits servent de plus
à la fabrication du cidre et du poiré ; le cerisier, l'abricotie, le pêcher, le châtaignier (*fig. 237*), l'oranger, le groseillier, le framboisier, le fraisier et la vigne.

Avec le raisin, fruit de la vigne, on fait le vin, boisson hygiénique par excellence, à condition qu'on n'en abuse pas. Le vin constitue une des grandes richesses de la France.

On peut conserver les pommes, les poires et les noix en les tenant dans une chambre sèche et de température peu élevée. Pour cela on les dispose sur des planches en les séparant les unes des autres. Les noix sèches peuvent être laissées en tas.

QUESTIONNAIRE.

363. Que savez-vous sur le fruit de la giroflée ? — 364. Quel est le rôle du calice et de la corolle ? — Où se trouve le pollen ? — Quel est le rôle du pollen ? — Quelle est la première condition pour qu'un fruit puisse se développer ? — 365. Que devient le pollen quand il pleut ? — 366. Citez des fruits secs. — Citez des fruits charnus. — Comment les fruits secs peuvent-ils germer ? — Comment les fruits charnus peuvent-ils germer ? — 367. Quels sont les principaux fruits utilisés dans l'alimentation ? — Quels fruits peut-on conserver et dans quelles conditions ?

Pourquoi les abeilles visitent-elles les fleurs ? — Si l'on coupait les étamines d'une fleur, que se produirait-il ? — Si l'on coupait le pistil d'une fleur, que deviendrait le fruit ?

RÉSUMÉ.

1. Les fruits renferment les graines qui servent à reproduire la plante.

2. Les étamines et le pistil sont les organes essentiels de la fleur. Le calice et la corolle ne sont que des organes de protection des étamines et du pistil.

Pour que le fruit puisse se développer, il faut que le pollen des étamines tombent sur l'extrémité du pistil.

3. Les fruits peuvent être secs, comme les graines de la giroflée et le haricot, ou charnus comme la pomme et la cerise.

4. Les fruits servent à notre alimentation et quelques-uns à la fabrication des boissons hygiéniques (vin, cidre, poiré).

DEVOIR ÉCRIT.

Quels sont les fruits que vous connaissez ? Quel est leur rôle au point de vue de la plante ? Quels sont les fruits les plus utiles ? (C. E. P. *Hérault.*)

LA GRAINE ET LA GERMINATION

LA GRAINE

368. *La graine renferme une très petite plante appelée aussi plantule (Exp. 89).*

Fig. 238. — *La graine renferme le germe ou plantule.*

— Observons des graines de fèves ou de haricots qui ont été mises hier soir dans un peu d'eau. L'eau a fait gonfler les graines. Nous pouvons, de la sorte, en distinguer aisément les différentes parties. Examinons ce haricot.

La graine du haricot est recouverte extérieurement par une enveloppe dure qu'on appelle parfois la peau. Cette graine porte à l'intérieur un petit pied de haricot si petit qu'on ne peut bien le distinguer qu'avec un verre grossissant, appelé loupe (*fig. 240*). Ce petit haricot de taille si réduite s'appelle la *plantule*, c'est-à-dire petite plante ou bien le *germe*. Il porte pourtant une racine ou *radicule* (*fig. 238*), une *tigelle* ou petite tige, munie elle-même d'une

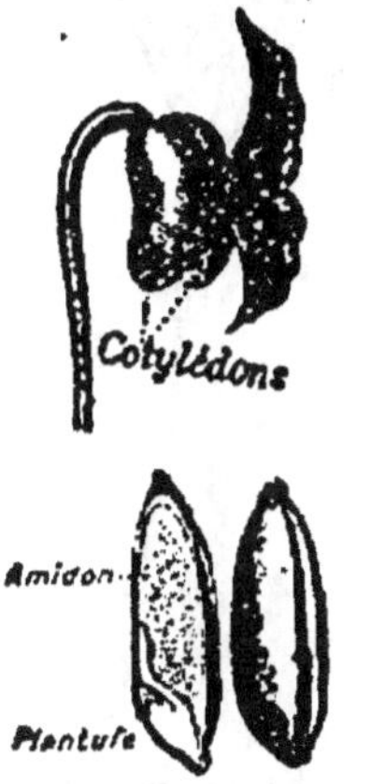

Fig. 239.—*Le haricot a deux cotylédons. Le grain de blé n'a qu'un cotylédon.*

Fig. 240. — *Enfant regardant une plante avec une loupe.*

Matériel à préparer. — Fèves, pois, haricots immergés dans une faible couche d'eau depuis 24 ou 48 heures.

paire de feuilles qui se trouvent repliées. Ces petites feuilles sont le premier bourgeon de la plante : elles constituent la *gemmule.*

Cette *plantule* est logée dans une amande qui se fend aisément en long en deux parties, dont chacune s'appelle un *cotylédon.* Ces cotylédons sont en réalité des feuilles épaisses bourrées d'aliments, tout prêts à être utilisés par la plantule quand elle se développera.

Il y a donc dans une graine deux parties essentielles : 1° la plantule ; 2° les cotylédons formant l'amande.

369. *Plantes dicotylédones et plantes monocotylédones.* — Une plante qui a deux cotylédons dans sa graine s'appelle une plante *dicotylédone* (*di* : deux). Le haricot, le pois, la fève, la giroflée sont des dicotylédones (*fig.* 239).

Parfois la graine ne possède qu'un cotylédon. La plante est dite alors plante *monocotylédone* (*mono* : un seul). Le blé et toutes nos céréales sont des plantes monocotylédones.

FIG. 241. Blé.   FIG. 242. Seigle.

370. *Rôle de la graine.* — La graine peut être comparée à l'œuf de l'animal. Elle renferme comme lui, en effet, un germe, la plantule, située au milieu de matières alimentaires, les cotylédons.

La graine est un organe vivant, sinon elle ne pourrait donner naissance à une nouvelle plante. Elle respire et elle transpire, mais ces deux fonctions s'effectuent très lentement. On dit que la graine est à l'état de *vie ralentie.* Dès qu'on

placera cette graine dans certaines conditions **convenables**
elle germera, c'est-à-dire que sa plantule développera **une**
nouvelle plante semblable à celle qui portait les graines.

GERMINATION DE LA GRAINE

371. *Pour qu'une graine germe, il faut d'abord
qu'elle soit mûre et pas trop vieille.* — Si l'on plante, par
exemple, des graines de haricot encore vertes, elles pourrissent dans le sol et ne germent pas parce que les cotylédons ou feuilles nourricières
ne sont pas complètement
formés. Si l'on plante des
graines trop vieilles et trop
sèches, elles ne germent
pas davantage parce que les
matières nutritives contenues dans les cotylédons
sont altérées.

372. *L'eau est nécessaire à la germination de
la graine* (*Exp.* 90). — Observons des graines mises
depuis quelques jours sur de
l'ouate humide placée dans
une assiette : nous voyons
que les graines ont grossi
et que la plantule commence
à sortir de la graine. Les
mêmes phénomènes se pro-
duisent dans le sol. La
graine se gonfle rapidement

FIG. 243. ORGE.   FIG. 244. MAÏS.

en absorbant l'eau qui lui est nécessaire pour la nourriture
de la plantule. Mais si la graine est maintenue dans l'eau ou
bien dans un sol trop humide, elle pourrit en quelques jours.
L'humidité doit donc être juste suffisante.

D'ailleurs, tant que la graine n'a pas d'humidité en quantité suffisante, elle ne peut germer. C'est pour cette raison qu'on peut conserver *au sec* les graines destinées à être semées plus tard.

373. *L'air est nécessaire à la germination de la graine.* (*Exp. 91*): — Quand la plantule germe, elle respire beaucoup plus qu'à l'état de vie ralentie. *Il lui faut donc de l'air.* C'est pourquoi on ne doit semer les graines que dans un sol bien préparé, bien ameubli et bien aéré par les labours ou les façons. Si l'on plante une graine trop

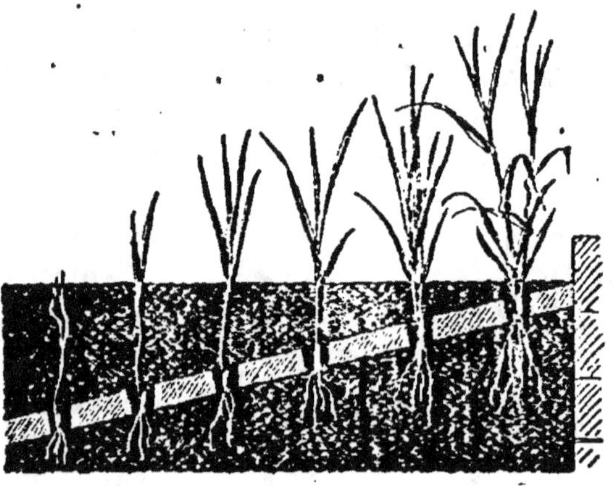

Fig. 245.
Si la graine est enfoncée trop profondément elle germe difficilement faute d'air.

profondément dans le sol, elle respire difficilement et elle ne peut se développer convenablement.

On peut s'en rendre compte en semant des mêmes graines à différentes profondeurs (*fig. 245*).

Fig. 246. — Branche de noyer avec fruits.

374. *La chaleur est nécessaire à la germination de la graine.* — Chez les plantes de nos pays, la germination s'effectue généralement à une température modérée. S'il fait trop froid, comme en hiver, ou trop chaud, comme en été, la graine ne germe pas ou se développe mal. Les semis s'effectuent donc le plus souvent au printemps ou à l'automne.

En résumé, pour qu'une graine puisse germer et donner naissance à une nouvelle plante, il faut que la graine ne soit ni trop jeune, ni trop vieille et qu'elle reçoive en quantité convenable de l'eau, de l'air et de la chaleur.

APPLICATIONS PRATIQUES

375. *Graines alimentaires*. — L'homme utilise pour sa nourriture les matières alimentaires emmagasinées dans la graine pour le développement de la plantule.

Les céréales, le blé (*fig. 241*), le seigle (*fig. 242*), l'orge (*fig. 243*), le maïs (*fig. 244*), le riz renferment beaucoup d'amidon dans leur graine. La farine de blé et de seigle sert à faire le pain.

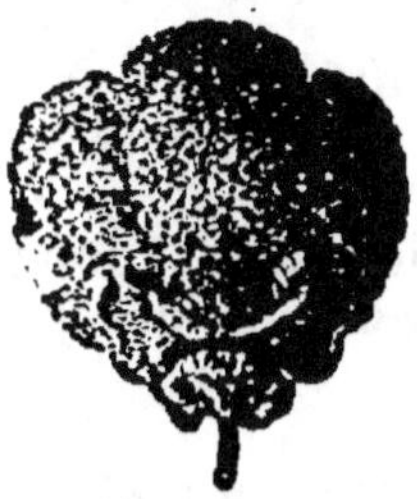

L'avoine, l'orge, le maïs servent surtout à l'alimentation du bétail.

376. *Graines industrielles*. — Le duvet ou bourre qui enveloppe la graine de coton sert à fabriquer des étoffes (*fig. 247*).

FIG. 247. — COTON.

Les graines de l'olivier, du noyer (*fig. 246*), du colza, du hêtre renferment une huile qu'on en extrait par compression et par chauffage.

Les grains d'orge servent à la fabrication de la bière.

QUESTIONNAIRE.

368. Comment la graine est-elle protégée? — Quelles sont les parties d'une graine? — Comment est faite la plantule? — Par quels corps l'amande est-elle constituée? — Que renferment les cotylédons? — 369. Qu'appelle-t-on plante dicotylédone? — Citez quelques graines de plantes dicotylédones. — Citez quelques graines de plantes monocotylédones. — 370. A quoi peut-on comparer la graine d'une plante? — Pourquoi la plantule est-elle vivante? — Pourquoi dit-on que la plantule est à l'état de vie ralentie? — 371. Quelle est la première condition pour qu'une graine puisse germer? — Qu'arrive-t-il si l'on sème des graines

vertes ou des graines trop vieilles? — 372. Quel est le rôle de l'eau dans la germination? — Pourquoi met-on au sec des graines qu'on veut conserver? — 373. Quel est le rôle de l'air dans la germination? — Pourquoi ne faut il pas semer les graines trop profondément dans le sol? — 374. La chaleur joue-t-elle un rôle dans la germination? — A quelles époques fait-on les semis? — 375. Quelles sont les principales graines alimentaires? — 376. Quelles sont les principales graines industrielles?

RÉSUMÉ.

1. La graine renferme une plantule ou germe qui est formée de la radicule, de la tigelle et de la gemmule et qui est placée au milieu de matières alimentaires contenues dans les cotylédons.

Les cotylédons sont en réalité des feuilles nourricières très épaisses destinées à alimenter la plantule.

2. La graine a pour rôle de reproduire une plante semblable à celle qui l'a portée.

3. Pour qu'une graine germe, il faut quelle soit mûre, pas trop vieille et qu'elle soit placée dans des conditions convenables d'humidité, d'aération et de chaleur.

4. Certaines graines jouent un grand rôle dans l'alimentation (blé, haricot) ou dans l'industrie (coton, olivier, orge).

LECTURE.

Dans leur enfance les plantes sont nourries au biberon.

Eh oui! la plante est nourrie au biberon. Chacune de ces deux moitiés que vous voyez dans un pois, dans un haricot ou dans un gland, sont les deux feuilles nourricières du germe nouveau-né.

Il faut que je vous dise comment s'appellent ces gentilles petites feuilles nourricières : on les appelle des *cotylédons!*

Oh! les savants!... Ils ont pris le mot grec *cotulé* qui signifie *écuelle* — écuelle! je vous demande un peu! — puis ils se sont dit : « C'est bien cela, dans une écuelle on met de la soupe ; or comme la jeune plante se nourrit d'une certaine bouillie, nommons *cotylédons* ces feuilles qui la lui fournissent. » Ce n'est pas plus difficile que cela!

D'après ED. GRIMARD, *La Goutte de sève*. [Hachette, édit.]

DEVOIR ÉCRIT.

La germination. Indiquez les agents nécessaires à la germination des graines. Citez à ce sujet des expériences faites sous vos yeux ou des faits agricoles que vous avez observés. Tirez les conséquences pour la bonne exécution des semis ou pour la conservation des graines. (C. E. P. *Yonne.*)

LA GREFFE DES VÉGÉTAUX

377. *Divers modes de reproduction des plantes.*
— Dans les deux précédentes leçons, nous avons étudié comment les végétaux peuvent se reproduire d'eux-mêmes, par l'intermédiaire des graines.

Le marcottage et le bouturage (*38ᵉ leçon*) sont des modes de multiplication indirecte des plantes. Enfin, le greffage est un procédé qui permet également d'obtenir la reproduction de certaines plantes.

378. *La graine d'une plante cultivée donne souvent naissance, en germant, à une plante sauvage de même*

Fig. 248. — ÉGLANTINE.   Fig. 249. — ROSE CULTIVÉE.

espèce. — Quand on sème les graines d'une plante cultivée produisant des fruits gros et sucrés ou de belles fleurs, comme les pépins d'une poire de duchesse ou les graines d'un beau rosier, par exemple, il arrive parfois que ces graines donnent naissance, en germant, à des arbustes produisant des poires moins sucrées que la poire de duchesse d'où elles proviennent, ou bien des roses moins belles que celles qui ont produit les graines (*fig. 248 et 249*).

Souvent même on obtient une plante sauvage qui produit des fruits petits et acides tout à fait différents de la poire de duchesse et qu'on reconnait être des poires sauvages (*fig. 250 et 251*).

La greffe permet, au contraire, de reproduire directement de nouveaux poiriers de duchesse ou des rosiers portant des roses aussi belles que celles que l'on possède déjà. Elle permet, en général, d'obtenir la reproduction de toutes les plantes cultivées

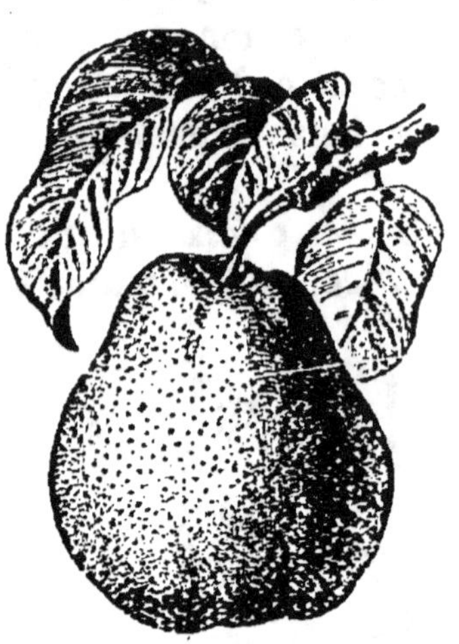

FIG. 250. — POIRE SAUVAGE.　　　FIG. 251. — POIRE DE DUCHESSE.

On peut greffer aussi bien des plantes herbacées (tomate), que des arbres, mais, le plus souvent, on greffe seulement les arbres fruitiers ou la vigne.

379. Comment on doit greffer (*Exp.* 92). — La greffe consiste à souder un rameau d'une plante améliorée sur un rameau ou une tige de plante sauvage. Le pied de plante sauvage s'appelle le *sujet* ou *sauvageon*. Le rameau amélioré est le *greffon*.

Pour qu'une greffe réussisse, il faut que le greffon soit *de même espèce* que le sauvageon, ou tout au moins d'une espèce très voisine.

Si l'on possède, par exemple, un pommier de reinette de

Canada, **on peut en greffer un rameau sur un rameau de pommier sauvage, poussant à l'état naturel dans les bois. Si la greffe réussit bien, le greffon se développe sur le pommier sauvage et porte des fruits qui sont bien des reinettes de Canada, grosses et savoureuses, et non des pommes sauvages petites et acides.**

En général, on peut greffer les rameaux d'arbres à fruits à pépins sur des sauvageons à fruits à pépins, ou des arbres à noyau sur des arbres à noyau. Ainsi on greffe couramment le poirier sur le poirier ou sur le cognassier, la vigne française sur la vigne américaine. On ne pourrait pas, au contraire, greffer un abricotier sur un pommier.

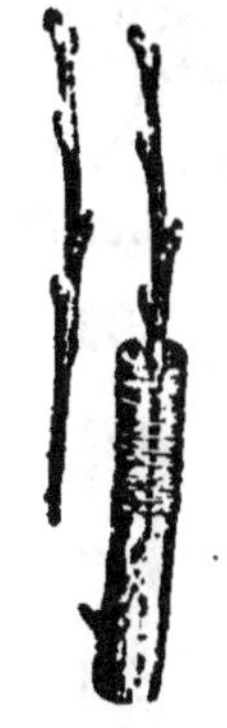

FIG. 252.
GREFFE
EN FENTE.

380. *Greffage*. — On greffe au printemps ou à la fin de l'été, c'est-à-dire quand la sève des plantes est très abondante. Pour greffer, on pratique sur le sauvageon, débarrassé · généralement de toutes ses autres branches, et sur le rameau du greffon, des entailles ou des incisions telles que le cambium du greffon et celui du sauvageon soient en contact. On recouvre les blessures ainsi faites avec une substance protectrice, comme de la boue argileuse, après avoir ligaturé le tout. Ainsi le greffon, tout en conservant ses propriétés particulières, continue à se développer en utilisant la sève du sauvageon.

On peut greffer suivant plusieurs procédés : *greffe en fente, greffe en écusson, greffe anglaise.*

FIG. 253. — GREFFE ANGLAISE.

381. *Greffe en fente*. — On taille, au printemps, la base du greffon en biseau (*fig.* 252) sur une certaine longueur.

On l'introduit ensuite dans une fente de même dimension pratiquée à l'extrémité de la tige ou du rameau du sauvageon préalablement coupée transversalement. On ligature avec de la corde ou des fibres de raphia et on recouvre la plaie avec de la terre argileuse délayée dans l'eau ou avec du mastic à greffer.

Les arbres à fruits se greffent souvent en fente au printemps.

382. *Greffe anglaise*. — La greffe anglaise est une variété de greffe en fente. La disposition du greffon et celle du sujet sont représentées sur la figure 255.

La greffe anglaise se pratique surtout sur la vigne.

FIG. 254.
GREFFE EN ÉCUSSON.

383. *Greffe en écusson*. — Un écusson est un bourgeon accompagné d'un lambeau d'écorce de petite dimension. Pour greffer en écusson, on commence par détacher avec soin un écusson sur la plante améliorée. On fait ensuite sur l'écorce du sauvageon deux fentes perpendiculaires en forme de T (*fig. 254*). On introduit l'écusson dans cette fente. On ligature et on recouvre de mastic.

La greffe en écusson réussit très bien sur le rosier, en été.

QUESTIONNAIRE.

377. Comment les plantes peuvent-elles se multiplier sans le secours des graines? — **378.** Quel est l'avantage que présente la greffe? — **379.** Qu'appelle-t-on sauvageon? — Qu'est-ce que le greffon? — Peut-on greffer ensemble des espèces très différentes? — Quelle est la condition pour qu'une greffe réussisse? — **380.** Combien distingue-t-on de variétés de greffes? — **381.** Comment greffe-t-on en fente? — Quelles plantes greffe-t-on en fente? — **382.** Comment fait-on la greffe anglaise? — Sur quelles plantes? — **383.** Comment greffe-t-on en écusson? — Quelles plantes peut-on greffer en écusson?

RÉSUMÉ.

1. Les plantes peuvent se multiplier sans le secours des graines par bouturage, par marcottage et par greffage.

2. La greffe permet, comme le bouturage et le marcottage, de conserver aux fruits ou aux fleurs certaines propriétés particulières.

3. On ne peut greffer ensemble que des plantes présentant entre elles de grandes ressemblances au point de vue des fruits.

4. Pour qu'une greffe réussisse il faut que le cambium du greffon et celui du sauvageon soient appliqués l'un contre l'autre.

5. On distingue trois variétés principales de greffes : la greffe en fente, la greffe anglaise et la greffe en écusson.

LECTURE.

Histoire d'un sauvageon.

Et le poirier sauvage, le connaissez-vous? C'est un affreux buisson hérissé de féroces épines. Ses poires, détestable fruit qui vous serre la gorge et vous agace les dents, sont toutes petites, âpres, dures, et semblent pétries de grains de gravier. Certes, celui-là eut besoin d'une rare inspiration qui, le premier, eut foi dans l'arbuste revêche et entrevit, dans un avenir éloigné, la poire beurrée que nous mangeons aujourd'hui.

De même, avec la grappe de la vigne primitive, dont les grains ne dépassent pas en volume les baies du sureau, l'homme, à la sueur du front, s'est acquis la grappe juteuse de la vigne actuelle; avec quelques misérables arbustes, quelques herbes d'aspect peu engageant, il a créé ses races potagères et, par la greffe, ses arbres fruitiers.

La terre, pour nous engager au travail, loi suprême de notre existence, est pour nous une rude marâtre. Aux petits des oiseaux elle donne abondante pâture; à nous, elle n'offre de son plein gré que les mûres de la ronce et les prunelles du buisson. Ne nous en plaignons pas, car de la lutte contre le besoin naît précisément notre grandeur.

H. Fabre, *Lectures sur la botanique.*
[Ch. Delagrave, édit.]

DEVOIR ÉCRIT.

Qu'est-ce que la greffe. Comment peut-on greffer? (C. E. P. *Charente.*)

IDÉE DE LA CLASSIFICATION DES PLANTES USUELLES

334. *Pour étudier les plantes, il faut les classer.* — Le nombre des plantes est si considérable qu'on ne peut les étudier toutes. Pour connaître un peu l'ensemble du règne végétal; on groupe toutes les plantes qui se ressemblent pour former ce qu'on appelle des *familles végétales.*

385. *Les plantes d'une même famille se ressemblent surtout par leurs fleurs.* — Il est intéressant de remarquer que les plantes d'une même famille se ressemblent surtout par leurs fleurs (*fig.* 255, 256). C'est d'après la forme et la disposition des fleurs, d'après le nombre et la forme des sépales du calice, des pétales de la corolle ou des étamines que nous pouvons grouper ensemble les plantes qui se ressemblent le plus. *Classer* les végétaux, c'est donc grouper les uns avec les autres tous ceux qui se rapprochent par la forme de la fleur. Ainsi, la giroflée et le

FIG. 255.   FIG. 256.

La giroflée et le chou se ressemblent par leurs fleurs.
Ce sont des crucifères.

Matériel à préparer. — Fleurs de giroflée. — Haricots. — Églantine. — Chicorée. — Fougère. — Mousse. — Champignons.

chou ayant des fleurs semblables sont de la même famille
des crucifères. Nous étudierons seulement quelques familles
importantes de plantes.

FAMILLE DES CRUCIFÈRES

**386. La giroflée est une crucifère. Elle a 4 pétales dis-
posés en croix** (*Exp.* 93). — Nous avons déjà vu (*fig.* 255)
que la giroflée est formée d'un calice à quatre sépales qu'on
peut séparer les uns des autres et d'une corolle à quatre
pétales disposés en croix. Elle a six étamines, quatre grandes
et deux petites. Le pistil est au centre. Il porte l'ovaire à sa
base. Sauf quelques modifications, il en est ainsi d'un grand
nombre de fleurs de la famille des crucifères (*fig.* 220 *et suiv.*).

387. Crucifères utiles. —Beaucoup de crucifères servent
dans l'alimentation, comme le chou
(*fig.* 259), le navet (*fig.* 258), le radis
et le cresson.

La graine du colza (*fig.* 257) et celle
de la navette sont utili-
sées pour fabriquer de
l'huile. Le colza et la
navette sont pour cette
raison appelés des

FIG. 257. — LE COLZA.    FIG. 258. — LE NAVET.    FIG. 259. — LE CHOU.

plantes oléagineuses. La moutarde et le radis noir sont parfois
utilisés en médecine. La giroflée et la julienne sont des crucifères *ornementales.*

FAMILLE DES LÉGUMINEUSES

388. *Le haricot est une légumineuse : son fruit est un légume (Exp. 94).* — La fleur du haricot porte à sa ba·e un petit calice vert à cinq dents; sa corolle est formée de cinq pétales qu'on peut séparer les uns des autres. Deux.de ces pétales étalés sur les côtés ressemblent aux deux ailes d'un papillon (*fig. 260 et 261*). C'est pourquoi on appelle aussi parfois fleurs *papilionacées* les fleurs des légumineuses.

Fig. 260.
FLEUR DE POIS.

Fig. 261.
FLEUR DE HARICOT.

Fig. 262.
GOUSSE
DE POIS.

Fig. 253.
GOUSSE
DE HARICOT.

Cette fleur renferme dix étamines. L'ovaire du haricot forme en mûrissant un fruit appelé *gousse* ou *légume* (*fig. 262*). Toutes les légumineuses ont des fleurs se rapprochant plus ou moins par leur forme de celle du haricot.

389. *Légumineuses utiles.* — Presque toutes les légumineuses sont utiles. Le pois (*fig. 262*), le haricot (*fig. 263*), la fève, la lentille produisent des graines très nourrissantes.

La valeur alimentaire de ces graines est au moins égale à celle de la viande sous un même poids. Il y a donc avantage à les utiliser à cause de leur prix modique.

Comme, d'autre part, l'enveloppe de ces graines est peu nutritive et peu digestive, il est souvent préférable de les utiliser en purée ou bien décortiquées.

Le trèfle, le sainfoin, la luzerne (*fig. 264*) et la vesce sont très estimés comme fourrages.

Les acacias aux fleurs odorantes donnent un bois dur et résistant à l'humidité.

Quelques légumineuses sont utilisées en médecine, tel le *séné*, employé comme purgatif.

L'indigotier, qui fournit le bleu *indigo*, est une légumineuse des pays chauds.

FAMILLE DES ROSACÉES

390. *Les rosacées ont cinq sépales et cinq pétales* (*Exp. 95*). — La famille des *rosacées* comprend les plantes ressemblant à la rose sauvage. Le fraisier, le prunier, le pommier, le poirier et la rose sont des rosacées (*fig. 265 et 266*). Examinons une fleur de poirier (*fig. 265*). Nous voyons qu'elle est

Fig. 264.
PIED DE LUZERNE.

Fig. 265.
FLEUR DE POIRIER.

Fig. 266.
FLEUR
DE FRAISIER.

formée d'un calice à cinq sépales verts, et d'une corolle à cinq pétales d'un blanc rosé. Au centre du calice sont les étamines en grand nombre. Quant au pistil, il est situé tout au fond du calice.

Parmi les rosacées, les unes sont cultivées pour leurs fleurs (roses), les autres pour leurs fruits (poires, pommes, etc.).

FAMILLE DES COMPOSÉES

391. La fleur de la chicorée est composée de petites fleurs assemblées (Exp. 96). — Observons cette fleur de chicorée (*fig. 267*). Nous voyons qu'elle est composée d'un grand nombre de petites fleurs ayant chacune sa corolle, ses éta-

FIG. 267.
FLEUR DE CHICORÉE.

FIG. 268.
FLEUR DE BLEUET.

FIG. 269.
ARTICHAUT FLEURI.

mines et son pistil. C'est pour cette raison qu'on appelle cette sorte de fleurs des *composées*.

Les principales composées utiles sont : la chicorée, le pissenlit, la laitue, le salsifis et l'artichaut (*fig. 269*) employés dans l'alimentation.

Le chardon est une composée très nuisible qui infeste nos cultures.

La marguerite et le bleuet sont des fleurs d'ornement.

PLANTES SANS FLEURS

392. Les fougères, les mousses et les champignons sont des plantes sans fleurs (Exp. 97). — On peut distin-

guer trois groupes importants dans les plantes sans fleurs :
les fougères (*fig.* 270), les mousses
(*fig.* 271), les champignons (*fig.* 272).

Chez les fougères, la face inférieure
des feuilles porte des espèces de petites
graines appelées *spores* (*fig.* 270 *bis*).

Les spores germent sur la terre hu-

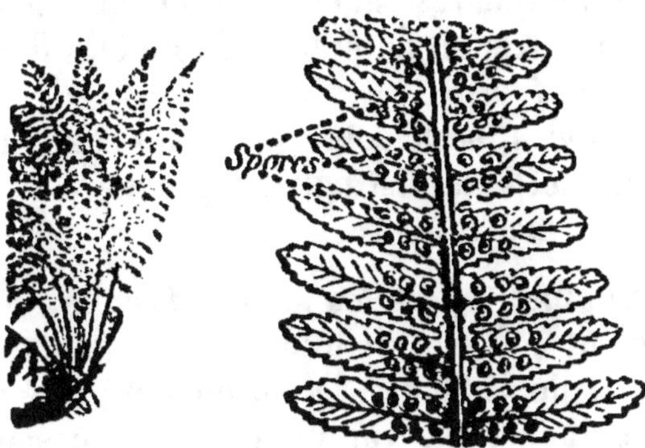

Fig. 270.   Fig. 270 *bis.* — Fragment de feuille   Fig. 271.
Fougère.   de fougère avec les spores.   Mousse.

mide et donnent naissance à de nouveaux pieds de fougère.

393. Champignons. — Les champignons très nombreux
sont de forme, de couleur et de dimensions extrêmement
variées. Un grand nombre de
champignons sont tellement

Fig. 272. — Champignons de couche.   Fig. 273. — Girolle.

petits qu'on ne peut les étudier qu'à l'aide d'une loupe ou d'un microscope. D'autres, comme le *bolet comestible*, par exemple, pèsent parfois plus d'un kilogramme.

Certains champignons sont comestibles : le *champignon de couche* (*fig.* 272), la *girolle* (*fig.* 273), l'*oronge*, le *bolet* ou *cèpe*.

D'autres, au contraire, sont extrêmement vénéneux, et ce sont les plus nombreux.

Il ne faut consommer que les champignons reconnus pour comestibles dans le pays qu'on habite, et encore faut-il qu'ils soient consommés très *frais*.

Il n'existe *aucun moyen*, pour celui qui ne les connaît pas parfaitement, qui permette de distinguer à première vue les bons champignons des mauvais.

393¹. *Empoisonnement par les champignons*. — En cas d'empoisonnement par les champignons, il faut tenter de faire vomir le malade avant que le poison soit passé dans le sang. On ne peut donner un vomitif quelconque sans le conseil du médecin, mais *en l'attendant*, on peut toujours provoquer le vomissement du malade en lui chatouillant le fond de la gorge à l'aide d'une barbe de plume et en lui faisant boire beaucoup d'eau tiède.

QUESTIONNAIRE.

384. Comment peut-on classer les plantes? — 385. Comment peut on classer les plantes à fleurs? — 386-387. Quelles sont les crucifères utiles? — 388. Quel est le type de la famille des légumineuses? — 389. Quelles sont les légumineuses utiles? — 389. Quelle est la valeur alimentaire des pois, des haricots et des fèves? — 389². Quels soins doit-on donner, en attendant le médecin, à une personne empoisonnée par les champignons? — 390. Citez une plante de la famille des rosacées. — 391. Comment sont constituées les fleurs des composées? — Citez un exemple. — 392. Quels sont les principaux groupes de plantes sans fleurs? — 393. Que savez-vous des champignons?

RÉSUMÉ.

1. Pour étudier les plantes, on les classe en familles renfermant toutes les espèces qui se ressemblent surtout par leurs fleurs.

2. Les crucifères ont les quatre pétales de la corolle disposés en croix. Elles portent six étamines.

Le chou, le navet, le radis, le cresson sont des crucifères
alimentaires.

3. Les légumineuses ont une fleur ressemblant plus ou moins
à un papillon ayant ses deux ailes déployées. Le fruit s'appelle
gousse ou légume. Beaucoup de légumes sont utilisés dans
l'alimentation (haricots, pois, lentilles). Certaines légumineuses
font de bons fourrages (trèfle, sainfoin, luzerne).

4. Les rosacées comprennent presque tous nos arbres fruitiers comme le pommier.

5. Les fleurs composées, comme celle de la chicorée, sont
formées par la réunion de petites fleurs.

6. Les fougères, les mousses et les champignons sont les
principales plantes sans fleurs.

Il ne faut jamais manger que des champignons frais et
parfaitement connus.

LECTURE.

Une pâquerette.

Prenez une pâquerette, ou marguerite. Regardez-la bien; car,
à son aspect, je suis sûr de vous surprendre en vous disant que
cette fleur, si petite et si mignonne, est réellement composée
de deux ou trois cents fleurs toutes parfaites, c'est-à-dire ayant
chacune sa corolle, son pistil, ses étamines, sa graine, en un mot
aussi parfaite en son espèce qu'une fleur de jacinthe ou de lis.
Chacune de ces folioles blanches en dessus, roses en dessous,
qui forment comme une couronne autour de la marguerite, et
qui ne vous paraissent tout au plus qu'autant de petits pétales,
sont réellement autant de véritables fleurs; et chacun de ces
petits brins jaunes que vous voyez dans le centre et que d'abord
vous n'avez peut-être pris que pour des étamines, sont de véritables fleurs....   D'après JEAN-JACQUES ROUSSEAU.

DEVOIR ÉCRIT.

Quelles sont les plantes de la famille des légumineuses employées
dans l'alimentation? Valeur nutritive. Mode de consommation. (C. E. P)

LES CÉRÉALES

394. *Le blé est une céréale* (*Exp. 98*). — Les céréales sont des plantes monocotylédones de la famille des graminées. Nous étudierons surtout le blé, qui est d'ailleurs la principale céréale.

Le blé ou froment a une tige her-

Fig 274. — Le blé
(*pied complet*).

Fig. 275. — La fleur du blé.

bacée et creuse. Cette tige porte des nœuds d'où partent les feuilles (*fig. 274*).

La fleur du blé a trois étamines protégées par des lames jaunes et coriaces appelées communément les *balles* du blé (*fig. 275*).

Les fleurs et les graines sont rassemblées régulièrement le long de la tige pour former l'épi (*fig. 274*).

Il existe un grand nombre de variétés de blé. On distingue, par exemple, les blés d'automne et les blés de mars.

Il existe de même des blés durs et des blés tendres, des

Matériel à préparer. — Épis et grains de blé, de seigle, d'orge, de maïs, d'avoine, de millet et de sarrasin. Farines de blé, de seigle, de maïs.

blés roux et des blés blancs. Le blé de Bordeaux est un blé roux qui réussit dans presque tous les terrains.

395. Semailles. *On chaule ou on sulfate les semences de blé avant de les semer.* — Pour préserver la récolte future de certaines maladies, notamment du charbon et de la carie dus au développement d'un champignon microscopique, on mouille, pendant quelques heures les grains, soit avec un lait de chaux, en délayant 6 kilogrammes de chaux vive dans 16 litres d'eau ; soit avec une dissolution

FIG. 276. — CHAULAGE DU BLÉ.

de sulfate de cuivre dans l'eau, en faisant dissoudre 1 kilogramme de sulfate de cuivre dans 20 litres d'eau, et en remuant à la pelle de temps en temps (*fig. 276*). La chaux ou le sulfate de cuivre tue les germes des champignons, sans altérer les grains.

On sème ensuite les grains dans une terre franche plutôt argileuse à raison de deux hectolitres de semences par hectare dans un sol préalablement bien façonné par la charrue et la herse. Le fumier et les phosphates avant les semailles, le nitrate de soude au printemps, sont les meilleurs engrais pour le blé.

396. *Culture du blé.* — Au printemps on *herse* les blés pour les dégarnir un peu, puis on les *roule* pour faire taller les pieds, c'est-à-dire pour favoriser la naissance des racines adventives. Quand l'hiver a été mauvais, on active la végétation du blé en y semant à la volée de la poudrette ou du nitrate de soude, à raison de 100 à 150 kg. à l'hectare. En avril, on sarcle les blés en enlevant particulièrement les *chardons* très nuisibles ainsi que

FIG. 277. — NEULES DE BLÉ DANS LES CHAMPS.

les *nielles* dont les graines sont vénéneuses. Ces graines, au moment du battage, doivent être séparées du bon grain.

FIG. 278. — BATTAGE DU BLÉ A LA MACHINE.

397. *Récolte et conservation du blé.* — Quand le blé est mûr, on le coupe soit à la faux, soit à l'aide d'une moissonneuse mécanique. Puis on le rentre en grange ou bien on le met en meules dans les champs (*fig. 277*).

Le blé peut fournir 15 à 18 hl. par hectare.

On le bat pour extraire le grain (*fig. 278*). Le blé doit être conservé dans des greniers *bien secs*. On le préserve des charançons, insectes qui s'introduisent à l'intérieur des grains pour se nourrir de contient, ..nt, en remuant la farine qu'ils souvent les tas à la pelle. C'est le meilleur moyen d'éloigner ces insectes.

398. *Le blé forme la base de notre alimentation.* — Avec le blé on fait le pain blanc, qui est un aliment de première nécessité et un *aliment presque complet*. En effet le le grain de blé renferme des matières féculentes, des ma-

FIG. 279. — LE SEIGLE.   FIG. 280. — L'AVOINE.

tières azotées et des sels. Le *pain bis* est fait avec de la farine de blé, mélangée en proportions diverses avec de la farine de seigle ou même d'orge.

Le pain chaud est nuisible à la santé : il peut déterminer des maladies d'estomac. Le *pain rassis* est toujours préférable. La farine de blé sert aussi à la fabrication des pâtes alimentaires, la paille de blé sert à nourrir les bestiaux et à faire leur litière.

399. *Principales plantes de la famille des graminées.* — Parmi les graminées, on distingue des céréales, dont les principales sont : le blé, le seigle, l'avoine, l'orge, le maïs et le riz, et des fourrages comme le ray-grass, le paturin et le fromental.

400. *Le seigle.* — Le seigle a un épi généralement plus allongé et plus barbu que celui du blé. Son grain est plus petit et plus allongé (*fig.* 279).

Il se plaît surtout dans les terrains légers. On le sème un peu avant le blé, et on le récolte également avant lui.

Sa farine donne un pain grisâtre qui se conserve plus longtemps frais que celui que l'on obtient avec la farine du blé.

Sa paille longue et fine est très résistante.

401. *L'avoine.* — L'avoine se plaît surtout dans un bon terrain. Dans l'épi de l'avoine, les grains plus ou moins colorés sont très écartés (*fig.* 280) les uns des autres.

L'avoine est employée pour la nourriture des chevaux.

402. *L'orge.* — L'orge a un épi court

Fig. 281. — L'orge.   Fig. 282. — Le maïs.

et très barbu (*fig.* 281). Son grain sert à la nourriture des chevaux et à la fabrication de la bière.

403. *Le maïs.* — Le maïs, originaire des pays chauds, se plaît surtout dans le centre et le midi de la France. Il demande une très bonne terre. Sa tige (*fig.* 282) est très grosse. Son feuillage est abondant. La farine de maïs est, dans certains pays, utilisée pour l'alimentation de l'homme. le grain préalablement concassé peut servir à la nourriture des bestiaux. Les tiges vertes hachées sont un excellent fourrage.

404. Sarrasin. — Le sarrasin n'est pas une graminée. quoiqu'on l'appelle parfois blé noir. Coupé en vert au moment de la floraison, il constitue un bon fourrage. Son grain sert à la nourriture des volailles, des vaches et des porcs.

QUESTIONNAIRE.

394. Que savez-vous sur le blé? — Décrivez sa tige et sa fleur. — 395. Quelles précautions doit-on prendre avant de semer les blés? — 396. Quelles sont les différentes façons à donner au blé? — Pourquoi faut-il répandre au printemps du nitrate de soude sur les blés souffreteux? — Comment sarcle-t-on les blés? — Quelles sont les plantes nuisibles au blé? — 397. Comment récolte-t-on et conserve-t-on le blé? — Comment éloigne-t-on les charançons? — 398. Pourquoi la farine du blé est-elle un aliment complet? — Qu'est-ce que le pain bis? — 399. Citez des graminées? — 400. Que savez-vous sur le seigle? — 401. Quelle différence existe-t-il entre un épi de blé et un épi d'avoine? — 402. Quel est l'emploi de l'orge? — 403. Décrivez le maïs. Quels sont ses usages? — 404. Qu'est-ce que le sarrasin?

RÉSUMÉ.

1. Le blé est la principale céréale. Sa tige est creuse. Sa fleur a trois étamines protégées par les balles.

2. Le blé vient bien dans une terre meuble et riche. Il faut chauler ou sulfater la semence pour éviter le développement sur les épis du charbon et de la carie, qui altèrent les grains.

3. Au printemps, on herse le blé, on le roule et on y répand du nitrate de soude s'il est nécessaire.

4. On conserve le blé dans des greniers bien secs en ayant soin de remuer fréquemment les tas pour éviter les ravages d'un insecte, appelé charançon, qui vide les grains.

5. Avec la farine de blé, on fait le pain blanc et les pâtes alimentaires.

5. Le blé joue un grand rôle dans notre alimentation; sa paille sert aux bestiaux.

6. Le seigle se plaît dans des terrains moins riches et plus froids que le blé.

7. L'avoine, l'orge et le maïs sont des céréales employées surtout, comme le sarrasin, pour la nourriture des bestiaux.

TUBERCULES ET PLANTES RACINES

POMME DE TERRE

405. *Le tubercule de la pomme de terre (Exp. 99).* — La pomme de terre a des rameaux feuillés qui sortent du sol. Sa tige est souterraine et elle se renfle par endroits pour former des tubercules renfermant beaucoup de fécule et appelés communément *pommes de terre.* Chacun de ces tubercules est en réalité un fragment de tige. Ce qui le prouve, c'est que ces tubercules portent (*fig. 283*) des bourgeons appelés *yeux* qui, en germant, donnent naissance à des rameaux feuillés.

FIG. 283. — PIED DE POMME DE TERRE.

406. *La pomme de terre appartient à la famille des solanées (Exp. 100).* — La fleur de pomme de terre est d'un blanc rosé ou violacé. Son calice vert a cinq sépales soudés ensemble (*fig. 284*). La corolle régulière est formée de cinq pétales égaux et

FIG. 284. — FLEUR DE POMME DE TERRE   FIG. 285. — FRUIT DE POMME DE TERRE.

Matériel à préparer. — Pomme de terre. — Betterave. — Carotte, navet. — Fécule de pomme de terre. — Sucre.

soudés l'un à l'autre. Les cinq étamines sont fixées par leur base sur les pétales de la corolle. Le fruit est une petite baie d'un noir rougeâtre qui n'est pas comestible (*fig. 285*).

La pomme de terre appartient à la famille des *solanées*.

407. *Les pommes de terre exigent un sol léger et une terre bien façonnée.* — Les pommes de terre ne réussissent bien que dans un sol léger, calcaire ou siliceux. Le sol doit être bien fumé et riche en engrais. On les plante en avril, après les gelées. Quand elles sont levées, on les bine plusieurs fois pour détruire les mauvaises herbes et ameublir le sol. Un peu plus tard, on les *butte* en relevant la terre tout autour du pied (*fig. 283*). Cette opération a pour but de provoquer la formation de racines adventives destinées à nourrir abondamment la plante.

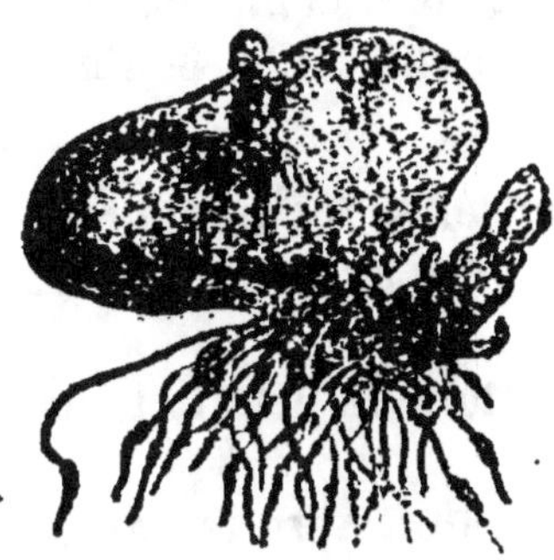

Fig. 286. — *Le tubercule de la pomme de terre donne naissance à des rameaux feuillés.*

408. *Récolte et conservation des pommes de terre.* — On arrache les pommes de terre en automne quand les feuilles sont fanées. Pour conserver les pommes de terre, il faut les laisser sécher pendant quelque temps sur le sol et les rentrer dans des endroits secs, aérés et abrités du froid.

On les conserve aussi dans des fosses creusées en plein champ, garnies de paille intérieurement, recouvertes d'une bonne couche de terre et qu'on appelle des *silos* (*fig. 287*).

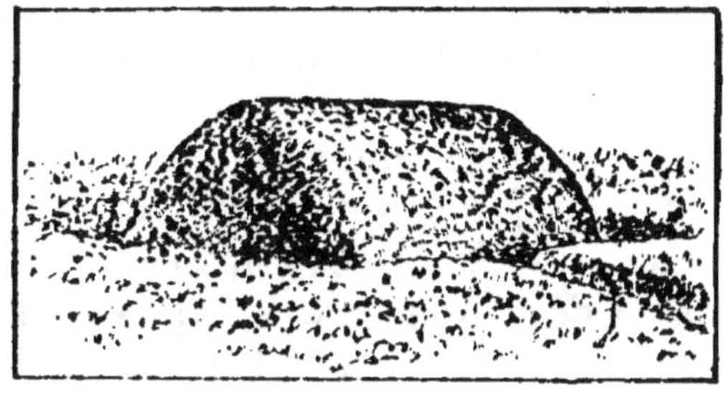

Fig. 287. — Un silo.

409. *Maladies des pommes de terre*. — Les pommes de terre peuvent être attaquées par un champignon microscopique qui se développe sur les feuilles et les fait tomber avant la maturité des tubercules. On combat cette maladie à l'aide de la bouillie bordelaise (lait de chaux et sulfate de cuivre) employée comme pour la vigne (*48ᵉ leçon*).

Un insecte, appelé le *doryphora*, peut aussi compromettre gravement la récolte en rongeant les feuilles des pommes de terre.

410. *Usages de la pomme de terre*. — La pomme de terre contient beaucoup de fécule : c'est un aliment très précieux pour l'homme.

Elle est utilisée aussi dans l'alimentation du bétail et surtout du porc.

C'est un savant français, Parmentier, qui, vers le milieu du XVIIIᵉ siècle, a introduit la pomme de terre en France.

411. *Principales plantes de la famille de la pomme de terre*. — La *pomme de terre*, la *tomate* et l'*aubergine* sont des solanées comestibles. Mais toutes les solanées ne sont pas comestibles car certaines d'entre elles renferment un poison violent. Les substances qu'on en extrait peuvent, à très petite dose, être employées en médecine pour calmer la douleur. Parmi les solanées, citons la *belladone*, dont les fruits, très dangereux, ressemblent à de petites cerises (*fig. 288*), la *pomme épineuse* ou *datura* et enfin le *tabac* dont l'abus est funeste pour la santé et pour l'intelligence.

Fig. 288.
LA BELLADONE ET SON FRUIT.

LA BETTERAVE

412. *La betterave*. — La betterave a une racine pivotante très volumineuse gorgée de sucre que la plante utilise dans la deuxième année de son existence pour venir à graine : elle est *bisannuelle*. Ses feuilles larges sont d'un vert luisant (*fig. 289*).

On distingue deux variétés principales de betteraves : la betterave *fourragère* et la betterave à *sucre*.

413. *Culture de la betterave*. — La betterave exige un sol bien ameubli, bien entretenu par les façons et abondamment fumé. Indépendamment du fumier, il faut donner à la betterave du nitrate de soude, surtout pour les betteraves fourragères, et des phosphates, surtout pour les betteraves à sucre.

On sème les betteraves en lignes vers avril-mai. On donne généralement à la betterave trois binages : le premier, après la levée, a surtout pour but de détruire les

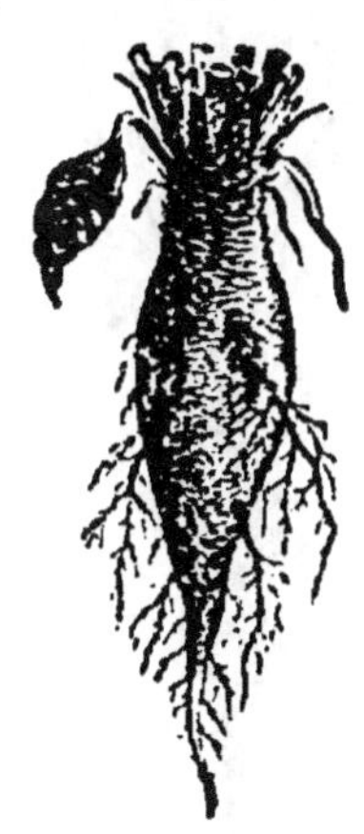

mauvaises herbes. Le second s'appelle le *démariage :* il a pour objet de séparer l'un de l'autre les pieds qui sont trop rapprochés. Le troisième binage se fait en juin-juillet.

Il faut se garder d'enlever les feuilles des betteraves avant l'arrachage. C'est, en effet, par leurs feuilles autant que par leurs racines que les plantes se développent. L'enlèvement des feuilles arrête donc nécessairement l'accroissement des betteraves.

On arrache les betteraves quand les feuilles commencent à jaunir, c'est-à-dire en septembre ou octobre.

Un hectare de bonne terre peut produire environ 30 000 kilogrammes de betteraves à sucre ou 40 000 kilogrammes de betteraves fourragères. C'est donc une culture très précieuse pour l'agriculteur.

Les procédés de conservation de la betterave sont les mêmes que ceux employés pour la pomme de terre (silos ou endroits secs et aérés).

414. *Usages de la betterave.* — Les betteraves fourragères sont indispensables surtout en hiver pour la nourriture du bétail.

Les betteraves à sucre sont utilisées pour la fabrication du sucre et des alcools d'industrie. Quand on en a extrait le sucre, le résidu ou pulpe forme un excellent engrais pour la culture de nouvelles betteraves. Cette pulpe, appelée aussi *tourteau*, sert également à la nourriture du bétail.

415. *La carotte et le navet.* — La *carotte* et le *navet* (*fig. 290 et 291*) servent à notre nourriture. On cultive

Fig. 290. — Navet.   Fig. 291. — Carotte.

aussi des carottes et des navets pour l'alimentation du bétail.

Les vaches nourries avec des carottes donnent du meilleur lait que celles qui sont nourries exclusivement de betteraves.

Le mode de culture de ces plantes est à peu près le même que celui de la betterave. Comme la betterave, ces plantes exigent un sol bien fumé et ameubli par de nombreux sarclages.

La carotte, le navet et le panais appartiennent à la famille des *ombellifères*. On les appelle ainsi parce que leurs fleurs sont disposées en

Fig. 292.
FLEUR DE CAROTTE.

ombelles (ou ombrelles) (*fig. 292*).

416. *La pomme de terre, la betterave, la carotte et le navet sont des plantes sarclées.* — Toutes ces plantes, pomme de terre, betterave, carotte, navet sont parfois appelées *plantes racines*. On les appelle aussi *plantes sarclées* à cause des façons nombreuses qu'elles nécessitent.

Dans l'assolement bien compris, on fait généralement succéder une céréale à la betterave parce que la terre est bien préparée et débarrassée des mauvaises herbes. D'ailleurs la betterave puise surtout sa nourriture dans les parties profondes du sol. Comme celui-ci a été bien fumé, les racines superficielles de la céréale y trouveront encore une nourriture abondante

QUESTIONNAIRE.

405. Pourquoi le tubercule de pomme de terre n'est-il pas une racine? — Décrivez la fleur de pomme de terre. — 406. Comment appelle-t-on les plantes de cette famille? — 407. Quels sont les soins à prendre pour la culture de la pomme de terre? — Qu'est-ce qu'un binage ou sarclage? — En quoi consiste le buttage? — 408. Comment conserve-t-on les pommes de terre? — 409. Quelles sont les maladies de la pomme de terre? — 410. Quels sont les usages de la pomme de terre? — 411. Quelles sont les plantes de la famille de la pomme de terre que vous connaissez? — Que renferment-elles? — 412. Décrivez la betterave? — Combien distingue-t-on de variétés de betteraves? — 413. Comment cultive-t-on la betterave? — 414. Quels sont les usages de la betterave? — 415. Que savez-vous sur la carotte et le navet? — 416. Qu'appelle-t-on plantes sarclées? — Quelle est la place de la betterave dans un bon assolement?

RÉSUMÉ.

1. Le tubercule de la pomme de terre est un renflement de tige souterraine.

2. La pomme de terre est le type de la famille des solanées.

3. Elle exige un sol léger, bien façonné et abondamment fumé.

4. On conserve les pommes de terres dans des endroits secs, très aérés ou dans des silos.

5. La pomme de terre est un aliment précieux. On en extrait la fécule. Elle tient une place importante dans l'alimentation.

6. La tomate, l'aubergine, la belladone et le tabac sont de la famille de la pomme de terre.

7. La betterave est une plante bisannuelle qui exige un sol très riche et bien ameubli par la culture.

8. La betterave sert à la fabrication du sucre et de l'alcool ou bien à la nourriture des bestiaux pendant l'hiver.

9. La carotte, le navet sont utilisés pour la nourriture de l'homme soit pour celle des animaux.

10. La pomme de terre, la betterave, la carotte et le navet sont aussi appelés plantes sarclées à cause des fréquents binages ou sarclages qu'elles exigent.

LA VIGNE ET LES ARBRES FRUITIERS

417. La vigne. — La vigne est un arbrisseau dont la tige s'appelle *cep*. Ses rameaux très longs s'appellent des *sarments*. Ses feuilles sont très découpées (*fig.* 294).

La fleur de vigne a cinq sépales verts et cinq pétales qui, séparés à leur base, sont légèrement soudés

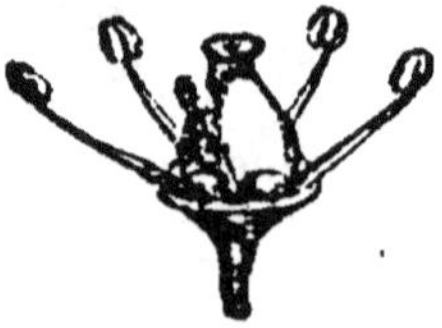

FIG. 293. — FLEUR DE VIGNE. FIG. 294. — GRAPPE DE RAISIN.

au sommet. Ces pétales soudés (*fig.* 293). forment un petit capuchon qui recouvre les cinq étamines. Le fruit est la grappe de raisin (*fig.* 294). Les grains de raisin, supportés par la rafle, renferment des *pépins* qui sont les graines.

418. Fermentation du jus de raisin. — Les grains de raisin contiennent un liquide sucré qu'on fait fermenter pour en faire le vin. Si, après avoir pressé le raisin pour écraser les grains, on laisse fer-

FIG. 295. — LE PRESSOIR.

menter du jus de raisin noir *avec la rafle* et la peau des grains, on obtient le vin rouge. Quand on laisse fermenter du jus de raisin noir tout seul, *sans la rafle*, ou bien du jus de raisin blanc, on obtient le vin blanc.

La fermentation du jus de raisin est toujours accompagnée

d'un dégagement de gaz carbonique (*7ᵉ leçon*). C'est pour cette raison, comme nous l'avons déjà dit, qu'il est imprudent de s'approcher, sans précaution, des cuves de vin en fermentation.

419. *Soins à donner au sol.* — La vigne se plaît bien dans presque tous les sols et surtout dans les sols calcaires non exposés au nord. Elle exige chaque année deux binages et plusieurs sarclages, les binages ayant pour but d'ameublir le sol, les sarclages de détruire les mauvais herbes.

Les engrais qui conviennent à la vigne sont en premier lieu le fumier bien consommé qui doit lui être donné au moins tous les trois ans. L'insuffisance du fumier nécessite l'emploi des engrais complémentaires, c'est-à-dire des superphosphates de chaux, des engrais potassiques (chlorure de potassium) et du nitrate de soude.

420. *La vigne se reproduit par boutures et par marcottes.* — Les boutures sont des sarments de l'année précédente que l'on enfouit au printemps dans le sol sur une longueur de 20 à 30 centimètres. Il se développe sur ces boutures des racines adventives. Chacune de ces boutures forme un plant pourvu de racines et qu'on peut transplanter l'année suivante.

Nous avons vu (*38ᵉ leçon*) comment se fait le marcottage de la vigne.

421. *Taille de la vigne.* — Les grappes de raisin ne se développent *que sur les rameaux poussés dans l'année*; c'est pour cette raison qu'on taille la vigne au printemps.

Pour tailler la vigne, on coupe complètement les sarments les moins vigoureux. Quant aux autres, on les coupe en leur laissant simplement à la base un ou trois bourgeons, suivant le cas.

Chacun de ces bourgeons donne naissance à un sarment jeune qui pourra porter des fruits.

Quand les sarments sont assez longs, on les attache avec du jonc sur des supports appelés échalas.

En été, on rogne l'extrémité de tous les sarments pour faire refluer toute la sève dans les fruits.

422. *Ennemis de la vigne*. — La vigne est sujette à diverses maladies, causées soit par des champignons microscopiques : l'*oïdium* et le *mildiou* qui se développent surtout dans les années humides, soit par des *insectes*.

Fig. 296. — Traitement du mildiou.

On combat l'oïdium en projetant à l'aide d'un soufflet spécial de la fleur de soufre sur les ceps malades. Trois soufrages sont nécessaires, le premier à la naissance des bourgeons, en février; le second à la floraison, en juin; le troisième à la maturité du fruit (juillet-août).

On préserve la vigne du mildiou en pulvérisant, c'est-à-dire en projetant sur les feuilles en gouttelettes extrêmement fines, de la bouillie bordelaise formée de sulfate de cuivre et d'un lait de chaux (*fig. 296*). Le premier traitement doit être fait huit à dix jours avant la floraison. Deux ou trois autres suivent à un mois d'intervalle.

Les principaux insectes ennemis de la vigne sont l'*eumolpe*, la *pyrale* et surtout le *phylloxera*.

L'*eumolpe* (*fig. 297*), appelé aussi *écrivain*, est un insecte qui ronge les feuilles en y traçant des sillons. Les oiseaux seuls peuvent en débarrasser la vigne.

La *pyrale* est un papillon dont la chenille enroule les feuilles pour s'en faire une sorte de cocon. Les feuilles ainsi altérées tombent rapidement ou se dessèchent. Pour combattre la pyrale, on arrose en hiver les ceps avec l'eau bouillante. On tue ainsi les larves qui sont cachées sous l'écorce.

Le *phylloxera* est un insecte qui ressemble à une puce et qui peut se présenter sous deux formes principales : 1° l'insecte sans ailes qui vit sur la racine, en suce la sève et épuise rapidement les plants; 2° l'insecte ailé qui va pondre ses œufs sur les ceps voisins et propage ainsi la maladie (*31ᵉ leçon*).

Fig. 297.
EUMOLPE DE LA VIGNE,
grossi 3 fois.

423. *Lutte contre le phylloxéra. Emploi des plants américains.* — Les vignes américaines sont plus robustes que les vignes françaises ; leurs racines résistent au phylloxera. Mais le vin qu'elles produisent est beaucoup moins bon que le vin français.

Le meilleur moyen de lutter contre le phylloxera est, comme nous l'avons déjà dit, de planter des plants américains sur lesquels on greffe du plant français.

ARBRES FRUITIERS

424. *Fruits à pépins et fruits à noyau.* — Les arbres peuvent être classés en deux grands groupes : les arbres à fruits à pépins : le pommier, le poirier et le cognassier; et les arbres à fruits à noyau : le cerisier, le prunier, l'abricotier, l'amandier et le pêcher.

Tous ces arbres appartiennent à la famille des *rosacées* que nous avons étudiée (*45ᵉ leçon*).

425. *Taille et pincement des arbres fruitiers.* — Dans les jardins, on cultive des arbres à fruits ayant généralement une tige plus basse que ceux des champs. On peut donc les tailler et leur donner certaines formes. Pour cela, on coupe chaque année, à la fin de l'hiver, les rameaux jeunes de façon à leur laisser seulement un ou deux bourgeons à la base.

On se débarasse ainsi des branches inutiles et on fait refluer la sève dans un certain nombre de bourgeons seulement ; ce qui permet d'obtenir des fruits plus gros ou plus sucrés.

Le *pincement* a le même but. En pinçant à l'aide du pouce et de l'index la partie supérieure de chaque rameau jeune, on brise dans cette région les vaisseaux

FIG. 297. — FLEUR DE POMMIER.

conducteurs de la sève. Celle-ci reflue alors dans les bourgeons à fruits.

426. Ennemis des arbres fruitiers. — Beaucoup d'insectes, tels que les chenilles et certains pucerons, altèrent les arbres fruitiers en rongeant les feuilles. On s'en débarrasse (*16e leçon*) en badigeonnant en hiver les tiges et les rameaux avec un lait de chaux ou même avec du jus de tabac qui tue les larves cachées dans l'écorce. Il ne faut pas négliger d'écheniller les arbres au printemps. On doit de même détruire com-

FIG. 299. — GUI SUR LE POMMIER.

plètement le gui, plante parasite qui, à l'aide de racines suçoirs, absorbe la sève des arbres et les affaiblit (*fig. 299*).

427. Utilité des fruits. — Les fruits des arbres de nos jardins servent à notre alimentation. Un grand nombre d'entre eux sont consommés à l'état frais, comme le raisin, la pomme, la poire, la cerise, la prune, l'abricot et la pêche.

ou à l'état sec comme la noix, la noisette. Avec les fruits on peut faire des confitures.

Enfin, la pomme et la poire sont employées pour la fabrication du cidre et du poiré. Pour cela, on écrase les fruits au pressoir. On recueille immédiatement le jus dans des tonneaux où s'effectue la fermentation.

Fabrication familiale du vinaigre. — On verse un ou deux litres de bon vinaigre dans un petit baril dont la bonde est fermée par un linge ou un bouchon troué permettant l'accès de l'air dans le tonneau. Ce tonneau doit être maintenu à une température de 15 à 16°. On y verse chaque semaine un litre environ de vin bien clair ou même de cidre. On répète cette opération jusqu'à ce que le tonneau soit presque plein en y maintenant par suite un espace rempli d'air. Quand tout le liquide est franchement acide, l'opération est terminée. A partir de ce moment, on peut, de temps à autre, tirer un litre de ce vinaigre et le remplacer par un litre de vin. L'opération réussit dans une bouteille de grès.

Collage du vin. — Quand du vin est trouble, on l'éclaircit en le collant. Le *collage* consiste à verser dans le vin de la colle de poisson liquide qui se coagule sous l'action du vin et tombe au fond du tonneau en y entraînant les matières étrangères. On peut également procéder comme il suit : on soutire d'abord quelques litres du tonneau, on verse ensuite par la bonde 2 à 3 blancs d'œufs bien battus et légèrement salés par hectolitre de vin. On agite ensuite énergiquement le vin à l'aide d'un bâton introduit par la bonde. On verse ensuite dans le fût les quelques litres de vin tirés au début et on ferme hermétiquement le tonneau.

QUESTIONNAIRE.

417. Que savez-vous de la vigne? Comment est formée sa fleur? — 418. Comment fait-on le vin rouge? le vin blanc? — Pourquoi est-il imprudent de s'approcher sans précaution des cuves de vin en fermentation? — 419. Quels terrains conviennent à la vigne? — Comment doit-on cultiver le sol? Quelles fumures exige-t-elle? — 420. Comment se multiplie la vigne? — 421. Comment taille-t-on la vigne? —

Quel est le rôle de la taille? — 422. Comment combat-on l'oïdium? le mildiou? — Citez des insectes ennemis de la vigne. — 423. Comment combat-on le phylloxera? — 424. A quelle famille appartiennent les principaux arbres à fruits? — 425. Quand et comment taille-t-on et pince-t-on les arbres fruitiers? — 426. Quels sont les ennemis des arbres fruitiers? — Qu'est-ce que le gui? — 427. A quoi servent les fruits? Comment fait-on le cidre? — 427². Comment peut-on fabriquer du vinaigre dans un ménage? — Pourquoi et comment colle-t-on le vin en fûts?

RÉSUMÉ.

1. La vigne produit le raisin dont les grains renferment un liquide sucré qui, en fermentant, donne le vin.

2. La vigne se plaît surtout dans les terrains calcaires. Elle exige un sol bien entretenu et une fumure abondante.

3. La vigne peut se multiplier par bouturage ou par marcottage. On la taille au printemps et on la rogne en été afin de faire refluer la sève dans les fruits.

4. Les principaux ennemis de la vigne sont l'oïdium qu'on combat par les soufrages, le mildiou dont on préserve la vigne en pulvérisant sur les feuilles de la bouillie bordelaise (lait de chaux et sulfate de cuivre), et le phylloxera. On évite le phylloxera par l'emploi de plants américains.

5. Les arbres à fruits (fruits à pépins, fruits à noyau) appartiennent à la famille des rosacées.

6. On taille et on pince les arbres fruitiers à basse tige pour obtenir des fruits plus gros et plus savoureux.

7. On se débarrasse des insectes qui attaquent les arbres à fruits en badigeonneant les tiges et les rameaux avec un lait de chaux et en les échenillant au printemps.

8. Les fruits frais ou à l'état sec servent à notre alimentation. Avec la pomme et la poire on fabrique le poiré.

9. Le vin et le cidre peuvent servir à la fabrication du vinaigre.

DEVOIRS ÉCRITS.

La taille des arbres. En quoi consiste-t-elle? Pourquoi taille-t-on les arbres? Comment procède-t-on? (C. E. P. *Hautes-Pyrénées.*)

Quelles sont les soins à donner à la vigne pendant l'été? (C. E. P. *Gard.*)

49ᵉ LEÇON

LES PRAIRIES

428. *Prairies artificielles et prairies naturelles.* — Les prairies sont des terrains dans lesquels on cultive des plantes fourragères.

Dans les *prairies artificielles*, on cultive des légumineuses comme la luzerne, le trèfle, le sainfoin ou la minette.

Dans les *prairies naturelles*, appelées aussi *prés*, on cultive surtout des *graminées* comme le fromental et le paturin.

PRAIRIES ARTIFICIELLES

429. *Luzerne.* — La luzerne est une légumineuse vivace (*45ᵉ leçon*), dont la racine pivotante est très longue. Ses fleurs violettes sont rassemblées pour former une sorte d'épi (*fig. 300*).

On la sème au printemps dans un sol profond et bien fumé.

Rappelons encore que les légumineuses peuvent se nourrir directement avec l'azote de l'air par l'intermédiaire d'un microbe qui vit dans la racine.

430. *Récolte de la luzerne. Fenaison.* — On fait la première coupe de la luzerne au mois de juin de l'année qui suit l'ensemencement.

A partir de la deuxième année, on peut faire deux ou trois coupes de luzerne à chaque saison pendant cinq ou six ans.

Fig. 300.
PIED DE LUZERNE.

Matériel à préparer. — Plantes tirées de l'herbier scolaire ou cueillies dans les champs. Luzerne. Trèfle. Sainfoin. Minette. Cuscute. Fromental. Pâturin. Dactyle. Ray-grass. Fléole. Graines de plantes fourragères.

La dernière coupe de chaque année, moins abondante s'appelle le *regain*. En tout cas, la récolte se fait quand la luzerne est en pleine fleur. Comme la majeure partie de la sève passe dans la graine, il ne faut pas, pour avoir du bon fourrage, attendre que les graines soient mûres.

On peut faire consommer la luzerne comme tous les four-

FIG. 301. — LA FENAISON.

rages soit en vert pendant l'été, soit en sec pendant l'hiver. Quand on veut la conserver pour l'hiver, il faut, après la coupe, la laisser se faner au soleil en ayant soin de retourner les petits tas de luzerne pour que toutes les tiges soient bien desséchées. Cette opération s'appelle la *fenaison* (*fig. 301*).

La plante ainsi desséchée se conserve très bien quand on la dépose dans des endroits secs.

431. *Trèfle, sainfoin et minette.* — Les soins à donner à ces légumineuses sont à peu près les mêmes que ceux à donner à la luzerne. Elles réussissent généralement bien dans les sols calcaires ou légers, mais ces prairies durent moins longtemps que la luzerne.

**432. *Plante nuisible aux prairies artificielles*. — La
cuscute** est une petite plante qui vit surtout sur la luzerne
et le trèfle. Elle introduit ses racines suçoirs dans les tiges
ou les rameaux, en absorbe la sève et épuise la plante.

On évite la cuscute en semant des graines triées avec soin
c'est-à-dire débarrassées des graines de cuscute. Quand il
existe de la cuscute dans un champ, le meilleur moyen de
la détruire est d'arracher les plants qui en sont infectés et de
les brûler sur place.

PRAIRIES NATURELLES

433. *Plantes formant les prairies naturelles*. — Toutes
les graminées qui existent dans les prairies naturelles sont
des plantes vivaces qui poussent généralement à l'état naturel dans les endroits incultes.

Les principales sont : le *fromental*, le *paturin des prés*
dont la fleur
ressemble à un
épi d'avoine, le
*dactyle pelo-
tonné*, le *ray-
grass* ou ivraie
à épis aplatis,
la *fléole* ainsi
appelée parce
que son épi cy-
lindrique res-
semble à un
fléau servant à
battre le blé
On sème sou-
vent, avec ces graminées, diverses variétés de trèfle.

Fig. 301².　　Fig. 301³.　　Fig. 301⁴.　　Fig. 301⁵.
PATURIN.　　DACTYLE.　　RAYGRASS.　　FLÉOLE.

434. *Cultures des prairies naturelles*. — On sème les
prairies naturelles dans un sol labouré et hersé plusieurs
fois s'il est nécessaire. Elles exigent comme engrais le
fumier, les engrais en poudre ou mieux les arrosages faits

chaque année, au printemps, avec du purin étendu d'eau.

Elles ne se plaisent que dans des terrains humides. Quand la disposition du sol le permet, il est bon d'*irriguer* les prairies en y détournant, à l'aide de rigoles, l'eau d'un ruisseau voisin.

Les plantes des prairies naturelles s'appellent aussi du foin.

QUESTIONNAIRE.

428. Quelles sont les plantes qu'on sème dans les prairies artificielles? — Et dans les prairies naturelles? — 429. Décrivez un pied de luzerne. — Comment la luzerne peut-elle se nourrir avec l'azote de l'air? — 430. Comment récolte-t-on la luzerne? — Qu'est-ce que la fenaison? — Pourquoi fane-t-on le fourrage? — Où le conserve-t-on? — 431. Quelles sont les autres légumineuses semées dans les prairies artificielles? — 432. Citez une plante nuisible aux prairies artificielles. — 433. Quelles sont les graminées des prés? — Quelle légumineuse sème-t-on aussi dans les prés? — 434. Comment fume-t-on les prairies naturelles?

RÉSUMÉ.

1. On distingue deux espèces de prairies : les prairies artificielles et les prairies naturelles.

2. La luzerne est une légumineuse vivace à longue racine pivotante. Elle se plaît dans un sol profond et bien fumé.

3. On peut couper la luzerne plusieurs fois par an. Quand on veut conserver le fourrage pour l'hiver, on le fait sécher au soleil.

4. Le trèfle, le sainfoin et la minette sont des légumineuses qui sont cultivées dans les prairies artificielles.

La cuscute est une plante nuisible aux prairies artificielles.

5. Les principales plantes des prairies naturelles sont des graminées comme le fromental, le paturin, le dactyle, le ray-grass et la fléole. On y ajoute parfois du trèfle.

6. Les prairies naturelles doivent être arrosées chaque année avec du purin étendu d'eau et irriguées s'il est possible.

DEVOIRS ÉCRITS.

Les prairies artificielles (C. E. P. *Seine-et-Oise*).

Les prairies naturelles. Exposition. Composition. Soins (C. E. P. *Doubs*).

LES BOIS ET LES FORÊTS

435. *On plante généralement en forêts les régions accidentées.* — Toutes les cultures dont nous avons parlé dans les leçons précédentes (céréales, plantes racines, plantes fourragères) ne peuvent être faites que dans des terrains peu accidentés. Sur les coteaux ou dans les montagnes, le terrain ne se prête pas aux façons (labourages, sarclages).

C'est pourquoi les terrains accidentés sont occupés de préférence soit par des forêts, soit par des prairies naturelles (Jura) (*fig. 302*).

Les forêts occupent en France un septième de la surface du sol. Elles abondent surtout dans la

FIG. 302. — PRAIRIE EN MONTAGNE.

partie orientale de la France (Vosges, Plateau de Langres, Jura, Cévennes, Côte d'Or).

436. *Les arbres ne se plaisent pas également dans tous les sols.* — Les arbres, comme toutes les plantes, ne se développent que s'ils sont plantés dans un sol qui leur convient. Certains d'entre eux, tels que le saule ou le peuplier, se plaisent dans les terrains humides; d'autres, dans les terrains secs comme le pin ou l'olivier.

Le châtaignier se développe de préférence dans les terrains siliceux, le tilleul dans les terrains calcaires. L'altitude du

---

Matériel à préparer. — Feuilles des principaux arbres. — Glands de chêne. — Cônes de pin ou de sapin.

sol entre aussi en ligne de compte. Ainsi le sapin croît surtout dans les montagnes des pays froids, tandis que le chêne et l'orme se développent bien en plaine ou sur les coteaux.

Fig. 303. — LE TAILLIS ET SES RÉSERVES.

437. Taillis et futaies. — Les arbres des forêts sont pour l'homme une grande richesse. Aussi les coupe-t-on régulièrement à des intervalles déterminés.

Parfois on abat, tous les vingt ans environ, les gros arbres en les coupant au ras du sol. Le tronc resté en terre produit alors des rameaux, qui sont nourris par les racines restées dans le sol. Ces rameaux d'abord de petite taille forment ce qu'on appelle le *taillis*, et ce mode d'exploitation s'appelle couper en taillis. Dans les taillis, on laisse toujours des *réserves* (*fig. 303*), c'est-à-dire des arbres qu'on ne coupe que tous les 50 ou 100 ans, et destinés à ménager un peu d'omb.e aux taillis quand ils sont jeunes. Quand on laisse croître tous les arbres de la forêt pour ne les couper qu'à des intervalles de temps éloignés (50, 100, 150 ans), on obtient des arbres très élevés qui forment ce qu'on appelle les bois de haute futaie, ou simplement des *futaies*.

438. *Le chêne est le principal arbre de nos taillis.* — Parmi les arbres des taillis, on distingue surtout le chêne,

Fig. 304. — Feuille et fruit du chêne.

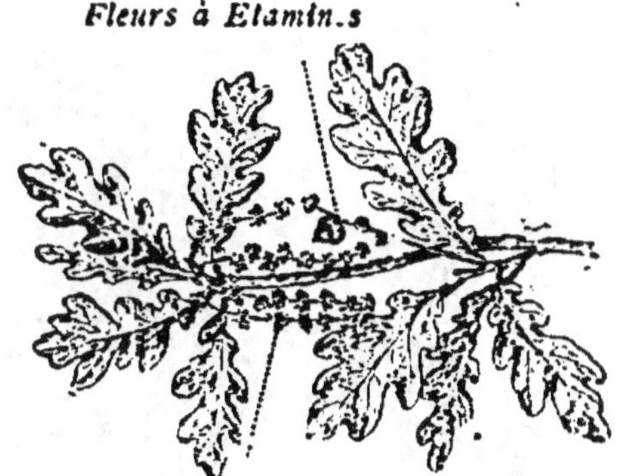

Fig. 305. — La fleur du chêne.
Fleur à pistil, fleur à étamines.

le hêtre, l'orme, le bouleau, le frêne, le charme, le noisetier et l'érable. Tous ces arbres appartiennent à la famille des *amentacées* dont le chêne est le principal type. Etudions brièvement le chêne.

Le chêne a un tronc robuste solidement planté dans le sol par des racines très grosses et très longues. Son écorce est rugueuse, ses feuilles (*fig. 304*) portent sur les bords de grandes dents arrondies.

Le chêne a des fleurs de deux espèces : les unes ne renferment que des étamines (*fig. 305*), les autres n'ont qu'un pistil. Toutes ces fleurs sont protégées par de petites écailles vertes : elles sont donc peu distinctes des feuilles elles-mêmes.

Le fruit du chêne s'appelle le *gland* (*fig. 304*).

439. *Le sapin est un arbre de futaie*. — Le chêne, le hêtre et le sapin sont les principaux arbres de futaie. Nous étudierons le sapin (*fig. 306*.)

Le tronc du sapin est droit et très élevé. Ses branches sont fixées sur le tronc presque horizontalement et sont de plus en plus petites à mesure qu'elles se rap-

FIG. 306. — LE SAPIN.

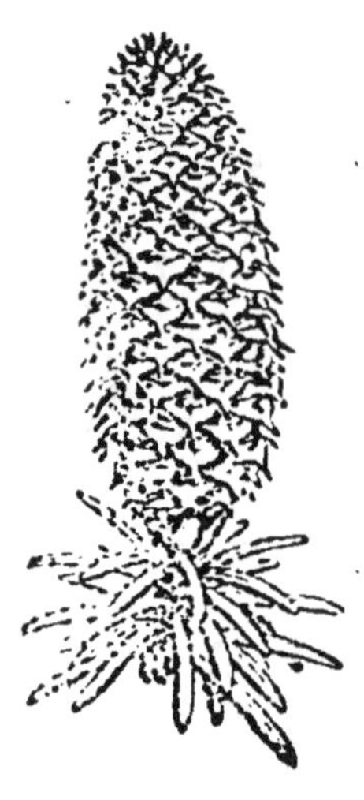

FIG. 307.
LE CÔNE DU SAPIN.

prochent du sommet de l'arbre. Aussi l'arbre tout entier a la forme d'un cône de couleur vert foncé.

Les feuilles étroites et raides ressemblent à des aiguilles. Elles persistent sur l'arbre pendant plus d'une saison ; c'est pourquoi on dit que le sapin est un arbre toujours vert.

Le tronc, les racines et les feuilles du sapin renferment beaucoup de résine. Son fruit (*fig. 307*) a la forme d'un cône allongé.

440. *Usage des principaux bois*. — Tous les bois de nos forêts peuvent servir au chauffage. Le chêne et le sapin sont utilisés dans les constructions. En menuiserie, on se sert couramment du bois de sapin, de chêne, de peuplier et de hêtre. L'orme, le frêne, le hêtre et l'acacia sont très recherchés dans le charronnage. Enfin, on fabrique des meubles avec le noyer, le chêne, le merisier, l'orme et le sapin.

441. *Il ne faut pas déboiser les montagnes.* — Les arbres assainissent l'atmosphère. En effet (*40ᵉ leçon*), leurs feuilles décomposent le gaz carbonique de l'air pour prendre le carbone et laisser dégager l'oxygène indispensable à la respiration.

Mais les arbres rendent encore d'autres services.

Sur les montagnes, leurs racines fixent le sol et, en éparpillant, ou, comme on dit, en divisant l'eau des torrents si abondants dans ces régions, elles les empêchent d'entraîner le sol arable et de causer des dégâts.

Sur toutes les montagnes déboisées, le sol est raviné constamment, la terre arable est entraînée dans la

Fig. 308. — Ravages causés par l'eau sur une montagne déboisée

vallée (*fig. 308*). C'est surtout à l'action des torrents que l'on doit attribuer la stérilité de certaines régions déboisées qu'ils ont lentement transformées en véritables déserts. Parfois aussi, les plaines sont ravagées par les torrents venant de la montagne.

Ainsi, les arbres sont de précieux auxiliaires pour l'homme.

Nous devons donc nous garder de les mutiler ou de les détruire inutilement.

442. *Sociétés forestières*. — Dans beaucoup de régions de la France, des personnes instruites (inspecteurs des forêts, inspecteurs des écoles, instituteurs), ont essayé de lutter contre le déboisement des montagnes en fondant des Sociétés de protection des arbres dont les élèves des écoles peuvent faire partie. On ne saurait trop encourager une si heureuse idée[1].

QUESTIONNAIRE.

435. Où trouve-t-on généralement les forêts? — 436. Quels arbres poussent de préférence dans les sols humides? — dans les terrains secs? — dans les sols siliceux? — dans la plaine? — sur la montagne? — 437. Qu'est-ce qu'un taillis? — Quels arbres y trouve-t-on? — 438. Décrivez le chêne. — Comment s'appelle son fruit? — 439. Qu'est-ce qu'une futaie? — Citez un arbre de futaie. — Décrivez le sapin. — 440. Quels bois sont utilisés en construction? — En menuiserie? — En charronnage? — En ébénisterie? — 441. Pourquoi ne faut-il pas déboiser les montagnes.

RÉSUMÉ.

1. On plante généralement les bois dans les régions montagneuses ou difficiles à cultiver. Pourtant tous les arbres ne se plaisent pas indifféremment dans tous les sols.

2. Les forêts peuvent être coupées en taillis (tous les vingt ou trente ans) ou en futaies (à de longs intervalles).

3. Le chêne est le principal arbre de nos taillis. Dans les taillis on trouve aussi le hêtre, l'orme, le noisetier.

4. Le chêne, le hêtre et les sapins sont des arbres de hautes futaies.

5. Les arbres sont utilisés pour le chauffage, la construction, la menuiserie et l'ébénisterie.

6. Il ne faut pas déboiser les montagnes.

DEVOIR ÉCRIT.

Indiquez les variétés d'arbres qui existent dans votre commune, les qualités et l'emploi des bois que les tiges fournissent. (C. E. P. *Yonne*).

1. Voir le *Manuel de l'arbre*, rédigé par M. E. Cardot, et publié par Touring-Club à la librairie Hachette.

TABLE DES MATIÈRES

Paris-Lille. — Imp. A. Taffin-Lefort. 52 5-20

9 782019 306731